KB128137

설계·시공·사업관리자(CMr)를 위한
無장애 건축 설계·시공 이야기

설계·시공·사업관리자(CMr)를 위한

無장애 건축
설계 · 시공 이야기

Prologue

무장애 건축을 실현하기 위해서는 설계와 시공 과정에서 철저한 계획과 노력이 필수적이다. 이는 모든 사용자가 편리하고 안전하게 건물을 이용할 수 있는 환경을 조성하기 위한 중요한 요소이다.

무장애 건축 설계는 전문적이고 체계적인 접근이 필요하다. 장애를 고려한 세심한 계획을 통해 건물 구조와 시설을 최적화하고, 사용자의 이동 경로와 접근성을 면밀하게 고려해야 한다. 시공 과정에서는 건물 내 완벽한 접근성을 확보하고, 최신 기술과 안전한 재료를 활용하여 사용자의 편의성과 안전성을 극대화할 수 있게 실현해야 한다.

필자는 공공건축물을 건설하면서 처음에는 최소한의 편의시설 설계로 완료된 상태였지만, 발주자의 요구로 Barrier Free (BF) 인증을 위한 설계변경을 수행하게 되었다. 이 과정에서는 기존 설계를 인증평가 요소에 맞게 평면배치, 각종 기구, 재료를 변경하는 것은 처음에 접하는 일이라 어려움이 있었다. 그러나 컨설팅사의 도움 없이도 예비인증과 본인증을 우수 등급으로 성공적으로 수행하여 좋은 성과를 이루었다.

이러한 경험을 토대로 필자는 건축물의 가치 있는 공간 설계에 대한 흥미를 더욱 깊게 느끼게 되었고, 이를 기반으로 대학원에서는 '장애물 없는 생활환경'에 관한 논문으로 학위를 받았다. 그 후에도 노유자시설의 설계와 시공에 관여하면서 BF인증 최우수 등급을 수행할 기회를 가졌지만, BF인증 의무화 초기로 기술자들이 무장애 건축에 대한 전문 경험이 부족하고 관련 자료가 부족하다는 문제를 인식하게 되었다.

이러한 문제를 해결하고자 '무장애 건축 이야기' 집필을 결심하였으며, 프로젝트의 BF인증 준비과정을 자세히 다루고, 본인증 시 지적된 실폐 사례 등을 과감하게 공개함으로써 무장애 건축에 대한 이해를 높이고자 하고자 하였다.

'장애인·노인·임산부 등의 편의증진 보장에 관한 법률'에 따라, 민간 건축물은 Criterion Suitability(CS) 설계 적합성 확인과 공공건축물은 BF 예비인증을 받은 설계를 제공해야 한다. 그러나 건설 과정에서 예상치 못한 변경사항이 발생할 수 있으며, 이에 대처하기 위해서는 무장애 건축에 대한 충분한 지식과 경험이 필요하다. 또한, CS업무와 BF인증의 최종 현장실사 평가 시 지적된 사항을 보완하기 위해서 큰 비용과 시간을 낭비하는 것을 볼 수가 있다. 따라서, 필자는 이러한 실수를 예방하기 위해 건축물 사용자 중심의 설계·시공 접근법과 편의시설 설치의 핵심노트를 보여주며 무장애 건축을 성공적으로 완성할 수 있도록 실질적인 가이드를 제공한다.

이 책은 건축의 모든 단계에서 기술자들이 '장애물 없는 환경'을 만들 수 있도록 지원하기 위해 제작되었다. 이는 설계 초기 단계부터 시공 과정에 이르기까지, 무장애 건축에 대한 깊이 있는 이해와 세부적인 설치기준을 명확히 제시한다. 특히, 공공 건축물 BF인증 최우수등급을 취득한 사례의 시설별 설치 사진과 도면, 평가자료등을 통해 실제 적용 예를 보여줌으로써, 이론과 실제의 연결고리를 강화하게 한다.

초판 출간 이후 2년 6개월 동안 다수의 시공 현장을 방문하여 강의를 진행하고, 실무자들과 교류하며 BF인증과 CS업무에 대한 편의시설 설치의 중요성과 준공 전 필요한 준비과정에 대한 실무자들의 높은 관심을 확인했다. 이러한 경험을 토대로 개정판에서는 BF인증과 CS업무에 대한 명확한 구분을 강조하고, 편의시설 설치에 관련된 구체적인 질문과 답변을 추가하였다.

우리나라는 고령화가 빠르게 진행되면서 도시 환경과 건축물은 노인의 이동 경로와 접근성을 고려해야 하는 문제에 직면하고 있다. 이에 따라 장애인 및 편의를 위한 법률은 점차적으로 더 엄격한 BF인증 기준의 편의시설을 요구하고 있다. 이 책은 모든 연령층과 장애를 가진 사람들이 이용할 수 있는 포괄적인 공간을 조성하는 데 기여하고자 한다.

마지막으로, 인증기관의 평가 기준과 관련 법령은 지속적으로 개정되고 있기 때문에, 이 책에 기술된 내용이 항상 최신 상태를 반영한다고 보장할 수는 없다. 필자는 독자들로부터의 피드백을 적극적으로 수렴하여, 다음 개정판에서 더욱 개선된 내용으로 업데이트할 것을 약속드린다. 이를 통해, 이 책이 무장애 건축에 관심 있는 실무자들의 필수적인 지침서가 되길 바란다.

2024년 5월

한 상 삼

차례

이야기 하나   '無장애 건축'은 모든 사람이 다른 사람의 도움 없이 스스로 독립적인 생활을 할 수 있도록 하는 건축 접근성을 말한다.

 # 無장애 건축의 기초

01 無장애 건축의 이해

02   사용자 중심의 설계·시공 접근

無장애 건축 설계·시공 핵심 노트

BF인증 최우수등급 사례 보람종합복지센터

장애인 편의시설 관련법규

나는 다르지만 덜하지 않습니다.
I'm different, but I'm not less.
· Temple Grandin ·

無장애 건축의 기초

無장애 건축의 기초

'無장애 건축'은 모든 사람이 다른 사람의 도움 없이 스스로 독립적인 생활을 할 수 있도록 하는 건축 접근성을 말한다.

01 無장애 건축의 이해

02 사용자 중심의 설계·시공 접근

01 無장애 건축의 기초

無장애 건축의 이해

☼ 보편적 설계의 원리

無장애 건축의 이해

장애인 편의시설을 설계하는 과정에서, 특정한 장애 유형, 특히 지체장애인을 위해 설계된 특수 설비는 때때로 비장애인 사용자들에게 위압감을 줄 수 있다. 이러한 설비는 그 사용 목적이나 구조가 일반 건축물의 설비와 상이하여, 건물의 일반적인 외관과는 다르게 보일 수 있다. 이는 특수 설비가 주로 지체장애인만을 위해 설계되고 사용되는 경향이 있기에 발생하는 문제이다.

이러한 상황은 장애인 편의시설의 설계와 구현에 있어서 중요한 고려사항을 제시한다. 설계자는 장애인 사용자뿐만 아니라 비장애인 사용자들도 고려하여, 모든 사용자가 편안하게 느낄 수 있는 공간을 창출해야 한다. 이는 특수 설비가 건물의 일반적인 외관과 조화를 이루면서도, 모든 사용자가 쉽게 접근하고 사용할 수 있는 보편적인 설계 원칙을 적용하는 것을 의미한다.

누구나 접근 가능한 키프로스 해변의 접근 시스템
ⓒ cyprus-mail.com

장애인 등이 접근 가능한 플로리다주 아폴로 비치에 있는 매너티 관찰센터 ⓒ audubon.org

보편적인 설계는 건축 미학을 희생하지 않으면서도 모든 사람이 안전하고 편리하게 이용할 수 있는 시설을 목표로 한다. 이러한 설계는 외관상의 매력과 기능성을 겸비하고 있으며, 모든 이용자의 필요와 편의를 고려한 설계이다. 사회가 변화함에 따라, 사람들은 삶의 과정에서 다양한 장애를 겪을 수 있으며, 노인 인구의 증가와 평균 수명의 연장으로 인해 편의시설의 필요성이 점점 더 커지고 있다. 이러한 사회적 변화에 따라, 편의시설을 포함한 건축 설계는 이제 선택이 아닌 의무적인 요소가 되었으며, 건축 산업은 이러한 사회적 요구에 부응하여야 한다.

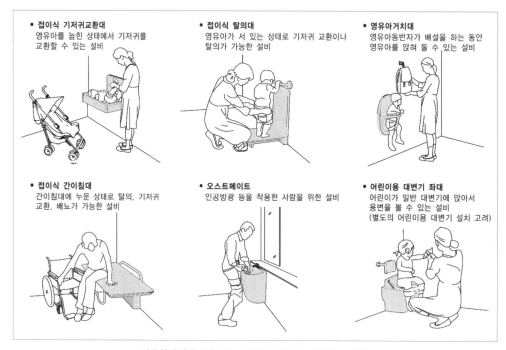

가족화장실에 설치되는 다양한 기기를 사용하는 장면
ⓒ 경기도 건축디자인과, 경기도 유니버설디자인 가이드라인, 2011, p174.

보편적인 설계의 성공은 특정한 사용자 그룹에 초점을 맞춘 특수성이 아니라, 모든 사람이 이용할 수 있는 보편성에 있다. 이는 주차장, 출입문, 승강기, 샤워실, 화장실, 계단 등 모든 시설물을 가능한 모든 사람이 쉽게 사용할 수 있도록 설계하는 것을 의미한다. 이러한 보편적인 설계 원리는 모든 연령대와 장애를 가진 사람들이 사용할 수 있는 설계를 필수적인 요소로 만들었다. 따라서, 보편적인 설계는 단순히 건축물의 접근성을 향상시키는 것을 넘어서, 모든 사람이 동등하게 공간을 이용할 수 있는 포괄적인 환경을 조성하는 데 중요한 역할을 한다.

지난번에는 아들과 함께 창고형 대형매장을 방문했다. 이곳은 다른 국내 대형할인점과는 달리 판매하는 물건들이 특이하고 가성비가 뛰어나 자주 찾게 되는 곳이다. 매장 앞에는 커다란 쇼핑 카트들이 준비되어 있어, 방문객들을 환영하는 모습이다. 매장의 넓은 통로와 주차 공간은 이곳이 통 큰 매장임을 느끼게 한다.

　매장에 들어서며, 아들에게 쇼핑카트를 맡기고, 평소에는 주목하지 않았던 건축적인 요소들을 카메라에 담기 시작했다. 이 매장의 건축 마감은 거칠지만, 원자재 그대로의 마감을 사용하는 경제적인 디자인으로 되어있다. 바닥은 콘크리트 자체 마감을 사용하였고, 벽체는 블록을 쌓은 후 페인트를 칠하지 않은 상태로 마무리되었다. 이러한 요소들은 전형적인 미국식 창고형 대형매장의 분위기를 연출한다.

대형 쇼핑카트로 자유롭게 이용할 수 있는 창고형 대형매장

　대형 쇼핑카트는 '더 많은 상품을 담기 위함'이라는 영업 전략과 창고형 묶음 상품 판매를 목적으로 사용된다. 이를 위해, 카트의 원활한 이동을 가능하게 하는 안전하고 편리한 공간계획이 매장 내에 필수적이며, 이는 방문객에게 편리하고 안전한 쇼핑 환경을 제공하는 것이 중요하다.

　이 매장은 쇼핑의 편리성과 안전성을 극대화하기 위해 다양한 설계요소를 도입하였다. 우선, 쇼핑카트가 서로 교차할 수 있을 만큼 넓은 통로를 제공하여, 쇼핑 중인 고객들이 원활하게 이동할 수 있도록 하였다. 바닥 마감은 미끄럽지 않게 처리하여, 모든 이용자가 안전하게 매장을 이용할 수 있도록 고려했다. 진열대는 한 손으로 쇼핑카트를 잡고도 이용할 수 있는 적당한 높이로 설계되었으며, 매장 곳곳에 설치된 명료한 안내판은 이용자들이 원하는 상품을 쉽게 찾을 수 있도록 돕는다. 화장실에는 누구나 불편 없이 사용할 수 있도록 위생기구가 잘 갖추어져 있으며, 무빙워크의 위아래에는 카트가 끼지 않도록 안전 도우미를 배치하여 추가적인 안전조치를 취하였다.

더 나아가, 이 매장은 건축 허가 시점부터 장애인등편의법을 준수하여 법적 편의시설을 적용하였다. 그러나 단순히 법적 요구사항을 충족시키는 것을 넘어서, 장애인, 노인, 임산부 등 다양한 이용자들이 대형 쇼핑카트를 사용하여 자유롭고 안전하게 쇼핑할 수 있도록, 매장 내 어떤 곳에서도 방해가 되는 장애물을 제거하였다.

[범례 ● : 의무, ○ : 권장]

판매시설에 설치하여야 하는 편의시설의 종류 : 장애인등편의법시행령[별표2]		매개시설			내부시설			위생시설					안내시설			기타시설				
								화장실												
		주출입구접근로	장애인전용주차구역	주출입구높이차이제거	출입구(문)	복도	계단·승강기	대변기	소변기	세면대	욕실	샤워실·탈의실	점자블록	유도및안내시설	경보및피난설비	객실·침실	관람석·열람석	접수대·작업대	매표소·판매기·음료대	임산부등을위한휴게시설
도매시장 · **소매시장** · 상점 (1,000m²이상만 해당한다)	건축 허가 시 편의시설	●	●	●	●	●	●	●	○	○				○	●					○
	실제 설치된 편의시설	●	●	●	●	●	●	●	●	●				●	●				●	●

창고형 대형매장(소매시장) 편의시설 허가조건과 실제 설치된 편의시설 비교

특히, 많은 사람이 모이는 동선에는 최대한의 편의시설을 설치하여 이용자들의 편의를 도모하였고, 위험할 수 있는 공간에는 안전 인력을 배치하여 운영함으로써, 모든 이용자가 안전하고 편리하게 쇼핑할 수 있는 환경을 조성하였다. 이러한 노력은 매장을 방문하는 모든 이용자에게 쾌적하고 안전한 쇼핑 경험을 제공하기 위한 것이다.

매장 운영에 있어서 단순히 법규를 준수하는 것을 넘어, 이용자의 편의를 극대화 하기 위해 건물 공간을 이용자에게 맞추는 접근이 필요하다는 인식이 있다. 이는 많은 이용자가 매장을 찾게 만드는 중요한 요소로 작용한다.

보건복지부가 발표한 2022년 말 기준의 등록장애인 현황 통계에 따르면, 전체 인구 대비 5.2%에 해당하는 약 265만 3,000명이 등록장애인으로, 이 중 65세 이상이

63.4%를 차지하며, 이 비율은 지난 10년간 꾸준히 증가하고 있다. 특히, 고령 장애인 중에서는 지체장애가 44.3%로 가장 높은 비율을 차지하고, 다음으로 청각장애, 뇌경변, 시각장애, 신장장애 순으로 나타나고 있다.

(단위 : 명, %)

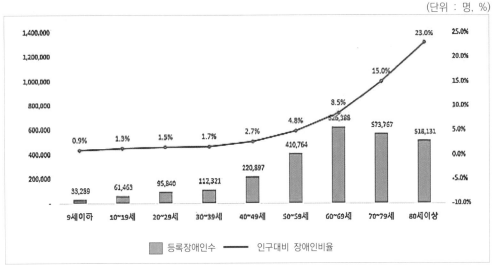

연령층별 등록장애인 (보건복지부 : 2023. 4. 20.)

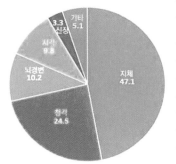

65세 이상 등록 장애인			비고
장애유형	장애인수(명)	비율	전체등록 장애인
합계	1,401,523	100.0%	100.0%
지체	659,537	47.1%	44.3%
청각	343,309	24.5%	16.0%
뇌경변	142,407	10.2%	9.3%
시각	137,941	9.8%	9.5%
신장	46,244	3.3%	4.0%
기타	72,085	5.1%	16.9%

65세 이상 등록장애인 유형 통계 (보건복지부 : 2023. 4. 20.)

우리나라는 2000년에 이미 고령화 사회(65세 이상 인구가 총인구의 7% 이상)에 진입했으며, 2018년에는 고령사회(14% 이상)로 분류되었고, 2026년에는 초고령화 사회(20% 이상)에 진입할 것으로 예상된다. 이는 고령화 사회에서 초고령화 사회로 이행하는 데 걸리는 시간은 26년으로, 이는 일본(36년), 프랑스(154년), 독일(77년), 이탈리아(79년), 미국(94년) 등 다른 국가들에 비해 상당히 빠른 속도이다.[1] 인구 고령화가 심화됨에 따라, 2047년에는 전체 가구 중 약 40%가 1인 가구가 될 것으로 예상되며, 이 중 절반은 65세 이상 고령 가구일 것으로 전망된다.[2]

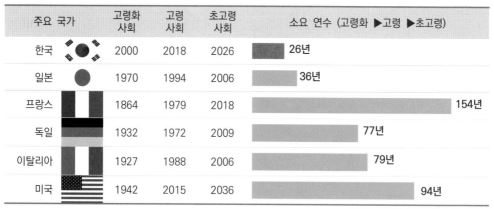

주요 국가		고령화 사회	고령 사회	초고령 사회	소요 연수 (고령화 ▶고령 ▶초고령)
한국		2000	2018	2026	26년
일본		1970	1994	2006	36년
프랑스		1864	1979	2018	154년
독일		1932	1972	2009	77년
이탈리아		1927	1988	2006	79년
미국		1942	2015	2036	94년

주요 국가별 인구 고령화 속도 ⓒ 보건사회연구원, 보건복지 포럼

우리나라의 사회는 급격한 고령화 추세에 직면해 있으며, 이러한 변화는 건축 및 도시 계획 분야에서도 중요한 변화를 요구하고 있다. 특히, 고령화 사회에서는 기존 및 새로운 건축물에 노인 편의를 고려한 설계가 점차적으로 중요성을 갖고 있다.

이러한 변화를 실현하기 위해서는 대형 쇼핑 매장과 같은 시설들을 포함한 공공 시설들이 안전과 편의성을 우선으로 한 포용적인 공간계획을 모색해야 한다. 미끄럼 방지 바닥재 사용, 경사로 및 엘리베이터 설치, 충분한 휴식 공간 마련, 명확한 안내표지판 제작, 대중교통 접근성 개선, 장애인과 노약자를 위한 주차 공간 확보, 그리고 맞춤형 서비스 도입 등의 조치가 필요하다. 이는 고령자뿐만 아니라 모든 세대에게 이익을 제공하며, 노인 편의성을 고려한 설계는 사회적 포용과 지속 가능한 도시환경 조성을 위해 중요한 요소로 간주 된다.

이러한 사회적 요구에 부응하여, 우리나라는 공공 시설의 안전과 편의성을 높이기 위해 BF(Barrier Free, 장애물 없는 생활환경) 인증을 의무화하는 법률을 개정하였다. 2015년 7월부터는 국가 및 지방자치단체가 신축하는 공공건물 및 공중이용시설에 BF인증이 의무화되었고, 2021년 12월부터는 개축, 증축, 재축하는 건물에도 BF인증이 의무적으로 적용된다. 이러한 법적 조치는 모든 사회 구성원이 공공건물을 더 편리하게 이용할 수 있도록 하기 위해 마련되었다. 특히 노인, 어린이, 임산부, 청각 및 시각 장애인, 일시적 신체장애를 겪는 사람들을 위한 접근성을 강화하여 사회적 포용과 지속 가능한 도시환경 조성에 기여할 것이다.

장애인은 다양한 신체적, 정신적, 감각적 제약으로 인해 일상과 사회에서 어려움을 겪고 있다. 이러한 어려움을 해소하기 위해서는 장애인과 비장애인이 동등하게 활동할 수 있도록 지원하는 편의시설의 확충이 필수적이다. 이는 장애인이 자립적으로 생활하고, 모든 사람과 같은 삶의 질을 누릴 수 있도록 하는 데 중요한 역할을 한다.

　지난번 유명 카페를 방문했을 때, 커피를 들고 바닷가를 바라보며 계단을 오르다가 몇 가지 문제를 발견했다. 계단의 미끄러운 석재바닥, 눈에 잘 띄지 않는 바닥 디자인, 손잡이가 없는 위험한 계단은 사용자에게 큰 불편을 초래한다. 결국, 내려갈 때는 승강기를 이용해야 했다. 또한, 공원을 산책하던 중 화단 안에 설치된 벤치가 누구를 위해 마련된 것인지 의문이 든다.

　　　디자인 결과의 사용자 검증이 누락된 계단　　　　　나와 처지가 다른 입장에 대한 배려가 없는 벤치

　이런 시설을 설계하고 시공할 때는 사용자 중심의 세심한 배려와 철저한 검증이 얼마나 중요한지 깨닫게 된다.

　반면, 호수공원에서의 경험도 이를 잘 보여준다. 공원에 들어서자마자 펼쳐진 탁 트인 광장과 울창한 나무들, 그리고 활짝 핀 꽃들이 모든 방문객을 환영하는 듯했다. 이처럼 많은 사람이 찾는 공원에는 장애인뿐만 아니라 고령자와 어린이도 편리하게 이용할 수 있도록 특별히 고려된 무장애 시설이 설치되어 있어야 한다.

다양한 사용자가 찾는 호수공원

우선, 공원에는 안전한 보행로가 잘 마련되어 있어 누구나 편하게 걸을 수 있었으며, 휠체어사용자를 위한 접근 가능한 시설도 곳곳에 배치되어 있다. 또한, 장애인을 위한 휴게공간도 마련되어 있어 피로를 느낄 때 언제든지 쉴 수 있었으며, 화장실 역시 장애인과 어린이에게 친화적으로 제공되고 있다.

안전한 보행로 설치와 장애인, 어린이에게 친화적인 화장실

이런 다양한 예시를 통해 무장애 공간조성은 개별적인 요구에 대한 고려뿐만 아니라 사회 전체의 다양성과 포용을 반영하는 중요한 설계 원칙임을 확인할 수 있다.

공공시설이나 공원 등의 설계는 다양한 이용자들의 필요와 편의를 고려하여 접근성을 높이고 포용력 있는 환경을 조성하는 것이 매우 중요하다. 이는 사회 전체의 다양성을 반영하고, 모든 이용자가 안전하고 편리하게 활동할 수 있는 환경을 만들어 나가는 데 도움이 된다. 따라서 포괄적이고 다양성을 인식한 설계 원칙은 공간의 사용성과 사회적 포용성을 높이는 데 중요한 역할을 한다.

현대 사회에서는 장애인을 고려한 통합 편의시설 설계가 중요한 과제로 간주되고 있다. 장애인을 고려한 건축 환경은 우리 모두를 위한 문제로, 신체적 장애를 겪을 가능성이 있는 모든 사람을 고려해야 한다. 이는 사회적 공정성과 문화적 다양성을 존중하고 포용하는데 크게 기여한다.

장애인을 고려한 건축 환경은 특권이 아니라, 모든 사람에게 적합한 계획이 되어야 한다. 건축은 사회적 의식과 환경 창출에 대한 신념을 반영하여 인간 삶의 질을 고려해야 한다. 이동 및 활동 제한으로 인한 삶의 제한에 대한 감정적 공감도 필요하다. 건축가와 건축시공자는 모든 사람에 대한 사회적 책임이 있으며, 어린이부터 노인, 임산부, 장애인 등 모든 이의 요구를 고려해야 한다. 특히 장애인이 독립적으로 활동할 수 있는 환경을 조성해야 한다.

포괄적 설계는 모든 사용자의 편의를 고려하여 환경을 조성함으로써 장애인과 비장애인이 모두 편리하게 이용할 수 있는 환경을 만들어야 한다. 사용자 중심의 접근이 필요하며, 사용자의 의견을 수렴하고 그들의 요구를 반영하여 건물을 설계해야 한다. 또한, 지속 가능한 환경은 장기적으로 유지관리가 용이하고 에너지를 효율적으로 활용하는 환경을 창출해야 한다. 법적 규제와 기준 준수는 장애인 편의시설에 대한 요구사항을 엄격히 준수하면서도 창의적인 해결책을 모색해야 한다.

나와 처지가 다른 입장에 대한 배려가 있는 화장실   불특정 다수의 입장에 대한 배려가 있는 사인계획

이러한 설계 원칙을 준수하여 통합 편의시설 설계를 추구함으로써, 장애인과 비장애인 모두가 동등하게 이용할 수 있는 환경을 조성할 수 있다.

02 사용자 중심의 설계·시공 접근

장애인·노인·임산부 등의 편의증진 보장에 관한 법

장애인·노인·임산부 등 이동과 시설 이용에 어려움을 겪는 분들이 안전하고 편리하게 시설을 이용하고 정보에 접근할 수 있도록 보장하여 사회활동 참여와 복지증진을 촉진하기 위해 제정된 이 법률의 근본정신은 차별금지법이며, 우리 사회에 존재하는 장애의 벽을 허물고 무장애 공간을 실현하는 것을 목표로 한다.

장애로 인해 비장애인이 자유롭게 다닐 수 있는 장소에 출입하지 못하거나, 비장애인이 얻는 정보를 얻지 못하는 것은 분명한 차별이다. 따라서 이 장애인등편의법은 모든 국민이 평등하다는 헌법 정신을 바탕으로 차별을 없애고자 한다. 과거에도 장애인 편의시설에 관한 법규가 없었던 것은 아니지만, 장애인복지법이 시행된 '장애인 편의시설 및 설치기준에 관한 규칙'은 건축물의 설치기준과 이동에 관한 편의 제공에 초점을 맞춘 소극적인 법률이었다. 그에 반해 장애인등편의법은 장애인만 아니라 노인, 임산부 등 이동에 어려움을 겪는 분들을 대상으로 확대하고, 이동과 접근권을 보장한다. 이는 법률적인 측면에서 접근권을 헌법상 보장된 기본권을 실현하기 위한 절차적 권리로서 '청구권적 기본권'으로 인식될 수 있다.

이러한 장애인등편의법에는 초창기 몇 가지 기본적인 원칙이 있었다. 첫 번째로, 개선된 사항은 편의시설 설치대상의 확대였다. 이전에는 특정 건물이나 시설에만 편의시설 설치가 요구되었지만, 개정된 법률은 개인이 사적으로 사용하는 공간을 제외한 모든 건물과 시설에 편의시설을 설치하도록 요구했다. 이는 공공장소와 민간

소유의 건물을 포함하여 장애인과 노약자 등 사회적 약자들이 더 많은 공간을 자유롭게 이용할 수 있도록 범위를 확대하는 것이다. 두 번째로, 법의 실효성을 강화하는 것이 중요했다. 과거에는 법이 있음에도 불구하고 실제로 시행되지 않는 경우가 많다. 이를 해결하기 위해, 법을 준수하지 않는 건물주나 시설관리자에게 이행 강제금을 부과하고, 필요한 경우 벌금형을 도입하여 법적 조치를 강화했다. 이러한 행정벌은 법의 준수를 보다 엄격하게 요구하며, 편의시설 설치를 더욱 적극적으로 장려하는 역할을 한다. 세 번째로, 편의시설 설치를 지원하기 위한 기금 설립이 있었다. 이 기금은 편의시설에 대한 연구와 설치 비용 지원을 목적으로 하며, 건물주나 시설관리자가 경제적 부담 없이 편의시설을 설치할 수 있도록 돕는다. 이를 통해 편의시설의 질적 향상과 설치 범위 확대에 기여했다.

이러한 주요 개선 사항을 통해, 장애인 편의시설 설치 법률은 장애인을 포함한 모든 사람이 사회적 공간을 더욱 쉽고 편리하게 이용할 수 있도록 하는 데 기여하고 있다. 이는 모든 사람이 동등하게 사회적 서비스와 공간을 이용할 수 있는 포괄적인 사회를 구현하는 데 중요한 발걸음이다.

장애인등편의법이 제정된 후, 2008년 7월에는 '장애가 없는 생활환경 인증제도 시행지침'이 개정되었다. 이어서 2015년 7월에는 BF인증 제도를 이 법 내에 의무화하는 시설을 구체화하여 시행하였다. 이에 따라, 편의시설 적합성 확인업무와 BF인증에 대한 이해가 필요하게 되었다.

장애인등편의법 제10조의2(장애물 없는 생활환경 인증)3항

1. 국가나 지방자치단체가 지정·인증 또는 설치하는 공원 중 「도시공원 및 녹지 등에 관한 법률」 제2조제3호가목의 도시공원 및 같은 법 제2조제4호의 공원시설
2. 국가, 지방자치단체 또는 「공공기관의 운영에 관한 법률」에 따른 공공기관이 신축·증축 (건축물이 있는 대지에 별개의 건축물로 증축하는 경우에 한정한다. 이하 같다)·개축 (전부를 개축하는 경우에 한정한다. 이하 같다) 또는 재축하는 청사, 문화시설 등의 공공 건물 및 공중이용시설 중에서 대통령령으로 정하는 시설
3. 국가, 지방자치단체 또는 「공공기관의 운영에 관한 법률」에 따른 공공기관 외의 자가 신축·증축·개축 또는 재축하는 공공건물 및 공중이용시설로서 시설의 규모, 용도 등을 고려하여 대통령령으로 정하는 시설

장애물 없는 생활환경(BF) 인증 관련 법률

☼ 편의시설 설치기준 적합성 확인 (Criterion Suitability) 제도 <small>사용자 중심의 설계·시공 접근</small>

장애인편의시설 설치기준 적합성 확인(CS)은 시설주나 관련 기관이 건축법 등 관련 법령에 따라 허가나 처분을 신청할 때, 대상시설의 설계도서를 검토하고 현장을 점검하여 편의시설 설치기준에 부합하는지 확인하는 절차를 말한다.

BF 본인증을 받은 시설은 장애인등편의법 시행규칙 제3조의 2에 따라 이미 적합성 확인을 받은 것으로 간주된다. 그러나 만약 증축된 부분이 BF인증 범위에 포함되지 않은 경우, 해당 부분은 별도의 설치기준 적합성 확인이 필요하다.

설치기준 적합성 확인업무는 각 지역의 시설주관 기관의 장애인 등 편의시설 관련 부서에서 담당하며, 부서의 명칭은 지역에 따라 다를 수 있다. 업무대행기관으로는 보건복지부 장관이 선정한 한국지체장애인협회(중앙장애인 편의증진 기술지원센터) 및 이와 유사한 협회로부터 인증받은 광역센터 및 기초센터가 있다.

이러한 절차와 기준은 모든 시설이 장애인을 포함한 모든 이용자에게 편리하고 안전한 환경을 제공하며, 포괄적인 사회 구현에 기여하는 것을 목표로 한다.

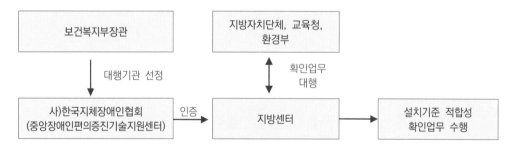

편의시설 설치기준 적합성 업무절차

2022년 4월에 개정된 장애인등편의법에 따르면, 용도변경을 위해 건축 허가를 신청하는 경우, 건축물의 특정 크기에 따라 특정 편의시설의 설치가 의무화되거나 권장된다. 예를 들어, 500m² 이상의 치과의원의 경우, 주출입구 접근로, 주입구 높이차이 제거, 장애인전용 주차장 구역, 내부 주출입구(문) 설치, 복도, 계단, 승강기, 화장실 내 대변기 등이 의무적인 요건이다.

또한, 위생시설인 소변기와 세면대 설치는 권장사항으로 지정되어 있다. 이는 장애인과 사회적 약자들의 편의를 증진시킬 수 있도록 도와준다. 따라서 건축 허가를 신청할 때는 장애인등편의법에 따른 의무적인 편의시설 설치 요건을 충족시키는 것이 중요하며, 가능한 한 권장사항도 이행하는 것이 바람직하다. 이를 통해 모든 이용자가 치과의원을 더 편리하고 안전하게 이용할 수 있는 환경을 조성할 수 있다.

[범례 ● : 의무, ○ : 권장]

용도구분	매개시설			내부시설			위생시설					안내시설			기타시설				
	주출입구접근로	장애인전용주차구역	주출입구높이차이제거	출입구(문)	복도	계단·승강기	화장실			욕실	샤워실·탈의실	점자블록	유도및안내시설	경보및피난설비	객실·침실	관람석·열람석	접수대·작업대	매표소·판매기·음료대	임산부등을위한휴게시설
							대변기	소변기	세면대										
1종 근린생활시설	의원·치과의원·한의원·조산원·산후조리원(500m²이상)																		
	●	●	●	●	●	●	●	○	○										

1종 근린생활시설의 용도변경 승인 절차는 기존 건축물이 편의시설 조건을 충족할 때, 지역 장애인협회와의 협의를 통해 진행된다. 이 과정은 건축물의 접근성과 이용 편의성을 보장하기 위해 매우 중요하다. 건축주는 편의시설 설치를 완료한 후 용도변경 신청을 하며, 이 신청은 건축과와 사회복지과의 협의를 거쳐 장애인협회나 센터에 전달된다.

장애인협회는 건축물의 편의시설이 장애인등편의법 기준을 충족하는지 현장에서 세부적으로 확인한다. 이 과정은 건축물이 모든 이용자에게 편리하고 안전한 환경을 제공하는지 검증하는 매우 중요한 단계이다. 확인 후, 장애인협회는 결과를 사회복지과에 보고하고, 이는 최종 사용승인 처리로 이어진다.

건축물의 용도변경이나 공사 중 변경사항이 발생할 경우, 장애인협회와의 사전 협의가 강조되며, 이는 법적 기준을 지속적으로 충족하기 위해 매우 중요하다. 이렇게 함으로써 건축물은 모든 이용자에게 편리하고 안전한 환경을 제공할 수 있다.

구 분	장애인등편의법 시행규칙	업무절차
대상시설	공원, 공공건물 및 공중이용시설, 공동주택, 통신시설, 그밖에 장애인등의 편의를 위하여 편의시설을 설치할 필요가 있는 건물·시설 및 부대시설	
건축주의 의무	시설주등은 대상시설을 설치하거나 대통령령으로 정하는 주요 부분을 변경(용도변경을 포함한다)할 때에는 장애인등이 대상시설을 항상 편리하게 이용할 수 있도록 편의시설을 제8조에 따른 설치기준에 적합하게 설치하고, 유지·관리하여야 한다.	건축허가/사용승인 →편의시설 설치 기준 적합성 확인
편의시설 설치기준의 적합성 확인	시설주관기관은 시설주등이 대상시설의 설치를 위하여 「건축법」 등 관계 법령에 따른 허가나 처분(「건축법」 제29조에 따른 협의를 포함한다)을 신청하는 등 절차를 진행 중인 경우에는 설계도서의 검토 등을 통하여 제8조에 따른 편의시설 설치기준에 적합한지 여부를 확인하여야 한다.	건축과 → 사회복지과→ 지역장애인협회
편의시설 설치기준 적합성 확인 업무의 대행	시설주관기관은 제9조의2제1항에 따른 확인업무를 보건복지부령으로 정하는 장애인 관련 법인 또는 단체에 대행하게 할 수 있다.	설계기준 확인 도서미흡 → 보완→설계허가
편의시설에 관한 지도·감독	시설주관기관은 소관 대상시설에 대한편의시설의 설치·운영에 필요한 지도와 감독을 하여야 한다.	사용승인시 설계기준과 현장시공 확인

용도변경 건축허가 시 편의시설 설치기준 적합성 확인 업무절차 예시

장애인등편의법 과태료 부과는 부과권자가 해당 위반행위의 동기와 그 결과 등을 고려하여 해당 금액의 2분의 1 범위에서 이를 경감하거나 가중할 수 있다. 이 경우 가중할 때에도 과태료의 총액은 법 제27조에 따른 과태료의 상한금액을 초과할 수 없다.

위반행위	주요내용	과태료 금액
거짓이나 부정한 방법으로 인증을 받거나 법 제10조의2제3항[1]을 위반하여 인증 (예비인증을 포함한다) 및 유효기간 연장을 받지 않은 경우	인증의 유효기간	200만원
법 제10조의4제2항[2]을 위반하여 인증 표시 또는 이와 유사한 표시를 한 경우	인증표시	200만원
법 제11조제4 항및 제22조제1항에 따른 자료제출 요구에 따르지 않거나 거짓 자료를 제출한 경우 또는 검사를 거부·기피·방해한 경우	실태조사	200만원

법 제16조제1항에 따른 휠체어, 점자 안내책자, 보청기기, 장애인용 쇼핑카트 등을 갖추어 두지 않은 경우로서 법 제23조제1항[3]에 따른 시정명령을 받고 기간 내에 그 명령을 이행하지 않은 경우	시설이용상의 편의 제공	100만원
법 제16조의2[4]에 따른 편의 제공의 요청에 따르지 않은 경우로서 법 제23조제1항에 따른 시정명령을 받고 기간 내에 그 명령을 이행하지 않은 경우	장애인의 대한 편의 제공	100만원
법 제17조제4항을 위반하여 장애인전용주차구역 주차표지를 붙이지 않은 자동차를 장애인전용주차구역에 주차한 경우	장애인전용 주차구역	10만원
법 제17조제4항을 위반하여 장애인전용주차구역 주차표지가 붙어 있는 자동차로서 보행에 장애가 있는 사람이 타지 않은 자동차를 장애인전용주차구역에 주차한 경우	장애인전용 주차구역 등	10만원
법 제17조제5항[5]을 위반하여 주차 방해 행위를 한 경우	장애인전용 주차구역 등	50만원

장애인등편의법 과태료의 부과 개별기준

※ 1) 제10조의3(인증의 유효기간)

　① 인증의 유효기간은 인증을 받은 날부터 10년으로 한다.

　② 인증의 유효기간을 연장 받으려는 자는 유효기간이 끝나기 전에 공동부령으로 정하는 바에 따라 연장 신청을 하여야 한다.

2) 제10조의4(인증의 표시)

　① 인증을 받은 대상시설의 시설주는 해당 대상시설에 인증 표시를 할 수 있다.

　② 누구든지 인증을 받지 아니한 시설물에 대해서는 인증 표시 또는 이와 유사한 표시를 하여서는 아니 된다.

3) 제23조(시정명령 등)

　① 시설주관기관은 대상시설이 이 법에 위반된 경우에는 그 시설주에게 대통령령으로 정하는 바에 따라 기간을 정하여 이 법에 적합하도록 편의시설을 설치하거나 관리 · 보수 또는 개선하는 등 필요한 조치를 할 것을 명할 수 있다.

4) 제16조의2(장애인에 대한 편의 제공) 장애인은 대통령령으로 정하는 공공건물 및 공중이용시설을 이용하려는 경우에는 시설주에게 안내 서비스, 한국수어 통역 등의 편의 제공을 요청할 수 있다. 이 경우 시설주는 정당한 사유가 없으면 이에 따라야 한다.

5) 제17조(장애인전용주차구역 등)

　① 누구든지 장애인전용주차구역에 물건을 쌓거나 그 통행로를 가로막는 등 주차를 방해하는 행위를 하여서는 아니 된다.

❶ BF인증 이란?

장애가 없는 생활환경, 즉 BF(Barrier Free) 인증은 모든 사람, 특히 장애인과 같은 사회적 약자들이 공공시설을 자유롭게 접근하고 이용할 수 있도록 보장하는 것을 목표로 한다. 이 인증은 단순히 장애인 편의시설을 추가하는 것이 아니라, 접근성을 근본적으로 개선하려는 인식의 전환을 추구한다. 이러한 접근은 계획, 설계, 시공의 모든 단계에서 장애물을 제거하여 접근성 및 이용성을 확보하는 데 중점을 둔다.

BF 인증 절차는 세부적으로 정의되어 있으며, 인증의 목적, 인증위원회의 구성, 인증의 종류, 인증기관 등에 대한 규정을 포함한다. 인증 과정은 예비인증과 본인증의 두 단계로 나눈다. 예비인증은 계획 단계에서 사업계획이나 설계도면을 제출하여 받을 수 있으며, 이후에는 반드시 본인증을 획득해야 한다. 본인증은 건축물이 준공된 이후에 실시되며, 이는 BF 인증의 철저한 이행을 보장하기 위함이다.

BF 인증의 유효기간은 10년이며, 연장을 원할 경우 신청이 필요하다. 인증기관은 유효기간 만료 전 사후 실태조사를 통해 필요한 조정을 요구할 수 있다. 총 94개의 BF 인증 평가항목은 건축물의 특성과 사용 상황에 따라 유연하게 적용된다, 필요하지 않은 항목은 평가에서 제외될 수 있다.

BF 인증은 장애인을 포함한 모든 사람이 공공시설을 쉽게 이용할 수 있도록 하여, 접근성 높은 환경 조성에 중요한 역할을 하며, 모두가 동등한 이용 권리를 가질 수 있도록 사회 인식을 개선하는 데 기여한다.

❷ BF인증 의무화

BF 인증제도는 2005년 행정중심복합도시건설을 계기로 한국토지공사(현재 LH)의 제안으로 시작되었다. 국토해양부(현재 국토교통부)와 보건복지부는 '장애친화 인증제' 운영을 위한 위원회를 구성하고, 2007년 4월 '장애물 없는 생활환경 인증제도 시행지침'을 발표하며 BF 인증제도를 공식적으로 도입했다. 이후 한국토지공사와 한국장애인개발원이 인증기관으로 지정되어, 2008년 7월부터 인증제도가 본격적으로 시행되었다.

2015년 7월에는 장애인등편의법에 따라 국가나 지방자치단체가 신축하는 청사, 문화시설 등의 공공건물 및 공중이용시설에 대해 BF인증을 의무적으로 받도록 법적으로 명시되었다. 이 규정은 국가나 지방자치단체가 소유하고 있는 건축물이나 그러한 목적으로 새롭게 건설되는 건축물이 '장애인·노인·임산부 등의 편의증진 보장에 관한 법률'에 따른 시행령 별표2에 명시된 용도를 충족하는 경우, 해당 건축물이 BF 인증을 획득해야 함을 의미한다. 이러한 법적 조치의 주된 목적은 장애인, 노인, 임산부 등 사회적 약자들이 공공시설을 이용하는 데 있어 더욱 편리하고 접근성 높은 환경을 제공함으로써, 이들의 일상생활과 사회 참여를 촉진하는 것이다. 이는 모든 시민이 동등한 조건에서 공공시설을 이용할 수 있도록 하는 포괄적인 사회적 배려와 인권 증진을 위한 중요한 법적 기반을 마련한 것으로 평가된다.

1989.12	장애인복지법 장애인의 자립 및 보호와 생활안전 기여(심신장애자복지법이 장애인복지법으로 변경됨)
1998.04	**장애인·노인·임산부 등의 편의증진 보장에 관한 법률 제정** 장애인의 타인 도움 없이 시설 접근 및 이용의 보장 (대상 : 도로, 공원, 공공건물 및 공중이용시설, 공동주택, 교통수단, 통신시설 등)
2004.07	장애인·노인·임산부 등의 편의증진 보장에 관한 법률 개정 교통약자의 이동장애인등편의법 제정에 따라 제7조 대상시설에서 도로, 교통수단이 삭제됨
2005.01	교통약자의 이동장애인등편의법 제정 교통약자가 이동권 확보를 위한 이동편의시설을 확충 및 개선(교통수단, 여객시설, 도로)
2007.04	장애인차별금지 및 권리구제 등에 관한 법률 제정 모든 생활영역에서 장애를 이유로 한 차별을 금지하고 장애를 이유로 차별받는 사람의 권익을 효과적으로 구제함
2008.07	**장애물 없는 생활환경 인증제도 시행지침 제정** 도로인증, 구역인증, 개별시설인증(도로, 공원, 여객시설 등)
2009.12	교통약자의 이동장애인등편의법 개정 장애물 없는 생활환경 인증제도 도입
2015.07	**장애인·노인·임산부 등의 편의증진 보장에 관한 법률 제정** 국가나 지방자치단체가 신축하는 청사, 문화시설 등의 공공건물 및 공중이용시설 중에서 대통령령으로 정하는 시설의 경우에는 의무적으로 장애물 없는 생활환경 인증

편의시설 관련 법률의 변화

❸ 운영절차

인증기관은 주무기관이 정한 인증지침에 따라 다양한 인증업무를 수행한다. 이 업무에는
인증신청의 공고 및 접수, 인증기관 지정서의 교부, 인증제도의 일반적인 운영 및 관리,
그리고 인증운영위원회의 구성 및 운영 등이 포함된다.

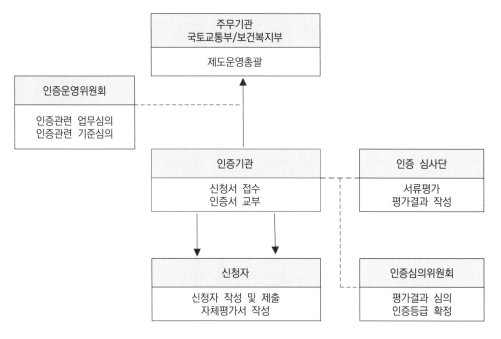

장애물 없는 생활환경 인증제도 운영절차

　　장애물 없는 생활환경 인증제도는 예비인증과 본인증, 두 가지 주요 단계로 구분
되어 운영된다. 이 구분은 인증 과정을 체계적이고 효율적으로 관리하기 위한 것으로,
각 단계는 건축 프로젝트의 다른 시점에 초점을 맞춘다.

　　예비인증 단계는 건축 프로젝트의 초기, 즉 계획 단계에서 시작된다. 이 단계에서는
사업계획서나 설계도면 등의 문서를 제출하여 인증을 신청하게 된다. 예비인증은 프로
젝트가 장애물 없는 생활환경을 조성하기 위한 기준과 지침을 충족하고 있는지 사전에
평가받는 과정이다. 예비인증을 받은 건물이나 시설은 이후 반드시 본인증을 받아야
한다. 본인증은 건축 프로젝트의 마지막 단계, 즉 공사 준공 이후에 실시된다. 이는
건축물이 실제로 장애물 없는 생활환경 기준을 충족하고 있는지 최종적으로 확인하는
과정이다. 인증의 유효기간은 인증 받은 날로부터 10년이며, 인증을 연장하고자 할
경우 인증기관에 연장신청을 해야 한다.

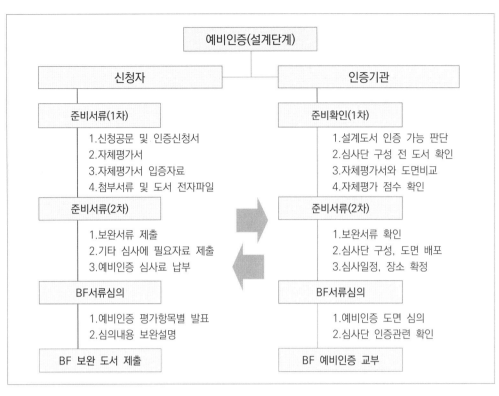

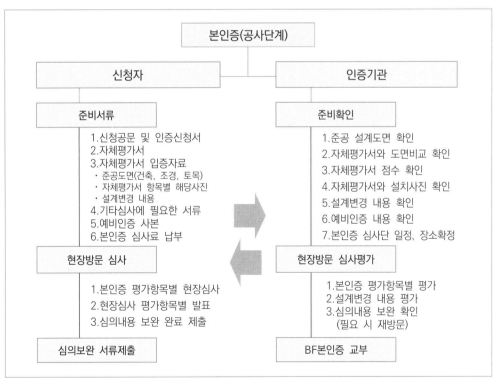

장애물 없는 생활환경 예비·본인증 절차

❹ 일반사항

구 분	인 증 내 용
인증 주무기관	• 장애물 없는 생활환경 인증제도의 운영을 총괄 • 보건복지부, 국토교통부 (2년간 교체주관)
인증기관	• 인증 신청서의 접수, 인증대상의 심사. 심의 • 인증 심사단 및 인증심의 위원회의 구성 및 운영 • 인증제도의 활성화를 위한 홍보업무 등 크래비즈인증원 한국토지주택공사 한국장애인개발원 한국장애인고용공단 한국생산성본부인증원 한국환경건축연구원 한국감정원 한국교육·녹색환경연구원 한국건물에너지기술원
인증대상	• 개별인증 : 도로, 공원, 여객시설, 건축물, 교통수단 지역인증 • 그밖에 인증제도위원회가 필요하다고 인정한 경우
인증 신청자격	• 소유자, 건축주, 시공자 또는 관리자

인증종류
및
신청시기
	• 예비인증 : 개별시설 또는 지역의 설계에 반영된 내용을 대상으로 본인증 신청 전
	• 본인증 :
	   ① 장애인등편의법 제7조에 따른 대상시설, 교통약자법 제9조에 따른 여객시설 및 도로: 개별시설의
	     공사를 완료한 후
	   ② 교통약자법 제9조에 따른 교통수단:「자동차관리법」제5조에 따른 등록,「선박법」제8조에 따른
	     등록 및「항공법」제3조에 따른 등록 또는 그밖에 법령에 따라 운행허가를 받은 이후
	   ③ 지역:「국토의 계획 및 이용에 관한 법률」제98조 또는 그 밖의 법령에 따른 공사 등의 완료 후

인증등급	• 최우수 : 심사기준 만점의 90% 이상 (1등급) • 우　수 : 심사기준 만점의 80% 이상 90% 미만 (2등급) • 일　반 : 심사기준 만점의 70% 이상 80% 미만인 경우 (3등급) ※ 해당항목 중 한 항목이라도 교통약자법 또는 장애인등편의법의 최소 설치기준을 만족하지 　 못한 경우에는 인증등급을 정하지 아니함
인증 유효기간	• 예비인증 : 본인증 전까지 효력을 유지하나 개별시설 및 지역 조성 등이 완료·허가된 후 　　　　　　 1년 이내에 본인증을 신청하지 않는 경우 예비인증의 효력은 상실됨 • 본인증 : 10년 • 사후관리, 인증연장신청
인증실적 확인	• 8개 인증기관 전체 BF인증 실적현황 (한국장애인개발원 홈페이지)
인증명판	Barrier Free 장애물 없는 생활환경 대 상 시 설 의 명 칭 (2800. 00. 00 ~ 2800. 00. 00) ★★★ 보건복지부 장관·국토교통부 장관 인증기관의 장 환경의 장애물(Barrier)에서 벗어나 사회 약자(Free) 의지가 펼쳐지는 공간 상징 • 최우수 : ★★★ • 우수　 : ★★ • 일반　 : ★

❺ 인증신청 관련 서류

① 예비 인증신청 관련 서류
  ㉮ 신청자의 신청공문 및 인증신청서
  ㉯ 자체 평가서
    – 점수 집계표는 자체평가 점수 기재 및 각각의 평가항목 산출기준 세부항목에 해당하는 점수 란 배경에 회색으로 표시함
  ㉰ 자체평가서에 포함된 내용이 사실임을 증명할 수 있는 자료
    – 기본계획도면(건축, 조경, 토목) CAD파일 (폰트 파일 포함) 및 PDF파일
    – 자체평가서 항목별 평가 제출서류에 해당하는 도면 CAD파일 (폰트 파일 포함) 및 PDF파일
  ㉱ 1, 2, 3, 신청 접수를 위한 첨부서류 및 도서를 인증기관 이메일로 제출

② 본인증 신청 관련 서류
  ㉮ 신청자의 신청공문 및 인증신청서
  ㉯ 자체평가서
    – 점수 집계표에 자체평가 점수 기재 및 각각의 평가항목 산출기준 세부항목에 해당하는 점수 란 배경에 회색으로 표시함
  ㉰ 자체평가서에 포함된 내용이 사실임을 증명할 수 있는 자료
    – 준공도면(건축, 조경, 토목) CAD파일 (폰트 파일 포함) 및 PDF파일
    – 자체평가서 항목별 평가 제출서류에 해당하는 사진
  ㉱ 1, 2, 3, 신청 접수를 위한 첨부서류 및 도서를 인증기관 이메일로 제출

SECTION 2 사용자 중심의 설계 · 시공 접근

❻ 건축물 평가항목

BF 인증제도는 건축물 내에 설치되는 장애인 편의시설을 평가하는 지표를 제공한다. 이는 노약자, 일시적 장애인 등 모든 이용자가 접근하고 사용하는 데 불편함이 없도록 세부적인 기준을 마련하는 것을 목적으로 한다.

매개시설 평가항목은 접근로, 장애인 주차구역, 주출입구로 구성된다. 접근로는 휠체어사용자를 고려하여 출입구까지의 안전성, 단차와 기울기, 보행 장애물 유무를 평가한다. 장애인 주차구역은 장애인 전용 주차장의 충분한 확보, 주차 면의 크기, 그리고 출입구까지의 안전한 보행통로를 평가한다.

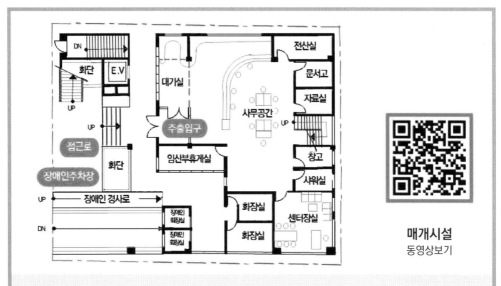

매개시설
동영상보기

- **접근로**
· 1층 주출입구 앞에는 휠체어를 사용하는 장애인의 접근을 위한 경사로가 완만한 경사도로 설치되어야 하며, 시각장애인을 위해 점자표지판이 부착된 손잡이도 설치돼 있어야 한다. 바닥은 수평을 유지하고 단차가 없어야 한다.

- **장애인전용주차구역**
· 주차크기는 폭 3.3m (1m+2.3m), 길이 5.0m 안에 ISO마크를 바닥에 표시를 하고, 주차안내판은 동선에 장애가 되지 않도록 설치하여야 한다.

- **주출입구**
· 주출입구 문은 여닫이로 앞바닥에 점자블록이 설치돼 있어 시각장애인, 손이 불편하거나 휠체어를 사용하는 장애인 등이 이용하는데 불편 없게 설치한다. 또한 문을 열었을 때 순수 유효폭은 0.9m이상 으로 하고 열린문 끝에서 1.2m이상 유효거리를 두어야 한다.

매개시설 평가항목 및 중점 체크 사항

내부시설 평가는 출입문, 복도, 계단, 경사로, 승강기 등을 포함한다. 출입문 평가는 장애인이 쉽게 접근할 수 있도록 단차, 앞면 공간, 폭을 확인하고, 시각장애인을 위한 점자표지판과 점자블록도 검토한다. 장애인과 노약자를 위해 손잡이의 형태, 높이, 위치도 중요하다. 복도는 충분한 폭, 단차 없음, 미끄럼 방지 바닥, 장애물 없음을 평가한다.

계단과 경사로는 미끄럼 방지 바닥, 적절한 폭, 손잡이 설치를 확인한다. 승강기는 휠체어나 목발 사용자가 사용하기 쉬운 활동공간, 조작설비의 적절한 설치, 시각 및 청각 장애인을 위한 안내장치와 점자블록을 평가한다.

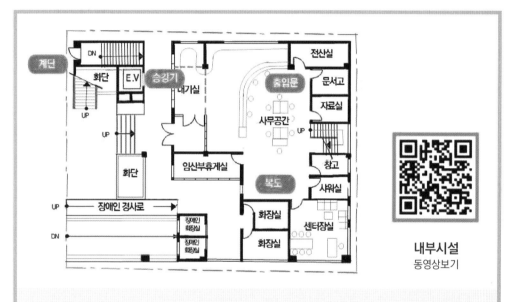

- **일반출입문**
- 출입문의 손잡이 높이는 0.8~0.9m에 위치하여야 하며, 문의 유효폭은 0.9m 이상 확보하여야 한다. 또한, 휠체어 사용 장애인의 대기공간이 될 수 있도록 날개벽 0.6m 확보를 하여야 한다.

- **복도 및 경사로**
- 복도면에 기둥이 돌출하였을 때는 시각장애인의 안전을 위하여 바닥에 폭0.45m 이색이질 마감재를 설치한다.
- 건물내부에 경사로가 있을 때는 유효폭 1.2m이상을 설치하고 손잡이 높이와 점자 위치를 주의있게 설치하여야 한다.

- **계단 및 승강기**
- 내부 계단 바닥판과 챌판의 높이는 모두 같아야 하며, 손잡이의 높이를 기준에 맞게 설치하여야 한다.
- 장애인 승강기는 최소 13인용 이상으로 설치하여야 한다.

내부시설 평가항목 및 중점 체크 사항

위생시설은 장애인이 이용 가능한 화장실, 화장실의 접근시설, 대변기, 소변기, 세면대, 욕실, 샤워기로 평가항목이 규정되고 있다. 휠체어와 목발 사용자의 이동과 회전을 위한 충분한 공간을 확보하고 손잡이, 거울, 출입구의 형태 등을 평가한다.

위생시설
동영상보기

• **장애인화장실 대변기, 세면대**
• 남녀장애인화장실 내부는 공통적으로 대변기에 자동 물 내림 센서와 등받이가 양호하게 설치하고, 비상호출벨 및 휴지걸이는 대변기에 앉았을 때 손이 닿는 곳에 위채해야 한다. 세면대 양쪽 손잡이는 휠체어 접근이 용이 하도록 설치하여야 한다.

• **화장실 접근 및 소변기**
• 화장실 칸막이는 1.6mX2.0m 확보하고, 손잡이는 막대형 잠금쇠 설치야 한다.
• 소변기는 벽에서 0.15m 이격하여 설치하여야 하며, 바닥 부착형으로 한다.

• **샤워장 및 탈의실**
• 샤워장의 문 안쪽에서 날개벽 0.6m 확보하고 탈의실 휠체어 장애인용 가구를 설치 하여야 한다.

위생시설 평가항목 및 중점 체크 사항

안내시설 평가는 안내 설비, 경보 및 피난설비를 포함하며, 시각장애인을 위한 점자 안내판과 점자블록 설치 여부, 그리고 시각 및 청각장애인을 위한 경보와 피난설비를 검토한다.

기타시설 평가는 객실, 침실, 관람석, 열람석, 접수대 및 안내데스크 등의 설치 시 고려되는 항목들과 휠체어사용자를 위한 충분한 활동공간, 구조, 형태 등 편의시설의 설치 여부를 확인한다.

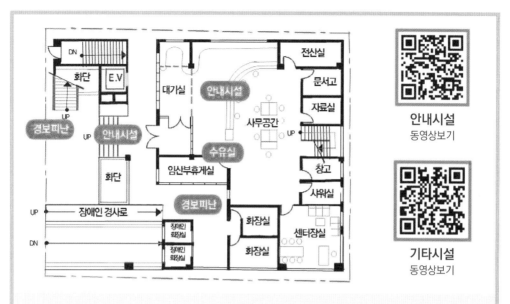

- 안내시설
- 주출입구문 옆에는 시각장애인이 손끝으로 만져 건물 내부를 알 수 있는 점자안내판, 앞바닥에 점자 블록이 양호하게 설치하여야 한다. 점자안내판에는 점자를 읽지 못하는 시각장애인을 위한 음성안내기가 설치되어야 한다.
- 내부계단 양쪽에는 시각장애인이 손끝으로 만져 층수를 알 수 있는 점자표지판이 부착된 손잡이, 계단 입구 바닥에 점자블록이 설치돼 있어야 한다.

- 피난 및 경보시설
- 각층 남녀비장애인 화장실과 탈의실에는 청각장애인을 위한 비상점멸등을 설치하고, 장애인화장실 경광등 설치 하여야 한다.

- 기타시설
- 객실, 침실, 관람석, 열람석, 접수대, 작업대, 매표소, 판매기, 음료대, 임산부 휴게시설

안내· 기타시설 평가항목 및 중점 체크 사항

장애물 없는 생활환경 인증 과정에서는 몇 가지 중요한 지침이 있다. 첫째, 평가항목에서 명시되지 않은 사항에 대해 심사단은 최대 5%까지 추가 점수를 부여할 수 있는 권한을 가진다. 이는 프로젝트의 특별한 요소나 창의성을 인정하기 위한 것이다. 둘째, 모든 프로젝트는 인증기준의 항목별 최소기준을 충족해야 하며, 이를 충족하지 못하면 인증등급을 받을 수 없다. 셋째, 심사 과정은 현장 상황에 따라 유연하게 진행될 수 있으며, 심사자는 현장 상황에 맞는 의견을 제시할 수 있다. 넷째, 설계단계에서 받은 BF 예비인증이 최종 인증을 보장하지 않으므로, 사업 완료 전까지 변경사항을 신속하게 접수하고 검토하여 본인증을 받을 수 있도록 해야 한다.

❼ 등급산정 방법

BF인증은 건축 프로젝트가 장애물 없는 생활환경을 제공하는지 평가하는 과정이다. 이 평가는 매개시설, 내부시설, 위생시설, 안내시설, 기타시설, 기타설비로 6가지 주요 범주로 나뉘며, 실제 공사에는 기타설비를 평가에서 제외된다. 일부 시설, 예를 들어 복도의 손잡이나 내부 경사로 같은 것들은 설치 계획이 없으면 평가 대상에서 빠진다.

평가를 위해, 토목과 조경도면을 검토하여 경사와 단차를 확인하고, 이를 건축도면과 비교해야 한다. 모든 관련 도면은 심사 과정에서 제출되어야 하며, 평가항목은 인증기준의 최소기준을 충족해야 한다. 만약 이 기준을 만족하지 못하면 인증등급을 받을 수 없다. 따라서, 도면은 필요에 따라 수정되어야 하며, 이는 평가 미충족 상황을 방지하기 위함이다.

등급은 자체평가서의 점수 합계를 기준으로 산정된다. 예를 들어, 세부 항목 점수가 191.5점이고 총 배점이 221점일 경우, 86.65%의 비율로 계산되어 우수등급을 받게 된다. 등급은 70%에서 80% 사이면 일반등급, 81%에서 90% 사이면 우수등급, 91% 이상 이면 최우수등급으로 분류된다.

우수등급을 받기 위해서는 설계 초기 단계에서 BF인증 컨설팅사와 설계자가 협의하여 자체평가를 진행해야 한다. 그 후, 사업관리자는 설계의 오류, 시공성, 도면 조정, 가성비 등을 재확인하고, 최종적으로 인증기관에 제출한다. 이 과정은 프로젝트가 장애물 없는 생활환경 기준을 충족하도록 보장하기 위해 필수적이다.

인증대상		심의위원회 전문분야 및 구성방법	심의위원 구성인원
개별시설 인증	도로	토목2인, 교통1인, 도시계획2인	각 대상별 5인 이상
	공원	조경2인, 토목2인, 건축1인	
	여객시설	건축3인, 교통2인	
	건축물	건축5인	
	교통수단	교통3인, 토목2인	
지역인증		도시계획2인, 건축1인, 토목2인, 조경1인, 교통1인	7인 이상

※ 인증위원회의 구성은 인증 대상의 특성을 고려하여 관련 분야 전문가를 추가로 위촉할 수 있다.

예비·본인증 인증심의위원회 구성

❽ BF인증제도 건축물 자체평가서 예시 : 개정 2018.08.03.

[보건복지부고시 제2019-163호],[국토교통부고시 제2018-500호]

장애물 없는 생활환경 인증제도

건축물 ■인증(□예비인증) 자체평가서

인증신청기관	건축물명	건축물 용도	자체평가결과	
		교육연구시설(도서관)	총 점 :	191.5/221 점
			백분율 :	86.65 %
			등 급 :	우수 등급
작성자 소속		성명		(인)

Ⅰ. 평가항목별 점수

범 주		분류번호	평가항목	배점	해당사항	자체평가	심사결과	비고
1. 매개시설	1.1 접근로	B1-01-01	1.1.1 보도에서 주출입구까지 보행로	6	○	6.0		
		B1-01-02	1.1.2 유효폭	3	○	3.0		
		B1-01-03	1.1.3 단차	3	○	3.0		
		B1-01-04	1.1.4 기울기	3	○	2.4		
		B1-01-05	1.1.5 바닥마감	3	○	2.4		
		B1-01-06	1.1.6 보행장애물	2	○	1.6		
		B1-01-07	1.1.7 덮개	2	○	1.6		
	1.2 장애인 전용 주차 구역	B1-01-08	1.2.1 주차장에서 출입구까지의 경로	6	○	4.2		
		B1-01-09	1.2.2 주차면수 확보	4	○	4.0		
		B1-01-10	1.2.3 주차구역 크기	4	○	3.2		
		B1-01-11	1.2.4 보행 안전통로	4	○	3.2		
		B1-01-12	1.2.5 안내 및 유도표시	3	○	3.0		
	1.3 주출입구 (문)	B1-01-13	1.3.1 주출입구의 높이 차이	6	○	5.4		
		B1-01-14	1.3.2 주출입문의 형태	3	○	2.1		
		B1-01-15	1.3.3 유효폭	3	○	3.0		
		B1-01-16	1.3.4 단차	3	○	3.0		
		B1-01-17	1.3.5 앞면유효거리	2	○	2.0		
		B1-01-18	1.3.6 손잡이	2	○	1.4		
		B1-01-19	1.3.7 경고블록	2	○	1.6		
소 계				64		56.1		
2. 내부시설	2.1 일반출입문	B2-02-01	2.1.1 단차	3	○	2.4		
		B2-02-02	2.1.2 유효폭	3	○	2.4		
		B2-02-03	2.1.3 전후면 유효거리	3	○	2.1		
		B2-02-04	2.1.4 손잡이 및 점자표지판	3	○	2.4		
	2.2. 복도	B2-02-05	2.2.1 유효폭	3	○	3.0		
		B2-02-06	2.2.2 단차	3	○	3.0		
		B2-02-07	2.2.3 바닥마감	2	○	1.4		
		B2-02-08	2.2.4 보행장애물	2	○	1.6		
		B2-02-09	2.2.5 연속손잡이		×			
	2.3 계단	B2-02-10	2.3.1 형태 및 유효폭	3	○	2.1		
		B2-02-11	2.3.2 챌면 및 디딤판	3	○	2.1		
		B2-02-12	2.3.3 바닥마감	2	○	1.6		
		B2-02-13	2.3.4 손잡이	2	○	2.0		
		B2-02-14	2.3.5 점형블록	2	○	2.0		
	2.4 경사로	B2-02-15	2.4.1 유효폭		×			
		B2-02-16	2.4.2 기울기		×			
		B2-02-17	2.4.3 바닥마감		×			
		B2-02-18	2.4.4 활동공간 및 휴식참		×			

범 주		분류번호	평가항목	배점	해당사항	자체평가	심사결과	비고
		B2-02-19	2.4.5 손잡이		×			
	2.5 승강기	B2-02-20	2.5.1 앞면활동공간	2	○	2.0		
		B2-02-21	2.5.2 통과유효폭	2	○	1.4		
		B2-02-22	2.5.3 유효바닥 면적	2	○	2.0		
		B2-02-23	2.5.4 이용자 조작설비	3	○	2.6		
		B2-02-24	2.5.5 시각 및 청각장애인 안내장치	2	○	2.0		
		B2-02-25	2.5.6 수평손잡이	2	○	2.0		
		B2-02-26	2.5.7 점자블록	2	○	2.0		
			소 계	49		42.1		
3. 위생 시설	3.1 장애인이 이용 가능한 화장실	B3-03-01	3.1.1 장애유형별 대응 방법	10	○	8.0		
		B3-03-02	3.1.2 안내표지판	5	○	5.0		
	3.2 화장실의 접근	B3-03-03	3.2.1 유효폭 및 단차	6	○	5.4		
		B3-03-04	3.2.2 바닥마감	4	○	4.0		
		B3-03-05	3.2.3 출입구(문)	3	○	2.1		
	3.3 대변기	B3-03-06	3.3.1 칸막이 출입문	5	○	4.4		
		B3-03-07	3.3.2 활동공간	3	○	2.7		
		B3-03-08	3.3.3 형태	3	○	2.4		
		B3-03-09	3.3.4 손잡이	3	○	3.0		
		B3-03-10	3.3.5 기타설비	3	○	2.1		
	3.4 소변기	B3-03-11	3.4.1 소변기 형태 및 손잡이	6	○	6.0		
	3.5 세면대	B3-03-12	3.5.1 형태	3	○	3.0		
		B3-03-13	3.5.2 거울	3	○	3.0		
		B3-03-14	3.5.3 수도꼭지	3	○	2.4		
	3.6 욕실	B3-03-15	3.6.1 구조 및 마감		×			
		B3-03-16	3.6.2 기타설비		×			
	3.7 샤워실 및 탈의실	B3-03-17	3.7.1 구조 및 마감	3	○	3.0		
		B3-03-18	3.7.2 기타설비	3	○	2.4		
			소계	66		57.9		
4. 안내 시설	4.1 안내 설비	B4-04-01	4.1.1 안내판	4	○	4.0		
		B4-04-02	4.1.2 점자블록	3	○	2.4		
		B4-04-03	4.1.3 시각장애인 안내설비	3	○	2.1		
		B4-04-04	4.1.4 청각장애인 안내설비	3	○	2.4		
	4.2 경보 및 피난설비	B4-04-05	4.2.1 시각·청각장애인용 경보 및 피난 설비	3	○	2.4		
			소계	16		13.3		
5. 기타	5.1 객실 및 침실	B5-05-01	5.1.1 설치율		×			
		B5-05-02	5.1.2 설치위치		×			

범 주	분류번호	평가항목	배점	해당사항	자체평가	심사결과	비고
시설	B5-05-03	5.1.3 통과유효폭		×			
	B5-05-04	5.1.4 활동공간		×			
	B5-05-05	5.1.5 침대구조		×			
	B5-05-06	5.1.6 객실바닥		×			
	B5-05-07	5.1.7 유효폭 및 단차(화장실)		×			
	B5-05-08	5.1.8 유효 바닥면(화장실)		×			
	B5-05-09	5.1.9 손잡이(화장실)		×			
	B5-05-10	5.1.10 점자표지판(기타설비)		×			
	B5-05-11	5.1.11 설치높이(기타설비)		×			
	B5-05-12	5.1.12 초인등(기타설비)		×			
5.2 관람석 및 열람석	B5-05-13	5.2.1 설치율	4	○	3.2		
	B5-05-14	5.2.2 설치위치	3	○	3.0		
	B5-05-15	5.2.3 관람석 및 무대의 구조	4	○	3.2		
	B5-05-16	5.2.4 열람석의 구조	2	○	1.6		
5.3 접수대 및 안내데스크	B5-05-17	5.3.1 설치위치	2	○	1.6		
	B5-05-18	5.3.2 설치 높이 및 하부공간	3	○	2.4		
5.4 매표소·판매기·음료대	B5-05-19	5.4.1 매표소의 구조 및 설비		×			
	B5-05-20	5.4.2 판매기의 구조 및 설비		×			
	B5-05-21	5.4.3 음료대의 구조 및 설비		×			
5.5 피난구 설치	B1-05-22	5.5.1 피난방법 및 설치위치		×			
	B1-05-23	5.5.2 피난의 구조		×			
5.6 임산부 휴게시설	B1-05-24	5.6.1 접근 유효폭 및 단차	2	○	2.0		
	B1-05-25	5.6.2 내부 구조	3	○	3.0		
		소계	23		20.0		
6. 기타설비 6.1 비치 용품	B1-06-01	6.1.1 비치하여야 할 용품	3	○	2.1		
		소계	3		2.1		

7. 종합평가	평가항목점수 5%	심사단 배점사항					
		소계	0				

Ⅱ. 최종 점수

구분	배점	자체평가	심사결과	비 고
매개시설	64	56.1		
내부시설	49	42.1		
위생시설	66	57.9		
안내시설	16	13.3		
기타시설	23	20.0		
기타설비	3	2.1		
종합평가	0			
합 계	221	191.5		

※ 시설 중 해당시설이 설치되지 않은 경우에는 평가하지 않음

※ 파출소, 지구대, 보건지소 및 보건진료소 등 2층으로 된 건축물로서 1층만이 불특정 다수가 이용하는 것이 명백한 경우, 승강기 및 경사로를 평가에서 제외할 수 있다.

※ 인증등급

등급	등급 기준
최우수 등급	인증기준 만점의 100분의 90 이상
우수 등급	인증기준 만점의 100분의 80 이상 100분의 90 미만
일반 등급	인증기준 만점의 100분의 70 이상 100분의 80 미만

「장애물 없는 생활환경 인증에 관한 규칙」제8조에 따른 인증기준의 항목별 최소기준 이상을 충족하여야 하고, 이를 충족하지 아니하는 경우에는 인증등급을 부여하지 아니한다.

ᐟᐟ BF인증, CS업무 관련 웹사이트

한국장애인개발원 인증 자료실

Universal Design 적용을 고려한 BF인증 상세표준도 [건축물]

[PART1] 개요
[PART2] 장애물 없는 생활환경 인증기준-건축물
[PART3] 장애물 없는 생활환경 인증 항목별 다양한 설치방법
[PART4] 부록

경기도장애인편의증진 기술지원센터 자료실

경기도 장애인 등의 편의시설 설치 매뉴얼

Ⅰ. 이용자 특성 고려사항
Ⅱ. 건축법 용도별 건축물 종류 중 편의시설 설치 대상시설 비교표
Ⅲ. 대상시설별 편의시설 설치기준 및 종류
Ⅳ. 편의시설 설치 매뉴얼
Ⅴ. 장애인·노인·임산부 등의 편의증진보장에 관한 법률 3단 비교표
Ⅵ. 부록

❶ 무장애 건축과 유니버설 디자인의 통합적 접근

무장애 건축과 유니버설 디자인은 모두 접근성과 포용성을 목표로 하지만, 각기 다른 접근방법을 가지고 있다.

　무장애 건축의 주된 목표는 장애인들이 건물과 시설을 자유롭고 안전하게 이용할 수 있도록 물리적 장벽을 제거하는 것이다. 이를 위해 장애인을 위한 접근 경로를 개선하고, 휠체어사용자나 이동이 불편한 사람들을 위해 경사로와 엘리베이터를 설치하며, 자동문과 같은 편의 시설을 제공하고, 장애인 전용 화장실과 주차 공간을 마련한다. 또한, 비상 출구, 안전 손잡이, 미끄럼 방지 바닥재 등을 통해 안전성을 강화한다.

　반면, 유니버설 디자인은 장애 유무에 관계없이 모든 사람들이 편리하고 안전하게 이용할 수 있는 환경을 조성하는 것을 목표로 한다. 이를 위해 포괄적 설계를 통해 모든 연령대와 능력을 가진 사람들이 사용할 수 있는 제품과 환경을 만들고, 다양한 사용자의 선호도와 능력에 맞게 조정할 수 있는 기능을 포함한다. 직관적인 사용을 가능하게 하여 누구나 쉽게 이해하고 사용할 수 있도록 하며, 시각, 청각, 촉각 등 다양한 방법으로 정보를 제공하여 정보 접근성을 높인다. 또한, 최소한의 노력으로 쉽게 사용할 수 있는 효율적인 설계와 다양한 신체 크기와 능력을 가진 사용자가 편안하게 접근하고 사용할 수 있는 충분한 공간을 제공한다.

　이 두 접근 방식은 모두 사용자의 편의성과 접근성을 향상시키기 위한 것이며, 상호 보완적으로 적용될 수 있다. 무장애 건축이 장애인들의 구체적인 요구를 충족시키는 데 중점을 두는 반면, 유니버설 디자인은 더 넓은 범위의 사용자 요구를 고려하여 모든 사람을 포용하는 환경을 조성한다. 이를 통해 건축과 디자인의 목표는 공통적으로 사용자들의 편의성과 안전성을 극대화하는 데 있다.

　유니버설 디자인의 7대 원칙을 무장애 건축에 적용하여 포괄적 디자인 환경을 만드는 이유는 모든 사람들이 차별 없이 이용할 수 있는 접근성과 사용성을 보장하기 위해서이다. 이를 통해 장애인뿐만 아니라 모든 사용자가 편리하고 안전하게 건물과 시설을 이용할 수 있다. 유니버설 디자인의 7대 원칙을 무장애 건축에 적용하는 구체적인 이유는 다음과 같다.

① 공평한 사용 : 제품과 환경이 모든 사람들에게 공평하게 제공되어야 한다. 무장애 건축에 이 원칙을 적용하면, 장애인뿐만 아니라 비장애인도 동일한 방식으로 건물과 시설을 이용할 수 있다. 예를 들어, 자동문은 휠체어 사용자와 손에 짐을 든 사람 모두에게 편리하다.

② 사용상의 융통성 : 다양한 개인의 선호도와 능력을 수용할 수 있어야 한다. 무장애 건축에서 이 원칙을 적용하면, 시설이 사용자들의 다양한 요구를 충족시킬 수 있다. 예를 들어, 조절 가능한 책상과 의자는 다양한 높이의 사용자에게 적합하다.

③ 간단하고 직관적인 사용 : 제품과 환경의 사용 방법이 쉽게 이해될 수 있어야 한다. 무장애 건축에서 이 원칙을 적용하면, 모든 사용자가 복잡하지 않게 시설을 이용할 수 있다. 예를 들어, 명확한 표지판과 직관적인 안내 시스템은 사용자들이 쉽게 길을 찾을 수 있게 한다.

④ 인지할 수 있는 정보 : 필요한 정보가 효과적으로 전달되어야 한다. 무장애 건축에서 이 원칙을 적용하면, 시각, 청각, 촉각을 통해 정보가 전달되어 모든 사용자가 접근할 수 있다. 예를 들어, 음성 안내 시스템과 점자 표지판은 시각 장애인에게 유용하다.

⑤ 오류에 대한 포용성 : 실수를 줄이고, 실수로 인한 위험을 최소화해야 한다. 무장애 건축에서 이 원칙을 적용하면, 사용자의 안전이 강화된다. 예를 들어, 미끄럼 방지 바닥재와 안전 손잡이는 낙상의 위험을 줄일 수 있다.

⑥ 적은 물리적 노력 : 최소한의 신체적 노력으로 사용할 수 있어야 한다. 무장애 건축에서 이 원칙을 적용하면, 힘을 많이 들이지 않고도 시설을 이용할 수 있다. 예를 들어, 자동문과 경사로는 이동을 쉽게 한다.

⑦ 접근과 사용을 위한 적절한 크기와 공간 : 접근과 사용을 위한 충분한 공간이 제공되어야 한다. 무장애 건축에서 이 원칙을 적용하면, 모든 사용자가 편리하게 이동하고 활동할 수 있는 충분한 공간이 확보된다. 예를 들어, 휠체어 사용자들이 쉽게 이동할 수 있는 넓은 통로와 엘리베이터가 필요하다.

이러한 원칙들을 적용하여 포괄적 디자인 환경을 만들면, 장애인뿐만 아니라 모든 사람들이 평등하게 이용할 수 있는 건축 환경을 조성할 수 있다. 이를 통해 사회 전반의 접근성과 포용성을 증진시키며, 다양한 사용자들의 요구를 충족시키는 동시에, 모두에게 안전하고 편리한 환경을 제공할 수 있다.

유니버설 디자인의 7대 원칙을 무장애 건축에 적용하는 구체적인 사례는 BF인증의 세부 평가내용 중 승강기의 평가에서도 확인할 수 있다. 승강기의 앞면 활동 폭, 문의 통과 유효 폭, 내부의 유효 바닥면적, 조작 버튼, 안내장치, 수평 손잡이, 점자블록 설치 등의 세부 평가항목과 기준은 유니버설 디자인의 기본적인 관점에서 평가된다. 이러한 기준은 승강기뿐만 아니라 건축물 내의 다양한 편의시설이 모든 사용자가 이용할 수 있도록 최소한의 크기와 장치 규정을 갖추어야 함을 의미한다. 이를 통해 모든 사람이 편리하고 안전하게 건물을 이용할 수 있는 포괄적 디자인 환경이 조성된다.

▪ 승강기 BF인증 평가와 Universal Design 관점 : 예시

위치 표기	평가항목	평가목적 (Universal Design 관점)
❶	전면활동공간	승강기를 이용하는데 휠체어사용자가 회전하거나 이동하는데 어려움이 없도록 적절한 전면 활동공간을 확보하여 불편함이 없도록 함
❷	통과 유효폭	장애인 및 노약자 등 다양한 사용자가 승강기를 이용하는데 불편함이 없도록 적절한 유효폭을 확보하도록 함
❸	유효바닥면적	휠체어사용자가 승강기 내부에서 회전하거나 승강기를 이용하는데 불편함이 없도록 승강기 내부의 적절한 유효바닥면적을 확보하도록 함
❹	이용자 조작설비	장애인 또는 노약자 등 다양한 사용자가 승강기 이용을 위해 조작설비를 사용하는데 불편함이 없도록 적절한 형태의 이용자 조작설비를 적절한 높이에 설치하도록 함
❺	시각 및 청각장애인 안내장치	승강기 도착여부를 알리는 점멸등 및 음향신호장치 설치를 통하여 장애인 등 다양한 사용자가 승강기를 이용하는데 편의를 도모하고, 승강기 문자안내 및 음성안내장치를 평가하여 시각장애인 또는 청각장애인이 승강기의 진행방향, 정지 예정층, 현재의 위치 등에 관한 적절한 안내를 받을 수 있도록 함
❻	수평손잡이	지탱하는 힘이 부족한 장애인 등 다양한 사용자가 승강기 내부에서 연속된 수평 손잡이를 잡고 승강기를 이용할 수 있도록 적절한 높이에 수평손잡이를 설치할 수 있도록 함
❼	점자블록	시각장애인 및 노인 등 시력에 어려움을 겪는 사용자들이 승강기 버튼의 위치를 알 수 있도록 적절한 승강기 버튼 앞 바닥에 점형블록을 설치하도록 함

Universal Design 관점에 맞는 승강기 BF인증 평가

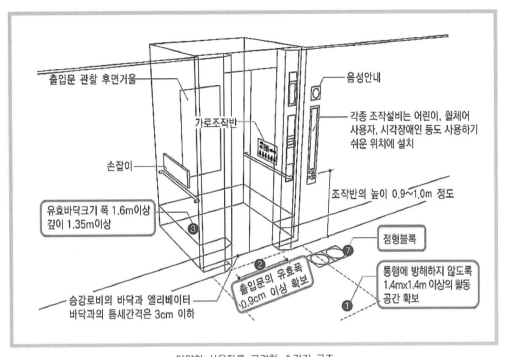

다양한 사용자를 고려한 승강기 구조
© 경기도 건축디자인과, 경기도 유니버설디자인 가이드라인, 2011, p164 일부변경

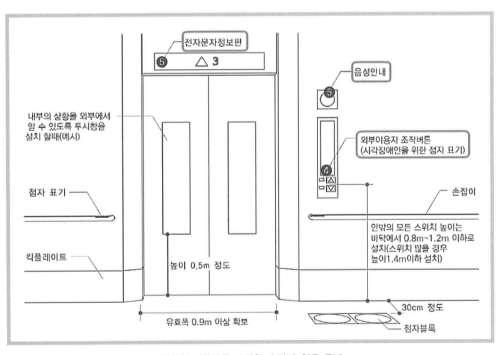

다양한 사용자를 고려한 승강기 입구 주변
© 경기도 건축디자인과, 경기도 유니버설디자인 가이드라인, 2011, p167

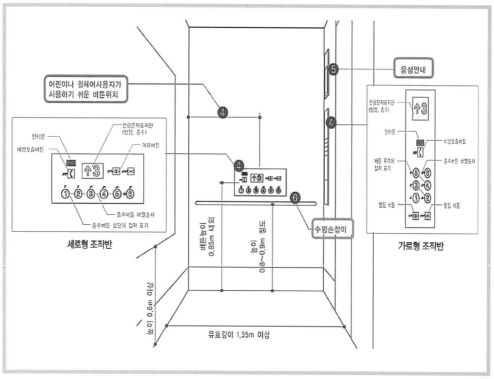

승강기 내부의 손잡이 및 버튼 높이

© 경기도 건축디자인과, 경기도 유니버설디자인 가이드라인, 2011, p165

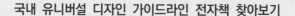

🖱 BF인증, CS업무 관련 웹사이트

국내 유니버설 디자인 가이드라인 전자책 찾아보기

- 서울시 유니버설디자인 통합 가이드라인 외30건
- 경기도 유니버설디자인 가이드라인
- 경기도 교육청 유니버설디자인 가이드라인
- 문화체육관광부 문화시설 유니버설디자인 길라잡이 외2건
- 행정안전부 공공청사 유니버설디자인 적용 안내

유니버설 디자인 가이드라인은 모든 사람들이 사용하기 쉬운 환경을 조성하여 사회적 포용성을 실현하는 중요한 도구이다. 이는 나이, 성별, 국적, 장애 여부와 관계없이 모든 이용자들에게 편의성을 제공하고, 그들의 삶의 질을 향상시킨다. 이 가이드라인은 사회적 약자들을 지원하고, 복지정책의 진보를 촉진하는 데 기여한다.

❷ BF인증과 편의시설 설치기준 적합성(CS) 업무의 차이점

① 편의시설 평가기준

우리나라의 장애물 없는 생활인증(BF인증)과 장애인 편의시설 설치기준 적합성(CS) 업무는 모두 장애인 및 사회적 약자들이 공공시설 및 건축물을 보다 쉽게 이용할 수 있도록 하는 것을 목적으로 하지만, 그 접근 방식과 평가 기준에 차이가 있다.

㉮ 장애물 없는 생활인증(BF인증)의 편의시설 평가기준 :

· BF 인증은 건축물이나 공공시설 전체의 접근성과 이용성을 평가한다. 이는 건축물의 설계와 시공 전반에 걸쳐 장애인, 노인, 어린이, 임산부 등 모든 사람이 편리하게 이용할 수 있도록 하는 보편적 디자인을 목표로 한다.
· 접근로, 주출입구, 내부시설, 위생시설, 안내시설 등 다양한 요소들이 종합적으로 평가된다.
· BF 인증은 특정 사용자 그룹에 초점을 맞추기보다는 모든 사용자가 이용할 수 있는 보편적인 접근성과 이용성을 강조한다.

㉯ 장애인 편의시설 설치기준 적합성(CS) 업무의 평가기준 :

· CS 업무는 특정 편의시설이나 설비가 법적 기준이나 규정을 충족하는지에 대한 적합성을 검토한다. 이는 주로 특정 편의시설에 대한 세부적인 기준 충족 여부에 초점을 맞춘다.
· 장애인 화장실, 주차장, 경사로 등 특정 편의시설의 법적 설치 기준 및 규정의 충족 여부를 평가한다.
· CS 업무는 장애인 등 특정 사용자 그룹의 기능적 한계를 보완하고, 이들이 시설을 이용하는 데 필요한 편의시설의 적합성을 중점적으로 다룬다.

BF인증은 건축물이나 공공시설 전체의 접근성과 이용성을 포괄적으로 평가하는 반면, CS 업무는 특정 편의시설이나 설비가 법적 기준이나 규정을 충족하는지에 대한 적합성을 세부적으로 검토한다. BF인증은 보다 포괄적인 접근을, CS 업무는 보다 세부적인 기준의 충족 여부를 확인하는 데 중점을 둔다.

CS 업무는 편의시설 설치를 의무사항과 권장사항으로 구분하지만, BF인증은 모든 공간 및 설비에 대해 의무사항만을 요구한다. 즉, BF인증 기준에 해당하는 모든 항목이 적합하게 설치되어야 인증을 받을 수 있으며, 기준의 99%를 충족하더라도 1%를 만족하지 못하면 인증을 받을 수 없다.

용도구분	시설별	평가항목	장애인등편의법 평가	BF인증 평가
노유자시설 중 노인복지시설 (경로당 포함) 예시	매개시설	주출입구 접근로	●	●
		장애인전용주차구역	●	●
		주출입구 높이 차이 제거	●	●
	내부시설	출입구(문)	●	●
		복도	●	●
		계단 또는 승강기	●	●
	위생시설	대변기	●	●
		소변기	●	●
		세면대	○	●
		욕실	○	●
		샤위실, 탈의실	○	●
	안내시설	점자블록		●
		유도 및 안내시설		●
		경보 및 피난시설	○	●
	기타시설	객실. 침실		●
		관람석. 열람석		●
		접수대. 작업대		●
		매표소. 판매기. 음료대		●
		임산부 등을 위한 휴게시설		●
유형별 의무 설치 개소 수			8	19

노유자시설의 장애인등편의법과 BF인증 평가항목 비교 (● 의무, ○ 권장)
장애인등편의법 시행령 4조 [별표2]

② BF인증 피난구 설치 평가

피난구 설치에 관한 규정은 장애인 및 사회적 약자들이 비상 상황이나 재난 발생 시 안전하게 대피할 수 있도록 중점을 두고 있다. 장애인편의증진법은 건축물의 설계 및 시공 과정에서 장애인의 피난 편의성을 고려하도록 요구한다. 이는 피난구의 접근성을 보장하며, 장애인이 이용할 수 있는 피난 경로와 시설을 적절히 설치하는 것을 포함한다.

구체적으로, 피난구 설치 규정은 이동 장애가 있는 사람들, 특히 휠체어사용자가 접근할 수 있는 피난구, 시각 및 청각장애인이 이해하고 인지할 수 있는 안내표지판 및 경보, 충분한 너비와 장애물이 없는 피난 경로 및 공간, 그리고 점자나 오디오 설명을 포함한 모든 사람이 이용할 수 있는 형식의 비상 대피 지침을 포함할 수 있다.

이러한 규정의 목적은 장애인뿐만 아니라 노인, 어린이, 임산부 등 모든 사람이 비상 상황에서 안전하게 대피할 수 있도록 보장하는 데 있다. 장애인편의증진법은 모든 사람이 동등하게 안전을 누릴 수 있는 환경을 조성하기 위해 건축물의 설계 및 시공 단계에서부터 장애인의 피난 편의를 고려하도록 요구한다.

이전에 소개된 인증기준 분류에서 '기타시설' 중 '피난구 설치'는 편의증진법에는 없는 항목으로, 주로 보행 및 시각장애인, 노인 등이 주 사용자인 사회복지시설, 노인복지시설 등에 적용된다. 인증심사 및 심의 과정에서 위원들이 필요하다고 판단되는 시설에는 이 항목이 의무적으로 적용된다. 현재 모든 시설에 피난구를 설치하는 것은 건축면적을 높여야 하는 등의 이유로 무리가 있으나, 인증제도가 활성화되고 정착화되는 과정에서 점차 대상시설을 넓혀나갈 수 있도록 노력할 예정이다.

③ 수직이동(계단, 승강기,경사로 등) 동선 평가

CS 업무와 BF 인증제도는 우리나라에서 장애인과 사회적 약자가 건축물을 쉽게 이용할 수 있도록 돕기 위한 중요한 법과 인증 방식이다. 이 두 제도는 건물 내에서 층간 이동을 돕는 설비, 예를 들어 계단이나 승강기 설치에 관해 각기 다른 규칙을 적용한다.

장애인등편의법은 건축물의 크기나 용도를 고려하여, 5층 이하의 건물에서는 승강기나 계단 설치를 선택할 수 있도록 하여 유연한 접근을 제공한다. 이는 다양한 건축 환경에 맞춰 편의시설을 설치할 수 있는 융통성을 제공한다. 반면, BF인증제도는 보다 엄격한 기준을 적용하여, 2층 이상의 모든 건축물에서 승강기 또는 경사로의 설치를 의무화하고 있다. 이는 건축물 내에서의 수직 이동이 모든 사람에게 편리하고 안전하게 이루어질 수 있도록 보장하기 위함이다. 또한, BF인증에서는 계단, 승강기, 경사로가 모두 설치되어 있을 경우, 이들 각각의 시설이 인증 기준에 적합해야만 한다. 이는 장애인등편의법에서의 '또는'이라는 선택적 요소와 달리, 모든 수직 이동 시설이 특정 기준을 충족해야 한다는 것을 의미한다.

BF 인증에서는 계단, 승강기, 경사로 같은 수직 이동수단이 모두 사용하기 편리하고 안전해야 한다는 원칙을 따른다. 이는 시설 이용자가 어떤 방법으로 이동할지 미리 알 수 없기 때문이다. 예를 들어, 경사로는 기울기가 1:12 이하이고 손잡이가 필요하며, 계단은 디딤판 높이가 280mm 이상, 챌면 높이가 180mm 이하여야 한다. 승강기도 휠체어사용자가 이용할 수 있도록 설계되어야 한다.

BF 인증제도의 세부기준과 장애인등편의법의 기준 사이에는 차이점이 있지만, 일반적으로 BF 인증에 참여하는 것은 장애인등편의법의 요구사항을 크게 벗어나지 않으므로 큰 부담이 되지 않는다. 이는 모든 사람이 편리하고 안전하게 이용할 수 있는 시설을 만드는 것이 그리 어렵지 않다는 것을 의미한다.

BF인증은 계단과 승강기 혹은 경사로를 설치 의무
ⓒ 아일랜드 모두를 위한 건물 3-Vertical-Circulation 47P

❸ BF인증 의무화 이후 장애인등편의법 변화

'장애인등편의법'은 장애인, 노인, 임산부 등의 편의 증진을 위해 지속적으로 강화되고 있다. 2015년 7월 29일부터 공공건물 및 공중이용시설에 대한 BF(Barrier-Free) 인증이 의무화되었으며, 이는 주로 공공시설에 적용된다. 하지만 법 개성을 통해 BF 인증대상이 아닌 다른 시설들에 대해서도 편의시설 설치기준이 강화되고 있다. 이는 대상시설 확대와 시설별 평가 기준이 BF 인증 수준에 근접하도록 변화하고 있음을 의미한다. 이러한 조치는 모든 건축물에서 장애인 편의시설의 의무 설치기준을 강화하려는 노력의 일부이다.

2018.08	**장애인·노인·임산부등의 편의증진보장에 관한 법률 시행규칙 개정** · 장애인전용주차구역의 장애인전용표시 및 안내표지 기재내용 추가 · 전동휠체어의 출입이 원활하도록 장애인 등의 출입이 가능한 출입구(문)의 통과 유효폭을 0.8m에서 0.9m 이상으로 확대 · 장애인 등의 통행이 가능한 복도 및 계단의 손잡이를 양측면에 설치하도록 함 · 전동휠체어의 출입이 원활하도록 장애인등의 이용 가능한 화장실 출입구(문)통과 유효폭(0.8m 에서 0.9m 이상)및 화장실 바닥면적(1.4m X 1.8m에서 1.6m X 2.0m이상)으로 확대 · 장애인 관람석 또는 열람석의 무대에 높이 차이가 있을 경우 경사로 등을 설치토록 함 · 숙박시설의 장애인등이 이용 가능한 객실 또는 침실의 설치비율을 전체 침실 수의 0.5%에서 1%(관광숙박시설은 3%)로 확대 · 공연장,휴게소등에 갖추어야 할 편의시설의 종류에 '임산부등을 위한 휴게시설'을 의무 설치 토록 함 (공연장, 관람장, 전시장, 동식물원, 국가·지차제청사, 휴게소) · 공동주택에 갖추어야 할 편의시설의 종류에 '복도'와 경보 및 피난시설'기준에 맞는 시설을 설치토록 함
2021.11	**국가,지방자치단체 또는 공공기관 외의 자의 장애물없는 생활환경 인증 의무시설 신설** · 민간이 신축·개축하는 50층 이상 또는 200m이상 높이 건축물,11층 이상 또는 하루 수용 인 원이 5,000명 이상인 건축물 중 지하역사나 지하상가와 연결된 건축물 BF인증 의무
2021.12	**장애인·노인·임산부등의 편의증진보장에 관한 법률 시행** · 국가나 지방자치단체 또는 공공기관의 운영에 관한법류에 따른 공공기관이 신축·증축·개축 또는 재축하는 청사, 문화시설 등의 공공건물 및 공중이용시설 장애물 없는 생활환경 인증
2022.04	**장애인·노인·임산부등의 편의증진보장에 관한 법률 시행령 개정** · 편의시설 설치 등 의무가 발생하는 주요 부분 변경에 해당하는 경우를 규정 (개정) 주요부분 변경이란 별표1의 공공건물 및 공중이용시설과 공동주택 등 증축·개축·재축·이 전·대수선 또는 용도 변경할 때로 함. 별표1 비고로 정하는 공중이용시설의 경우에는 건축물이 있는 대지에 별개의 건축물로 증축할 때,건축물 전부를 개축할 때와 건축물을 재축할 때로 함. · 편의시설을 의무적으로 설치해야 하는 대상시설의 최소 면적을 규정 (개정) 슈퍼마켓 등의 소매점및 일반음식점은 300m²에서 50m²로,이용원·미용원은 500m²에 서 50m²로,목욕장은 500m²에서 300m²로,의원·치과의원은 500m²에서 100m²로 하향 조정 · 편의시설을 설치해야 하는 대상시설의 종류를 규정 (신설)제1종 근린생활시설 및 제2종 근린생활시설에 편의시설을 설치하여야 하는 대상시설의 종류를 추가

BF인증 의무화 이후 장애인등편의법 변화

장애인등편의법에 따른 편의시설 설치 대상시설의 기준이 여러 차례 개정되었는데, BF인증 의무화 이후 처음으로 개정된 2018년 8월의 주요내용은 편의시설의 종류에서 매개시설, 내부시설, 안내시설, 기타 편의시설의 설치 의무와 권장 사항이 조정되었다.

특히, 공연장과 같은 2종 근린시설은 모든 시설을 의무화하였고, 임산부 휴게시설 설치도 의무화되었다.

출입문의 폭 변경도 중요한 개정 사항 중 하나이다. 기존 0.8m의 유효폭을 요구하던 것을 0.9m로 확장하여, 출입구 설계 시 손잡이와 문의 두께, 문틀 등을 고려해야 한다. 복도나 계단의 손잡이는 양쪽에 설치하도록 하였고, 장애인 관람석은 시야가 잘 확보되고 편안하게 볼 수 있는 조건을 세부적으로 명시하였다.

또한, 기숙사와 숙박시설에 대한 장애인 객실 비율도 개정되었다. 기존에는 기숙사의 경우 전체 객실의 1%, 숙박시설은 0.5%로 설정되어 있었으나, 개정 법에서는 관광 숙박시설의 장애인 객실 비율을 3%로 상향 조정하고, 일반 숙박시설도 기숙사와 동일하게 1%의 장애인 객실을 갖추도록 변경되었다.

장애인 등이 이용 가능한 관람석을 규정한 대상시설 범위도 확대되었다. '공연장, 집회장, 관람장 및 도서관 등'으로 적용 범위가 넓어졌고, 무대에 단차가 있는 경우 경사로나 휠체어리프트 설치를 의무화하는 조항이 신설되었다.

2021년 11월에는 지방직영기업, 지방공사, 지방자치단체 출연 연구원이 짓는 공공 건물 및 공중이용시설, 그리고 민간이 건축하는 초고층 건축물과 지하연계복합건축물에 대해 BF 인증을 의무적으로 받도록 하였다.

이 개정은 장애인의 사회활동 참여를 활성화하고, 모든 사람이 건축물을 보다 편리하고 안전하게 이용할 수 있도록 하기 위해 마련되었다. 특히, 초고층 건축물은 50층 이상 또는 높이가 200m 이상인 건축물을, 지하연계복합건축물은 11층 이상 또는 일일 수용 인원이 5,000명 이상이며 지하역사나 지하상가와 연결된 건축물을 대상으로 인증을 강화하였다. 인증을 받지 않거나 인증 유효기간을 연장하지 않은 기관이나 기업에는 200만원의 과태료가 부과된다. 이는 법의 엄격한 이행을 통해 모든 시민이 동등하게 공공 공간을 이용할 수 있는 환경을 조성하려는 정부의 의지를 반영한 것이다.

2021년 12월 4일 이후에는 국가, 지방자치단체, 공공기관이 운영하는 청사, 문화시설 등의 공공건물 및 공중이용시설에 대해 BF 인증이 의무화되었다. 이는 단순히 새로운 규제를 추가하는 것이 아니라, 모든 시민이 동등하게 공공 공간을 이용할 수 있도록 하는 사회적 책임을 강화하는 조치이다.

이번 법 개정의 핵심은 세 가지 주요 변경사항에 있다.

첫째, 모든 공공건축 프로젝트는 이제 예비 BF인증을 필수적으로 받아야 한다.

이는 과거에는 선택적이었던 절차를 의무화하여, 건축 초기 단계부터 접근성을 고려하도록 함으로써, 최종적인 건축물의 편의성을 보장한다.

둘째, 공공기관이 관리하는 도시공원과 공원시설도 BF인증을 받아야 한다.

이는 건축물 뿐만 아니라, 공공의 녹지 공간에서도 모든 시민이 편리하게 이용할 수 있어야 한다는 인식의 전환을 의미한다.

셋째, 증축, 개축 또는 재축되는 건축물도 이제 BF인증을 받아야 한다.

이는 신축분만 아니라 기존 건축물의 개선 작업에도 장애물 없는 생활환경 기준을 적용함으로써, 보다 광범위한 건축 환경에서의 접근성을 강화하는 조치이다.

2022년 4월에는 우리 일상생활과 밀접한 관련이 있는 1종 근린생활시설, 즉 편의점, 음식점, 카페 등에서의 변화가 눈에 띈다. 1종 근린생활시설인 소매점의 편의시설 설치 대상이 바닥면적 300m²에서 1,000m² 사이였으나, 2022년 4월에는 이 기준이 50m²에서 1,000m²로 변경되었다.

이는 휠체어를 사용하는 장애인 등의 접근권을 보장하기 위해, 50m² 이상의 소규모 시설도 최소한의 편의시설(주출입구 접근로, 주출입구 높이차이 제거, 출입문)을 설치하도록 한 것이다.

[범례 ● : 의무, ○ : 권장]

용도구분		매개시설			내부시설			위생시설					안내시설			기타시설				
		주출입구접근로	장애인전용주차구역	주출입구높이차이제거	출입구(문)	복도	계단·승강기	화장실			욕실	샤워실·탈의실	점자블록	유도및안내시설	경보및피난설비	객실·침실	관람석·열람석	접수대·작업대	매표소·판매기·음료대	임산부등을위한휴게시설
								대변기	소변기	세면대										
1종 근린 생활 시설	소매점(슈퍼마켓·일용품 등 50m²~1,000m²미만),이용원·미용원(50m²)·목욕장(300m² 이상), 휴게음식점·제과점 (50m²~300m²미만)	●	○	●	●	○	○	○	○	○										

이러한 변경은 바닥면적 기준이 크게 바뀐 것으로 볼 수 있지만, 실제로 많은 생활편의시설들이 $50m^2$ 미만인 경우가 전체의 70%에 달한다는 통계청 조사 결과를 고려하면, 더욱 작은 면적의 시설에서도 휠체어 사용 장애인들이 접근 가능하도록 개정될 것을 예고하고 있다.

편의점 $50m^2$이상 매개시설 중 주출입구 높이차이 제거 의무 (2022.4.이후)

이런 여러 차례의 법 개정으로 인해 BF인증 심의와 설치기준 적합성 확인(CS)을 받아야 하는 공공건물의 법적 의무기준이 거의 동일한 수준으로 맞춰졌다는 평가가 많다. 이런 변화는 BF 심의의 범위와 중요성을 강화하는 동시에, CS의 역할과 의미에 대한 재평가를 요구하고 있다. 특히, BF 심의가 민간시설에까지 의무적으로 확대될 경우, CS의 중요성은 더욱 축소될 가능성이 높아진다.

공공건물과 마찬가지로, 민간시설 역시 장애인을 포함한 모든 이용자가 편리하게 이용할 수 있는 편의시설을 갖추어야 한다. 장애인 이용자는 공공건물과 민간시설 모두에서 동일한 사람이기 때문에, 시설의 종류에 따라 편의성에 차이를 두어서는 안 된다. 모든 시설에서 장애인의 접근성과 이용 편의성을 동등하게 보장하는 것은 기본적인 권리와 공정성의 문제이다.

이러한 맥락에서, BF 심의의 확대는 장애인뿐만 아니라 노인, 임산부, 어린이 등 사회적 약자들이 일상생활에서 겪는 불편함을 최소화하고, 모든 이용자가 동등한 서비스를 받을 수 있는 환경을 조성하는 데 중요한 역할을 한다. 따라서, BF 심의와 CS의 통합적 접근은 장애인 편의증진을 위한 법적 기준을 강화하고, 모든 건축물과 시설에서의 포괄적인 접근성을 보장하는 방향으로 나아가야 한다.

Q1. 동일 건축물 내 복수 용도의 구분소유자에 의한 용도변경 시 편의시설 설치대상 여부?

· 동일 건축물 내 복수 용도의 구분소유자에 의한 용도변경 시

  예) 201호[소유자:A]-제2종 근린생활시설(학원) 100㎡

  　203호[소유자:B]- 제2종 근린생활시설(학원) 100㎡

  　301호[소유자:C]-교육연구시설(학원) 500㎡

  　401호 [소유자:D] - 제1종 근린생활시설(소매점) 200㎡인 건물에서 401호가 제1종 근린생활시설(소매점)을 교육연구시설(학원)로 용도변경 하였을 경우 각각의 구분소유자에 대한 편의시설 설치 의무 발생 여부

▪ 한 건물의 구분 소유자에 의한 동일 용도별 바닥면적의 합계가 편의시설 설치대상이 되었을 경우, 장애인등편의법 제9조 등에 의하여 원칙적으로 해당 용도의 구분소유자 모두에게 편의시설 설치의무가 발생한다고 보는 것이 타당함

－ 다만, 아무런 행위를 하지 않은 구분소유자(위의 경우 301호 소유자C) 에게 편의시설 설치 의무를 부과하는 것은 헌법상'사유재산권 침해' 및 '비례의 원칙'에 반하는 과도한 의무 부과로 판단될 수 있는 옆면 또한 존재함

－ 따라서 다수의 구분소유자로 구성된 복수 용도의 건축물의 경우에는 편의시설 설치의무 발생을 유발케 한 당사자(위의 경우 401호 소유자 D)의 점유부분 및 이 대지경계선부터 점유 부분까지 이르는 경로상 설치된 공유부분(매개시설, 내부시설, 위생시설 등)에 대한 편의시설 설치 의무를 적용하는 것이 합리적임

▪ 단, 제2종 근린생활시설(학원)과 교육연구시설(학원)의 세부용도는 학원으로 동일하나, 동법 시행령 [별표1] 편의시설 설치 대상시설에 따르면 제2종 근린생활시설(학원)은 포함되지 않으므로 제2종 근린생활시설(학원) 용도의 구분소유자(위의 경우 201호 소유자A, 203호 소유자B)에게는 편의시설 설치 의무가 발생되지 않음

Q2. 제1종 근린생활시설 기타 공공시설의 장애인등편의법 적용?

· 국가 또는 지방자치단체의 청사에서 증축·개축·재축·이전·대수선 또는 용도변경의 건축행위 발생시 허가 신청서 상 용도가 제1종 근린생활시설-기타 공공시설로 분류된 경우 「장애인등편의법」시행령 [별표1] 2. 공공건물 및 공중이용시설 (3)그밖에 이와 유사한 용도로 해석 가능한지 여부

  예) [증축] 제1종 근린생활시설 - 기타 공공시설(문화원)

  　[증축] 제1종 근린생활시설 - 기타 제1종 근린생활시설(주민공동이용시설)

▪ 국가 또는 지방자치단의 사는 공공성을 목적으로 하는 건축물이기는 하나, 장애인등편의법 시행령 [별표1] 편의시설 설치 대상시설에 제1종 근린생활시설, 기타 공공시설은 포함되지 않으므로 현행법 기준에는 편의시설 설치의 의무가 발생하지 않음

Q3. 보건복지부「장애인등편의법 일부조항 처리지침」이전에 허가된 건의 처리지침 소급 적용 여부?

· 처리지침 이전에 건축 허가를 받은 대상시설이 처리지침 이후 사용승인이 접수되었을 때 건축 허가 내용을

반영하여 장애인편의시설을 설치하여야 하는지 아니면 처리지침 내용을 적용하여 비해당 처리하는지 여부
예) [관광숙박시설(호스텔)-30실 미만]인 경우 2018.8.29. 이전에 건축 허가 시 편의시설 설치 대상시설에
　　포함되었으나, 2018.8.29. 이후에 지침 적용 시 편의시설 설치 대상시설에 비해당됨

- 건축허가는 당시의 적용 기준을 반영하여 승인되므로 건축허가 협의 내용에 따라서 대상시설을 시공하여야 함
- 동일 항목에 대하여 건축허가 이후에 처리지침 내용이 변경되어 시설주 등에게 유리하게 작용한다 하더라도,
　사전에 이와 관련한 민원 등을 제출하여 설치기준 등을 완화 받지 않았다면 허가 시점에 협의한 내용을
　기준으로 하여야 함

Q4. '건축허가 신청 등 행정절차가 진행 중이거나 시공 중인 대상시설에 대해서는 종전의 규정을 따른다.'에 대한 처리지침? (규칙 부칙 제2조의 해석)

- '건축허가 신청 등 행정절차가 진행 중'에 대한 해석
: 이 건과 관련하여 건축허가의 필수적 사전절차에 해당하는 건축심의 경우 행정절차 등에 포함된다는
　견해와 순수한 건축허가만 해당한다는 두 가지 견해가 있음에 따라 현재 법제처 유권해석 요청 중인 사항임
- 법제처 유권해석 결과에 따라 처리지침을 정하되, 그전까지는 '허가신청 이전에 필수적으로 「건축법」에 따른
　심의를 선행하는' 대상시설의 경우 '심의 신청일'을 기준으로 관련규정 적용

- '시공중인 대상시설' 중 설계변경이 있을 경우에 대한 해석
: 법제처 유권해석(11.5월)에 의하면 '건축허가의 변경허가는 기존의 건축허가와는 다른 새로운 허가'라고
　하고 있어 새로운 규정을 적용해야 한다는 의견과 시행규칙 부칙에 '시공중인 대상시설'이라고 명기한 제정
　취지에 따라 종전의 규정을 적용하는 것이 타당하다는 의견이 있음
- 마찬가지로 법제처 유권해석 결과에 따라 처리지침을 정하되, 그전까지는 피규제자의 이익을 보호하는
　옆면에서 '시공중인 대상시설'의 경우 종전의 규정을 적용

Q5. 기준 적합성 확인업무 처리지침 적용 시점 기준?

- 「시행일의 익일부터 건축허가 시 반영」하도록 하고 있는 바, '건축허가 시'란 대상시설의 건축행위에 따라
　해당 지방자치단체의 건축과에 접수된 '최초 건축허가 신청일'(건축심의 대상인 경우 '최초 건축심의 신청
　일')을 의미하니 기준 적용 시점을 정확히 확인 바람
- 단, [질의답변서]에 한해서는 질의를 신청한 센터의 해당 답변 기준을 적용하되, 질의지역 이외의 센터는
　상기 기준과 동일하게 '건축허가(또는 건축심의) 신청일' 기준으로 지침을 적용함

			(기준 적합성 확인업무 관련, 보건복지부 처리지침 및 질의답변서) 'A'기준 적용 시행일 [ex. 2020.11.1]	['A'기준] 기준 적합성 확인업무 적용 여부구분
건축과 최초 건축허가 (또는 건축심의) 신청 접수일 [ex.2020.10.20.]	건축과로부터 사회복지과 해당 건 접수일 [ex.2020.10.23.]	편의센터 기준 적합성 확인업무 접수일 [ex.2020.10.25.]	편의센터 기준 적합성 확인업무 검토 결과 회신일 [ex.2020.11.2.]	미적용

건축과 최초 건축허가 (또는 건축심의) 신청 접수일 [ex.2020.11.1.]	건축과로부터 사회복지과 해당 건 접수일 [ex.2020.11.1.]	편의센터 기준 적합성 확인업무 접수일 [ex.2020.11.1.]	편의센터 기준 적합성 확인업무 검토 결과 회신일 [ex.2020.11.10.]	미적용
			건축과 최초 건축허가 (또는 건축심의) 신청 접수일 [ex.2020.11.2.]	적용

참고 (적용 예시)

Q6. '법 제9조에 정한 '시설주 등의 의무' 관련 용도변경의 기준과, '주요 부분의 변경' 시 적용기준에 대한 처리지침?

- '용도변경'의 기준
- 건축법 제9조 제2항(허가대상, 신고대상 건축물) 및 제3항(같은 시설군 안에서 용도변경) 등 실질적으로 건축물의 용도가 바뀔 경우 적용(건축법 시행령 제14조 제5항)하고, 단순 기재변경 등 실질적 용도의 변경이 없는 경우는 용도변경에 해당하지 않음

- '주요 부분의 변경'시 적용 기준
- 일부부분의 변경이 있더라도 전체에 대해 적용하는 것이 타당하다는 법제처 유권해석(18. 6월)이 있고, 이 법의 제정 취지가 편의시설의 설치를 확대하는 것에 있으므로, 대상시설의 일부가 변경되어도 전체에 대해 적용함
  주차장의 경우 지금까지는 변경되는 부분만 적용해 왔으나, 앞으로는 대상시설 전체에 대해 적용 (다만 현장에서 법이 허용하는 범위내에서 상당성 및 비례성을 감안하여 적용 필요)

Q7. 증축 시 기존시설에 증축하는 용도와 같은 용도가 있을 경우 증축면적과 기존시설의 바닥면적을 합산하여야 하는지?

- 증축하는 시설의 바닥면적과 같은 용도의 기존 시설의 바닥면적을 합산하여야 함

Q8. 우수등급을 획득하기 위해 필요한 점수는 100점 만점 중 80~90점이며, 각 항목별로 최소기준을 충족해야 합니다. 그러나 최소기준이 '일반' 수준인지, 아니면 '우수' 등급을 위해 '우수' 수준의 기준을 충족해야 하는지에 대한 의문이 있습니다. 예를 들어, 실내 문 앞 유효폭이 '일반'일 경우 1.2m, '우수'일 경우 1.5m인 상황에서, 해당 항목에서 '우수' 등급을 받기 위해 모든 항목에서 '우수' 수준의 기준을 충족해야 하는지요?

- 「장애물 없는 생활환경 인증에 관한 규칙」 제7조제1항에 따라 규정되어있으며, 인증 등급은 인증 기준 만점의 100분의 70이상 80미만인 경우 일반등급을 부여합니다. 즉, 평가 항목의 전체 배점 중 평점 (항목별 평가 등급에 해당하는 점수 등)의 합을 백분율로 환산하여 부여합니다. 다만, 인증 기준의 항목별 최소기준 이상을 충족하지 아니하는 경우에는 인증등급을 부여하지 아니함을 안내 드립니다.

Q9. 공공기관 및 지자체에서 조성하고 운영하는 오토캠핑장에 대해서 BF인증 대상 여부를 확인하고자 문의드립니다.

- 공공건축물의 의무인증시설은 「장애인·노인·임산부 등의 편의증진 보장에 관한 법률(이하 장애인등편의법)」제10조의2제3항제2호에 따라 국가, 지방자치단체 또는 「공공기관의 운영에 관한 법률」에 따른 공공기관이 신축·증축(건축물이 있는 대지에 별개의 건축물로 증축하는 경우에 한정한다. 이하 같다)·개축 (전부를 개축하는 경우에 한정한다. 이하 같다) 또는 재축하는 공공건물 및 공중이용시설로서 시설의 규모, 용도 등을 고려하여 대통령령으로 정하는 시설(시행령 별표2의2)로 명시되어 있습니다.

- 장애물 없는 생활환경 인증 의무 시설의 용도는 「건축법」에서 분류한 용도별 건축물의 종류에서 선별하여 정해진 것으로, 「건축법」 시행령 별표1 용도별 건축물의 종류(제3조의5 관련)따른 용도로 건축물대장이 생성되어, 장애인등편의법 시행령 별표2의2에 해당되는 경우에 인증 의무 대상시설에 해당됩니다. 다만, 건축 허가용도·행위에 관한 사항은 해당 관계부처(건축과, 시설과 등)와 협의 및 확인하여야 할 사항임을 안내해 드립니다. 또한, 의무인증시설이 아닌 장애인등편의법 제9조 및 동법 시행령 제5조에 따른 장애인 편의시설 설치 대상인 경우 적합성 확인업무를 진행하여야 합니다.

Q10. 해당 복합건축물은 공동주택, 업무시설(오피스텔), 판매시설, 그리고 기부채납시설(노유자 시설)을 포함하고 있으며, 전체는 하나의 건물로 구성되어 있습니다. 기부채납시설은 2층에 위치하지만, 대지의 지형적 특성으로 인해 외부 보행로에서 수평접근이 가능한 지층에 해당합니다. 이 시설은 단층으로 설계되었으며, 장애인 주차면은 시설의 전면 옥외에 배치되어 있고, 건물의 코어를 이용하지 않습니다. 문의 사항은 크게 두 가지입니다.

· 접근로 평가 범위 : 대지의 북측과 남측 지층의 레벨 차이가 큰 이 건축물의 경우, 기부채납시설까지의 접근로를 해당 시설과 인접한 대지만을 고려하여 BF인증의 접근로 평가 범위를 완화 받을 수 있는지 여부입니다.

· BF인증 범위: 기부채납시설이 다른 용도의 시설과 동선이 분리되어 있으며, 외부 보행로와 접하는 단층으로 계획되어 있는데, 이러한 구성으로 인해 BF인증 평가를 기부채납시설에 한정하여 완화 받을 수 있는지 여부입니다.

- 건축물 BF인증 적용은 건축물 단위로 평가하기 때문에 건물 전체를 평가대상으로 합니다. 이는 하나의 건축물에 대상 용도부분 층만 장애인 등이 사용해야 하는 것은 아니며, 비대상 용도부분의 사용에서 장애인 등을 배제할 수 없으므로, 건축물의 부분(층)별로 BF인증 여부를 다르게 적용할 경우 해당 건축물의 장애인 등의 이용에 제한이 생겨 BF인증 제도의 취지를 살리기 곤란할 수 있습니다.

- 건축물 인증에서는 1.1항목에 따라 대지 경계선에서부터 건축물까지 기준에 적합한 접근로를 설치하여야 합니다.

Q11. OO시에 위치한 치매센터입니다. 2019년 12월에 받은 5년 인증이 현행법에 따라 10년으로 연장 가능하다고 합니다. 연장 신청하는 방법에 대해 알고 싶습니다.

- 우선 「장애인·노인·임산부 등의 편의증진 보장에 관한 법률」 제10조의3 및 부칙 제3조(법률 제16739호, 2019. 12. 3.)에 따라, 2019년 12월 3일 이후의 시설물은 인증의 유효기간이 5년에서 10년으로 자동 연장되었습니다.
- 「장애물 없는 생활환경 인증에 관한 규칙」 제9조에 따라 인증기관에서 유효기간 만료 6개월 전 인증 연장 공문을 발송 예정입니다.

Q12. 장애물없는생활환경(BF) 의무 인증 시설 여부에 대해서 질의 드립니다. 현재 저희 기관(바이오산업연구원)에서 OO시로부터 대행협약을 맺고, 바이오테스팅 센터(화장품 시험검사, 피부임상센터)를 설계 중에 있습니다.

해당 건축물의 주용도는 공장이며, 각층별 세부 용도는 연구실로 건축물대장에 등재 예정입니다. 실질적인 용도로는 연구소로만 사용할 예정입니다. 공장은 50인 이상 고용의무 사업주의 경우 인증을 받아야 하지만, 연구실은 의무 인증 대상에서 제외되기에, 이 경우 BF 의무 인증을 받아야 하는지 알고 싶습니다.

- 공장의 경우는 물품의 제조 · 가공[염색 · 도장(塗裝) · 표백 · 재봉 · 건조 · 인쇄 등을 포함한다] 또는 수리에 계속적으로 이용되는 건물로서 「장애인고용촉진 및 직업재활법」에 따라 장애인고용의무가 있는 사업주가 운영하는 시설인 경우에 의무대상에 해당합니다.
- ※ 「장애인고용촉진 및 직업재활법」 제28조에 따라 상시근무가 50인 이상 근로자를 고용하는 사업주로서, 동일한 법인 내 인원수
- 다만, 국가, 지자체, 공공기관 소유의 공공건물에는 입주 등으로 사업주가 변경되는 경우가 있으므로, 추후 장애인고용의무가 있는 사업주가 운영할 수 있는 여지가 있으므로 가급적 인증을 받는 것으로 검토 바랍니다.
- 또한 건축 허가용도·행위에 관한 사항은 해당 관계부처(건축과, 시설과 등)와 협의 및 확인하여야 할 사항임을 안내해 드립니다. 또한, 의무인증시설이 아닌 장애인등편의법 제9조 및 동법 시행령 제5조에 따른 장애인 편의시설 설치 대상인 경우 적합성 확인업무를 진행하여야 합니다.

Q13. 공공건축물로써 제1종근린생활시설 중 공공도서관 750㎡ BF 계획중입니다. 해당 시설의 인증 등급을 받아야 하는 기준이 있을까요? 인증 최소치인 일반등급을 받아야 하는지 그 이상으로 받아야 하는지 알고 싶습니다.

- 장애물 없는 생활환경은 「장애인 · 노인 · 임산부 등의 편의증진 보장에 관한 법률」과 다르게, 용도별로 설치 해야하는 면적 및 의무, 권장 규정되어 있지 않습니다. 이에 시설물 내 시설이 설치되어 있으면 각 항목에 맞게 최소기준을 준수하여야 합니다. 다만, 지자체 조례, 지침, 계약 등에 의무 등급이 명시되어 있는지는 법령정보센터 혹은 해당 시설주관기관 측에 문의하셔야 합니다.

Q14. 최근 장애인 편의 증진을 위한 법령 개정으로, 초고층 및 지하연계 복합건축물을 포함한 민간 영역에서도 BF인증 의무가 생겼습니다. 일반적으로 다른 인증과정에서는 사업 승인 전에 예비인증을, 사용승인 전에 본인증을 받는 것이 통상적입니다. 그러나 BF인증의 경우 "공사완료 후"라는 표현이 사용되어, 이를 사용검사 후에도 예비인증과 본인증 신청이 가능하다고 해석할 수 있습니다. 이에 대해 실제 운영 상황이 어떠한지에 문의합니다.

- 인증 신청시기는 「장애물 없는 생활환경 인증에 관한 규칙」 제3조제2항 및 제8조제1항에 따라 규정되어 있으며, 예비인증 신청 시기는 개별시설의 설계에 반영된 내용을 대상으로 본인증 신청 전으로 명시되어 있습니다.
- 다만 「장애인·노인·임산부 등의 편의증진보장에 관한 법률」 시행규칙 제3조의2 제2항에 따라, "인증을 받은 대상시설은 적합성 확인을 받은 것으로 본다." 규정하고 있습니다. 이에 적합성 확인 절차를 생략하는 조건으로 예비인증서를 제출하도록 요청하는 해당 건물 지역의 지자체 편의시설 관련 부서 및 건축 인허가 부서 (장애인복지과, 노인장애인과, 건축과 등)가 있을 수 있습니다. 이와 관련하여서는 관련 해당 지역 관계 부서와 협의하시기 바랍니다.

장애는 사회가 일상 생활에 필요한 것들을
제공하지 못할 때 비극이됩니다.
Disability becomes a tragedy when society fails to
provide the things necessary for everyday life.
· Judith Human ·

無장애 건축 설계 · 시공 핵심노트

無장애 건축 설계·시공 핵심노트

> '최소'기준을 적용하기 전에, 설계·시공 시 인체적 요소가
> 접근성에 미치는 영향을 정확히 이해해야 한다.

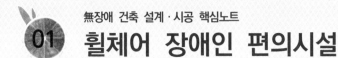

無장애 건축 설계·시공 핵심노트

01 휠체어 장애인 편의시설

⚙ 보편적 접근성과 편의성 전략　　　　　　　　　휠체어 장애인 편의시설

장애인 편의시설 설계의 핵심은 모든 사람이 건물에 쉽게 접근할 수 있게 하는 것이다. 이는 단순히 휠체어사용자만을 위한 것이 아니라, 지체장애인, 일시적 장애인, 노인, 시각 또는 청각장애인, 임산부 등 다양한 필요를 가진 사람들을 포함한다. 편의시설 설계는 이러한 다양한 요구를 반영하여 모든 사람이 독립적으로 활동하고 생활할 수 있는 환경을 조성해야 한다. 이는 건축법의 기본 요구사항을 넘어서는 공학적 고려가 필요하다.

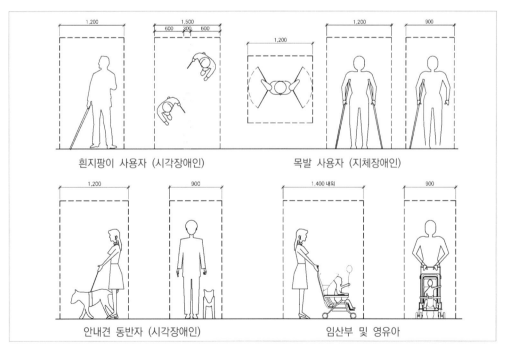

© 경기도 장애인편의증진기술지원센터, 경기도 장애인 등의 편의시설 매뉴얼, 2024, p5.

대부분의 건축 설계 기준은 장애가 없는 성인을 중심으로 만들어져 있어, 다양한 장애를 가진 사람들에게 접근성이 떨어질 수 있다. 설계자는 인체 요소를 면밀히 고려하여 공간이 접근성에 미치는 영향을 이해해야 한다. 장애인은 일반인과 달리 이동과 작업 공간에서 제한된 동작 범위를 가지며, 다른 감각기관을 통해 공간을 인식하고 적응한다.

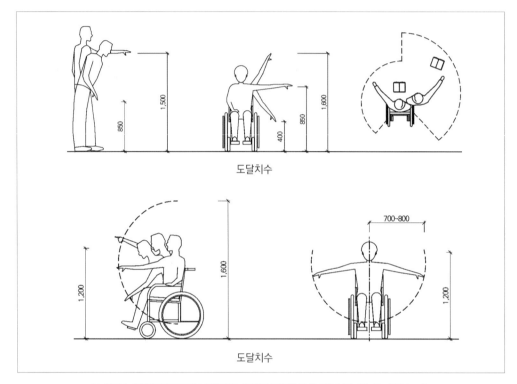

ⓒ 경기도 장애인편의증진기술지원센터, 경기도 장애인 등의 편의시설 매뉴얼, 2024, p6.

따라서, 설계 과정에서 장애인의 아래와 같은 특성을 고려하여 더 유연하고 접근 가능한 공간을 만들어야 한다.

- 휠체어를 사용하는 장애인은 신체적 제약으로 인해 특별한 접근 방식이나 사용법을 필요로 한다.
- 이들은 단순히 걷는 것 외에도 다양한 이차적 장애를 겪을 수 있으며, 이는 물건을 잡고, 집고, 비틀기 등의 동작에서 어려움을 겪는다.
- 평지에서의 이동은 상대적으로 쉽지만, 경사가 있는 곳이나 단차가 있는 곳에서는 큰 불편을 겪는다.
- 좁은 공간에서의 통행이나 회전이 어렵고, 옆으로 직접 이동하는 것이 불가능하여 시간이 더 오래 걸린다.
- 경사로를 내려올 때는 휠체어가 가속되어 위험할 수 있으며, 요철이 있는 노면이나 큰 이음새가

있는 곳은 통행이 어렵다.

- 손이 닿는 범위가 좁아서 책상이나 카운터, 작업대의 높이가 적절하지 않으면 사용하기 어렵고, 작업대 아래에는 무릎이 들어갈 만큼의 공간이 필요하다.
- 이동 시 양손을 사용할 수 없기 때문에 비가 오는 날에는 외출이 어렵고, 휠체어에서 다른 곳으로 옮겨 탈 때는 적절한 높이와 공간이 필요하다.

모든 사용자를 위한 건축의 미래는 "보편적 디자인"의 원칙에 기반을 두고 있으며, 이는 모든 사람이 건축 환경을 동등하게 사용할 수 있도록 하는 것을 목표로 한다. 이러한 접근 방식은 장애인, 노인, 어린이 등 다양한 사용자의 필요를 고려하여, 더 포용적이고 접근 가능한 공간을 만드는 데 중점을 둔다. 보편적 디자인을 통한 건축의 미래는 다음과 같은 특징을 가질 것이다.

건물 내외부에서 사용자의 경험을 개선하기 위해 스마트 기술이 통합된다. 예를 들어, 음성 인식, 모션센서, 스마트 조명 및 온도 조절 시스템 등이 사용자의 편의를 높이고 접근성을 개선한다. 또한, 설계단계에서 가상 현실(VR)과 증강 현실(AR)을 사용하여 건축가와 사용자가 더 포용적인 디자인 솔루션을 시뮬레이션하고 평가할 수 있다.

건축물의 공간은 사용자의 변화하는 필요와 기술의 발전에 쉽게 적응할 수 있도록 유연하게 설계된다. 이는 재구성 가능한 공간, 모듈식 구조 등을 통해 달성될 수 있다. 접근 가능한 공간 디자인은 모든 사용자가 쉽게 접근하고 사용할 수 있도록, 물리적 장벽을 제거하고 다양한 이동수단을 고려한 설계가 이루어진다.

건축물과 공간은 사용자의 변화하는 필요와 기술 발전에 유연하게 적응할 수 있도록 설계되며, 다양한 문화, 연령, 성별, 장애를 가진 사람들의 필요를 반영하여 사회적 포용성을 증진 시킨다. 자연 채광, 실내 공기질 개선, 녹색 공간의 통합을 통해 사용자의 건강과 웰빙을 증진 시키는 디자인도 중요해진다.

기술 발전, 지속 가능성, 사회적 포용성, 사용자의 건강과 웰빙을 중심으로 발전하는 미래의 건축은 모든 사람이 평등하게 이용할 수 있는 공간을 만들고, 더 나은 삶의 질을 제공하는 미래를 구축할 수 있다. 이는 단지 건축의 문제가 아니라, 우리 사회가 나아가야 할 방향을 제시하는 것이며, 모든 구성원이 동등한 기회를 갖고 차별 없이 살아갈 수 있는 환경을 만드는 데 기여할 것이다.

① 건물 외부의 산책로와 휴식공간을 만들 때, 휠체어사용자가 불편하지 않게 바닥재를 선택하고, 충분한 폭과 적절한 경사를 제공해야 한다.

바닥이 평평하지 않고 충분히 넓지 않아 휠체어사용자가 들어가기 어렵다.

조경 공간의 산책로는 높낮이 차이 없이 자연스러운 경사를 이용해 만들고, 경사는 매우 완만하게 해서 모두가 쉽게 이용할 수 있도록 한다.

조경 공간에 있는 산책로 중 적어도 하나는 휠체어사용자가 다닐 수 있도록 넓이가 1.2m 이상이고, 돌아설 수 있는 공간이 1.5m x 1.5m 있어야 한다.

조경 공간으로 들어가는 길은 높낮이 차이를 없애고 자연스러운 경사를 사용해 만들며, 이 경사는 매우 완만해야 한다.

접근로의 바닥은 판석을 이용해 평평하게 마감하며, 판석 사이의 간격이 없고 높이가 동일해야 한다.

바닥의 마감은 휠체어사용자가 이용할 수 있도록 바닥재의 줄눈 간격을 1cm 이하로 해야 한다.

② 건물의 외부공간의 보행로와 조경시설물 등을 구분하여 설치하며 시설 이용자 보행 시 걸림돌이 되지 않도록 하여 원활하게 통행할 수 있도록 하여야 한다.

보행로에 설치된 의자가 시각장애인에게 방해가 되지 않도록, 의자를 위한 별도의 공간을 마련해야 한다.

모든 이용자가 사용할 수 있도록 의자 배치에 대한 포괄적인 공간계획을 세워야 한다.

가로등, 의자, 그리고 다른 조형물들은 보행로에서 분리하여 안전하고 명확한 동선을 제공해야 한다.

보행로에 설치된 의자는 휠체어사용자가 의자에 앉은 사람과 마주 보거나 옆에서 접근할 수 있는 공간을 고려하여 배치해야 한다.

장애인주차장의 바닥은 이음새가 없이 평평하게 만들어야 하며, 잔디 블록 사용은 금지한다.

주차장에서 주 출입구까지 이동하는 경로는 차량의 방해가 없어야 하며, 경사가 없거나 매우 완만한 경사(1:18 이하)로 설계해야 한다.

보행로에 설치된 파고라는 휠체어사용자도 접근할 수 있도록 바닥에 단차가 없어야 하며, 휴게의자와 휠체어사용자의 이동 경로를 고려해야 한다.

야외무대의 데크 바닥도 모든 시설 이용자가 접근할 수 있어야 하며, 2cm 이상의 단차가 있을 경우 1:18 이하의 기울기를 가진 경사로를 설치해야 한다.

음수대 주변의 바닥은 평탄하게 만들어 접근이 용이해야 하며, 수도꼭지는 레버형으로 설치해야 한다.

휠체어사용자가 이용할 수 있도록 음수대의 하부에는 최소 65cm 높이와 45cm 깊이의 공간을 확보해야 한다.

③ 누구나 접근과 사용이 가능하도록 외부공간의 아이디어 (외국사례 : 독일)

쓰레기 분리수거함은 32도로 기울어져 있어 휠체어사용자가 접근하기 쉽고, 높이가 85cm로 되어 있어 한 손으로 사용할 수 있다. ⓒnullbarriere.de

휠체어사용자가 정원 가꾸기를 할 수 있도록, 1.2m 이상의 넓은 접근로와 충분한 하부공간을 설치한다. (하부공간이 확보된 비오톱) ⓒnullbarriere.de

⚙ 휠체어사용자를 위한 경사로 설계의 중요성

경사로는 휠체어 장애인 등 노약자를 위한 수직 이동의 가장 기본적인 편의시설이며 수평시설 구성에 따르며, 계단의 수직 이동시설의 역할을 대행한다. 즉, 이동 의미를 가장 잘 나타내어 설계 시 먼저 고려되어야 한다. 또한, 경사로의 경사도에 의한 길이가 건축면적보다 과다한 경우는 휠체어 장애인과 유모차 등을 위해 승강기를 두어야 한다.

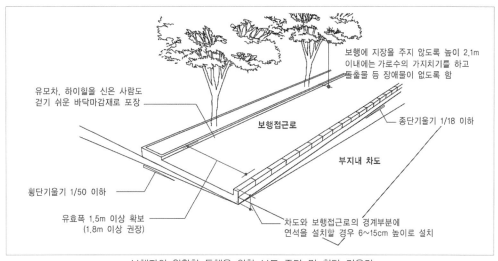

보행자의 원활한 통행을 위한 보도 종단 및 횡단 기울기
© 경기도 건축디자인과, 경기도 유니버설디자인 가이드라인, 2011, p135. 일부편집

❶ 장애인등편의법의 경사로 기울기

① 경사로 유효폭 및 활동공간

· 경사로의 유효폭은 1.2m 이상으로 하여야 한다. 다만, 건축물을 증축·개축·재축·이전·대수선 또는 용도 변경하는 경우로서 1.2m 이상의 유효폭을 확보하기 곤란한 때에는 0.9m까지 완화할 수 있다.

· 바닥면으로부터 높이 0.75m 이내마다 휴식을 할 수 있도록 수평면으로 된 참을 설치하여야 한다.

· 경사로의 시작과 끝, 굴절부분 및 참에는 1.5m×1.5m 이상의 활동공간을 확보하여야 한다. 다만, 경사로가 직선인 경우에 참의 활동공간의 폭은 (1)에 따른 경사로의 유효폭과 같게 할 수 있다.

② 경사로 기울기

· 경사로의 기울기는 12분의 1 이하로 하여야 한다.

· 다음의 요건을 모두 충족하는 경우에는 경사로의 기울기를 8분의 1까지 완화할 수 있다.

　　- 신축이 아닌 기존시설에 설치되는 경사로일 것

　　- 높이가 1m 이하인 경사로서 시설의 구조 등의 이유로 기울기를 12분의 1이하로 설치하기가 어려울 것

　　- 시설관리자 등으로부터 상시보조서비스가 제공될 것

❷ 미국 UFAS, 경사로 기울기[1]

미국은 미연방접근성지침 (UFAS) 경사로의 경사 및 높이 기준은 경사가 1:20보다 큰 접근 가능한 경로의 모든 부분은 경사로로 간주 되어야 한다. 또한, 가능한 최소 경사를 사용해야 하며, 신축 경사로의 최대 경사로의 최대 경사는 1:12, 최대 이동 높이 76cm(30인치), 횡단 경사는 1:50을 초과할 수 없다.

허용 경사도의 기준은 1:12 ~ 1:16에서 최대 오르막 높이 76cm이내 일때 휠체어 이용자가 최대 9m를 이동할 수 있으며, 1:12 ~ 1:20에서는 최대 오르막 높이 76cm이내 일때 휠체어 이용자가 최대 12m를 이동할 수 있다.

경사도	최대 오르막 높이	최대 이동거리
1:12 ~ 1:16	76cm (30인치)	9m (30피트)
1:12 ~ 1:20	76cm (30인치)	12m (40피트)

UFAS 허용 경사도 기준

기존 부지나 기존 건물 또는 시설에 건설될 연석 경사로와 경사로는 공간 제한으로 인해 1:12이하의 경사를 사용할 수 없는 경우는 아래 표와 같이 경사와 오르막을 가질수 있다. 그러나, 모든 경사로는 1:8보다 급한 경사는 허용되지 않는다.

부득이한 경우, 허용 경사도의 기준은 1:10 ~ 1:8에서 최대 오르막 높이 75cm이내 일때 휠체어 이용자가 최대 60cm를 이동할 수 있으며, 1:12 ~ 1:10에서 최대 오르막 높이 15cm이내 일때 휠체어 이용자가 최대 1.5m를 이동할 수 있다.

경사도	최대 오르막 높이	최대 이동거리
1:10 ~ 1:8	75cm (3인치)	0.6m (2피트)
1:12 ~ 1:10	15cm (6인치)	1.5m (5피트)

UFAS 허용 기존 부지, 건물 및 시설의 건설에 허용되는 경사도 기준

이처럼 경사도 1:12 이하의 기준은 휠체어 이용자에게 무리가 없는 최대 오르막 76cm에서 9m를 이동할 수 있는 기준으로 평가한다.

※ 휠체어사용자 스스로 아래 경사 구배에 따라 이동할 수 있는 한계는 아래와 같다.

- 수평구배 1: 50 – 손을 가볍게 바퀴에 대며 이동할 수 있다.
- 바닥의 수평구배 1:12 – 브레이크를 걸면 쉴 수 있는 있다.
- 미끄럼방지 구배 1:6 – 앞바퀴가 2회전 이상 이동하기에도 어려운 한계를 가진다.

❸ BF인증의 경사로 기준

BF인증 기준은 외부는 접근로와 장애인 주차장에서 출입구까지, 출입구(문) 주변을 평가하며, 내부는 복도 및 내부 경사로를 평가한다. 또한, 공연장의 무대와 임산부 휴게실 경사로를 평가한다.

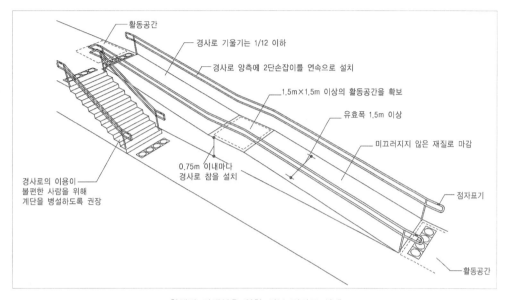

휠체어 장애인을 위한 외부 경사로 설계
ⓒ 경기도 건축디자인과, 경기도 유니버설디자인 가이드라인, 2011, p161.

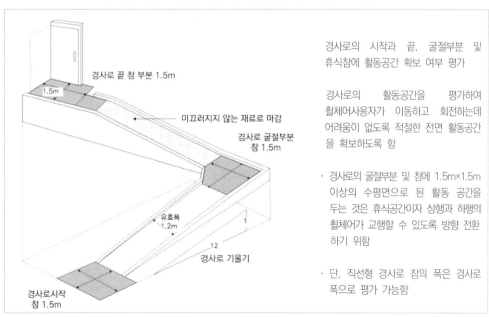

경사로의 시작과 끝, 굴절부분 및 휴식참에 활동공간 확보 여부 평가

경사로의 활동공간을 평가하여 휠체어사용자가 이동하고 회전하는데 어려움이 없도록 적절한 전면 활동공간을 확보하도록 함

· 경사로의 굴절부분 및 참에 1.5m×1.5m 이상의 수평면으로 된 활동 공간을 두는 것은 휴식공간이자 상행과 하행의 휠체어가 교행할 수 있도록 방향 전환하기 위함

· 단, 직선형 경사로 참의 폭은 경사로 폭으로 평가 가능함

경사로의 시작과 끝, 굴절부분 및 휴식참 예시

부문	평가 항목		배점	평가 및 배점기준
매개 시설	1.2 장애인 전용주차구역	1.2.1 주차장에서 출입구까지의 경로	6.0	외부주차장의 경우 지붕이 설치되거나, 실내주차장의 경우 승강설비와 가장 가까운 장소에서 수평접근이 가능
			4.8	경사로 없이 접근 가능
			4.2	경사로를 이용하여 접근 가능하며, 기울기가 1:12 (8.33%/4.76°) 이하로 설치
	1.3 출입구(문)	1.3.1 주출입구(문) 의 높이차이	3.0	단차 없이 수평접근
			2.4	기울기 1:18(5.56%/3.18°) 이하
			2.1	기울기 1:12(8.33%/4.76°) 이하
내부 시설	2.2 복도	2.2.2 단차	3.0	복도에 단차가 전혀 없음
			2.4	부분적으로 단차가 있으며, 기울기 1:18(5.56%/3.18°) 이하의 경사로 설치
			2.1	부분적으로 단차가 있으며, 기울기 1:12(8.33%/4.76°) 이하의 경사로 설치
	2.4 경사로	2.4.2 기울기	3.0	1:18(5.56%/3.18°) 이하로 설치하고, 횡단구배가 없음)
			2.4	1:12(8.33%/4.76°) 이하로 설치하고, 횡단구배가 없음
기타 시설	5.2 관람석 및 열람석	5.2.3 관람석 및 무대의 구조	무대 혹은 강단 2.0	무대(혹은 강단)에 단차없이 접근
			1.6	무대 (혹은 강단)에 단차가 있는 경우 유효폭 0.9m 이상 기울기1:12(8.33%/4.76°) 이하의 고정형 경사로를 설치하거나 수직형 리프트를 설치
			1.4	무대(혹은 강단)에 단차가 있는 경우 유효폭 0.9m 이상 기울기1:12(8.33%/4.76°) 이하의 이동형 경사로를 설치
	5.6 임산부 휴게시설	5.6.1 접근 유효폭 및 단차	단차 1.0	전혀 단차 없음
			0.8	단차가 있으며, 기울기 1:18(5.56%/3.18°) 이하의 경사로 설치
			0.7	단차가 있으며, 기울기 1:12(8.33%/4.76°) 이하의 경사로 설치

BF인증 바닥 기울기 평가항목

이처럼, BF인증 평가는 건물 내부 외부 1:12 이하로 평가하고 있으며, 또한, 경사 오르막 높이에 따른 길이 평가는 하지 않고 있다.(다만, 장애인등편의법에는 바닥 면으로부터 높이 0.75m 이내마다 휴식참을 설치 규정) 그러므로 자력으로 휠체어 장애인이 이동할 수 있는 한계는 우리나라의 경사로 BF 기준에 따라 미국의 이동거리를 대입해 보면 알 수가 있다. 건물 내부 1:12 경사로(높이 75cm이내)는 9m 이내 이동거리를 고려하여 중간에 휴식참을 두는 것이 필요하다는 것을 미국 기준으로 알 수가 있는 것이다.

◉ 접근로, 경사로, 단차 ■ CS업무 질의 ■ BF인증 질의

[CS처리지침 : 보건복지부,장애인권익지원과. BF인증업무 : 한국장애인개발원]

Q1. 접근로에 단차 발생 시 기울기 설치가 불가능할 경우 휠체어 리프트 설치로 대체가 가능한지?

- 주출입구 높이 차이 및 계단에 리프트 규정이 있으나, 접근로에는 그와 관련한 규정이 없음. 따라서 장애인 등편의법 제15조(적용완화)에 따라 처리하여야 함
- 접근로의 기울기는 18분의 1이하로 하여야 한다. 다만, 지형상 곤란한 경우에는 12분의 1까지 완화할 수 있다. (장애인등편의법 시행규칙 [별표 1]1.장애인 등의 통행이 가능한 접근로)

Q2. 접근로 기울기 설치 시 손잡이 설치 여부?

- 접근로 전체에 기울기를 주어 추락의 위험이 없으며, 손잡이 설치 시 보행에 방해가 된다면 손잡이를 설치 하지 않음. 기울기 옆면으로 추락의 위험이 있을 경우 손잡이 기준에 맞게 설치함

Q3. 접근로 등 외부에 설치되는 계단의 점형블록 및 손잡이 설치 여부?

- 접근로 및 외부에 설치되는 계단에도 점형블록 및 손잡이를 설치하여야 함. 다만, 단차(1단만)가 있을 경우 손잡이는 제외할 수 있음

Q4. 경사로를 직선 또는 참 설치 후 꺾인 형태로 설치하지 않고 굴곡 형태로 설치 시 적정 여부?

- 경사로는 직선으로 설치를 하여야 하며, 굴절(꺾임 경사로) 시 1.5×1.5m 이상의 활동공간을 확보하여야 함. 다만, 경사로 기울기가 1:24이하이며 횡경사가 거의 발생하지 않을 경우 장애인등편의법 제15조에 따라 완화적용이 가능

Q5. 휴양 콘도미니엄 등 산이나 언덕에 설치하여 대부분 차량으로 이동하여 주차장에서부터 이동 시 접근로 적용 여부?

- 숙박시설 및 휴양콘도미니엄 등 산이나 언덕에 설치하여 실제 차량으로 접근하여 이용할 경우 접근로는 장애인전용주차구역에서부터 적용할 수 있다.

Q6. 공공 청사부지(야외)에 건축물을 증축하고 접근로를 설치하여 BF인증을 받으려고 합니다. 접근로 시작지점과 건축물 입구까지 높이 차이가 있어 계단이 있는 부분 옆에 경사로를 설치하여야 하나, 경사로 설치 시 접근로가 너무 길어지는 문제가 있습니다. 그래서 기 설치된 계단 옆에 경사로 대신 수직형 휠체어 리프트(밀폐형)를 설치하려고 하는데, 이 경우 BF인증 기준에 저촉되지 않는지 문의 드립니다.

- 건축물 인증지표 1.1항목에 따라 접근로는 1:18이하의 경사로로 건축물을 계획하여야 합니다. 장애물 없는 생활환경 인증제도에선 수직형 리프트의 경우 관리상의 문제(사고 위험으로 인하여 운행을 제한하거나 관리자 도움을 받아야만 이용 가능 등) 등으로 인하여 설치를 지양하고 있습니다.

Q7. 기울기 1:50부터 평지로 평가하는 것으로 알고 있는데 한쪽 기울기 1:60에 나머지 한쪽 기울기가 1:19인데 한쪽이 1:60으로 평지로 보면 이것도 횡경사로 볼수 있나요?

- 접근로의 기울기는 대지 내의 접근로에 경사가 있는 경우 경사가 제일 급한 곳을 기준으로 측정하며 진행 방향의 기울기가 1:18이하로 설치되어 있을 경우 인증 최소 기준에 적합한 것으로 평가합니다.
  다만, 횡경사의 경우 휠체어 등의 바퀴가 동시에 동일한 위치에 닿지 않아 넘어짐 사고가 빈번하게 발생할 수 있음에 따라, 접근로 상황에 따라 심사 및 심의위원회에서 설치 방식에 대해 의견이 발생될 수 있습니다.

Q8. 중학교 건축 프로젝트에서 일부 건물을 철거하고 새로 개축하는 과정에 있습니다. 설계사는 새로운 건물(개축동)과 기존 건물(기존동)을 연결하는 통로를 계획하고 있으며, 이 통로는 개축동에서 램프를 통해 접근하고, 연결 통로는 기존동의 계단실로 연결됩니다. 이 계획대로 진행할 경우, 연결 통로가 기존동의 계단실에 바로 연결되는데, 이 방식이 BF인증에 문제가 없는지에 대한 질문입니다.

▪ 장애물 없는 생활환경(BF)인증제도 건축물 인증 지표 복도 2.2.2 단차 항목의 평가목적은 휠체어사용자의 통행을 어렵게 만들고, 노약자나 임산부 등 다양한 사용자가 걸려 넘어질 위험이 있는 단차를 두지 않도록 함에 있습니다. 이에 개축하는 건축물이 BF인증을 신청하고자 하여 기존 건축물과 연결하는 브릿지를 계획 중이라면, 단차 없이 기존 건물까지도 접근 가능하도록 설계되어야 함이 바람직합니다.

Q9. 현재 공사 중인 병원에는 주출입구, 부출입구, 응급실 출입구가 있습니다. 주출입구는 장애인 램프 규정에 맞게 설계되었으며, 처음에는 응급실 램프도 장애인 법규에 따라 계획했습니다. 하지만, 응급 베드의 원활한 이동을 위해 굴절 부분에 수평참을 두지 않고 바로 올라갈 수 있도록 변경했습니다. 허가 당시에는 주출입구만 장애인 램프로 표기되어 허가를 받았는데, 이제 응급실 램프도 장애인 램프 규정에 맞춰 공사를 진행해야 하는지?

▪ 응급실 램프가 응급환자 이송 전용인지, 아니면 모든 시설 이용자를 위한 것인지 구분이 필요합니다. 응급 환자 이송 전용이라면, 이는 심사 과정에서 논의가 필요한 사항입니다. 그러나 BF인증의 목적이 시설 이용자의 편의와 안전을 고려한 설계와 시공에 있으므로, 응급환자 이송 전용 경사로는 별도의 법률에 따라 설치가 가능할 것으로 보입니다.

Q10. 도로와의 관계로 인해 필지를 묶어 증축 허가를 신청할 예정입니다. 이 상황에서, 주출입구까지의 경사로 측정이 필요한지, 그리고 이 측정이 전체 필지에 대해 이루어져야 하는지, 아니면 건축 대상이 되는 필지만을 기준으로 삼으면 되는지?

▪ BF인증 시, 접근로 평가는 대상 건축물이 위치한 대지(필지)를 기준으로 합니다. 만약 두 필지를 합친다면, 그것은 하나의 대지로 간주되어 접근로 전체 구간이 평가 대상이 됩니다. 이는 기존 건축물의 접근로를 포함하여, 복지관까지의 접근로도 평가 범위에 들어간다는 것을 의미합니다.

Q11. 대지 내 주차장으로 진입하는 고원식 횡단보도 설치 시, 차량 진입 경사로의 시작 부분과 보행자 진행 방향에서 단차가 발생하는지, 그리고 낙상 위험을 방지하기 위해 횡경사를 적용해야 하는지에 대한 확인이 필요합니다. 또한, 경사로 구간에서 단차가 발생하는 부분의 마감 방식(직각 또는 둥글게)에 대해서도 문의하고 있습니다.

▪ 첨부된 사진으로 보았을 때, 고원식 횡단보도 유효폭이 충분히 확보되어 보이며, 점자블록이 보행폭 만큼 설치되고, 조경수 등이 연속설치되어 단차부분으로 보행하여 낙상할 위험이 적을 것으로 사료됩니다. 현재 와 같이 설치하여도 기준에 부적합하지 않을 것으로 사료되나, 추가적인 안전조치로 단차부분에 조경을 확 보하여 단차 부분으로 진입하지 못하도록 한다면 더욱 안전할 것으로 판단됩니다.
또한, 고원식 횡단보도 차량진입구는 차량의 원활한 진입을 고려하여 곡선으로 설치하는 것이 적합하다고 판단됩니다.

우리나라는 장애인이 자가 운전 시 휠체어나 목발을 꺼내 이동할 수 있도록 충분한 공간을 확보한 장애인 전용 주차구역을 법적으로 일정 비율로 설치하도록 하고 있다. 또한, 장애인의 건물 접근성을 향상시키기 위해 불법 주차 및 부당 사용에 대해 벌금을 부과하는 등 장애인복지법과 장애인등편의법을 강화하고 있다.

❶ 주차장 종류별 장애인주차장 설치기준

장애인주차장에는 노상, 노외, 부설'의 세 가지 종류가 있으며, 각각의 종류별로 설치 기준이 다르므로 확인이 필요하다.

① 노상주차장
- 노상주차장은 도로나 교통광장에 설치되어 일반에게 이용되는 주차장을 말하며, 특별시장, 광역시장, 시장, 군수 또는 구청장이 설치할 수 있다. 이곳에서는 주차 요금을 받을 수 있다.
- 주차대수가 20대 이상 50대 미만일 경우 장애인주차장은 최소 한 면을 설치해야 하며, 50대 이상일 경우에는 2~4% 범위 내에서 지방자치단체가 정하는 비율 이상으로 장애인 주차공간을 마련해야 한다.

② 노외주차장
- 도로의 노면 및 교통광장 외의 장소에 설치된 주차장으로서 일반의 이용에 제공되는 것을 말한다.
- 주차대수 규모가 50대 이상이면 2~4%까지 장애인 주차수요를 고려해서 지방자치단체에서 정하는 비율 이상으로 만들어야 한다.

③ 부설주차장
- 건축물 등 주차수요를 유발하는 시설에 부대하여 설치된 주차장으로서 해당 건축물·시설의 이용자 또는 일반의 이용에 제공되는 것을 말한다.
- 주차대수가 10대 이상인 경우, 2~4% 범위 내에서 지방자치단체가 정하는 비율 이상으로 장애인 주차공간을 마련해야 한다. BF인증을 받을 때는 최소한 1면 이상의 장애인 주차공간을 설치해야 한다.

❷ 장애인등편의법에서 주차장 설치 세부기준

① 설치장소
- 장애인 등의 출입이 가능한 건축물의 주요 출입구에서 가장 가까운 장소에 설치하는 것을 원칙으로 한다. 단 주출입구의 단차로 인해 장애인이 이용 가능한 부출입구가 있는 경우 부출입구와 가장 가까운 위치에 장애인전용주차구역을 설치할 수 있다.
- 옥내주차장은 승강설비와 가장 가까운 장소
- 장애인전용주차구역에서 건축물의 출입구, 승강설비에 이르는 통로는 높이 차이가 없고 유효폭이 1.2m 이상

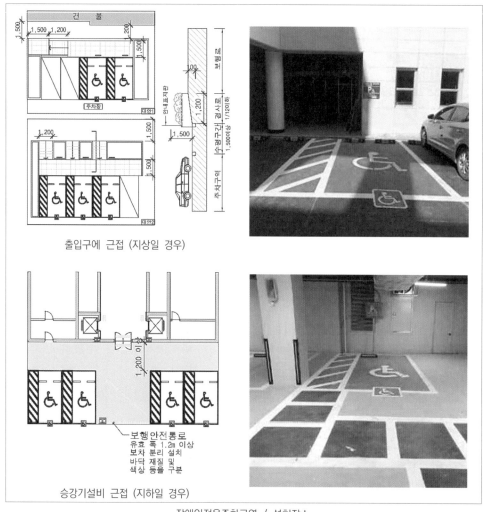

출입구에 근접 (지상일 경우)

승강기설비 근접 (지하일 경우)

장애인전용주차구역 / 설치장소

경기도 장애인편의증진기술지원센터, 경기도 장애인 등의 편의시설 매뉴얼, 2024, p42.

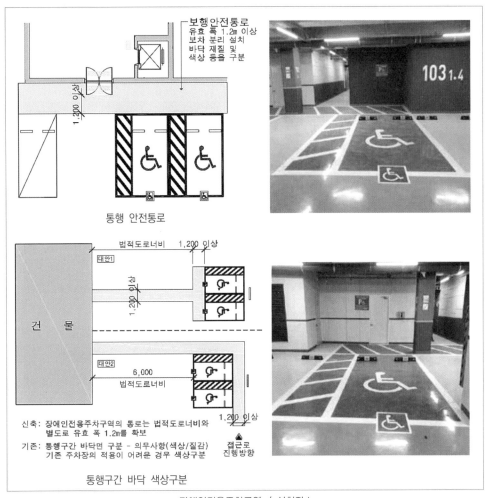

장애인전용주차구역 / 설치장소
ⓒ 경기도 장애인편의증진기술지원센터, 경기도 장애인 등의 편의시설 매뉴얼, 2024, p43.

② 주차 공간

• 주차구역의 폭은 최소한 3.3m 이상(주차폭 2.3m+통행로 1.0m)이어야 한다. 또한, 휠체어사용자들이 좀 더 안전하고 편리하게 자동차 문을 활짝 열고 오르내릴 수 있게 하려고 권장하는 치수는 3.5m 이상(주차폭 2.3m+통행로 1.2m)이다.

• 유효폭 1.5m 이상의 보도에 평행주차를 하면 폭 2m 이상, 길이 6m 이상 확보 하여야 한다.

• 주차 공간의 바닥 표면은 미끄럽지 않은 재질로 평탄하게 마감하여야 하며, 주차 공간의 바닥면의 기울기는 1:50 이하로 할 수 있다.

• 장애인전용주차구역의 바닥면은 잔디블록 또는 트랜치, 평탄하지 않은 재질인 쇄석

등은 지양하여야 한다.

• 기계식주차장의 자동차대기 공간에는 장애인전용주차구역 설치가 불가하므로 별도의
공간에 장애인전용주차구역을 설치하여야 한다.

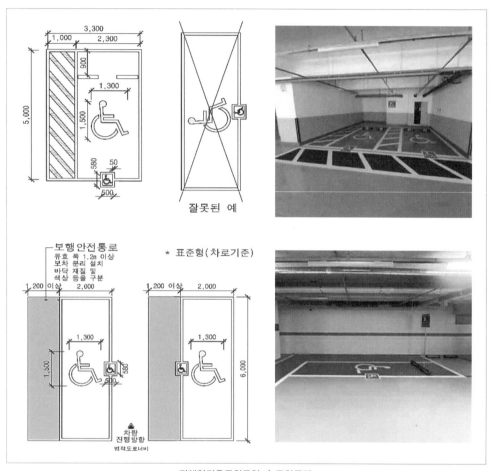

장애인전용주차구역 / 주차공간

ⓒ 경기도 장애인편의증진기술지원센터, 경기도 장애인 등의 편의시설 매뉴얼, 2024, p44.

③ 유도 및 표시

• 장애인전용주차구획 표지는 식별이 쉬운 장소에 부착 또는 설치할 것

• 주차구역의 바닥에 운전자가 식별하기 쉬운 색상으로 장애인 전용 주차구역 표시를
하여야 한다. 특히 장애인전용주차구역 표지는 가로 70cm, 세로 60cm, 휠체어
그림은 가로 56cm, 세로 42cm 규정을 준수하여야 하며, 표지의 바탕색은 청색,
휠체어 그림은 백색을 사용하여야 한다.

• 주차장이 지하 또는 차량 출입구에서 보이지 않는 위치에 설치된 경우, 주차장

입구로부터 장애인전용주차구역까지 유도할 수 있다. 다만, 장애인전용 주차구획의 발견이 쉬운 경우에는 그러하지 아니한다.

• 안내표지판의 크기 및 기재사항

표지판의 규격은 가로 0.7m, 세로 0.6m, 높이 1.5m(지면에서 표지판까지)이며, 표지판 안내문 내용은,

· 주차할 수 있는 차량 : 주차 가능 표지를 부착하고, 보행상 장애가 있는 자가 탑승한 차량

· 위반자 : 주차위반 10만원, 주차방해 50만원 과태료 부과

· 신고전화번호 : 관할부서명, 유도 및 안내표시가 있어야만 한다.

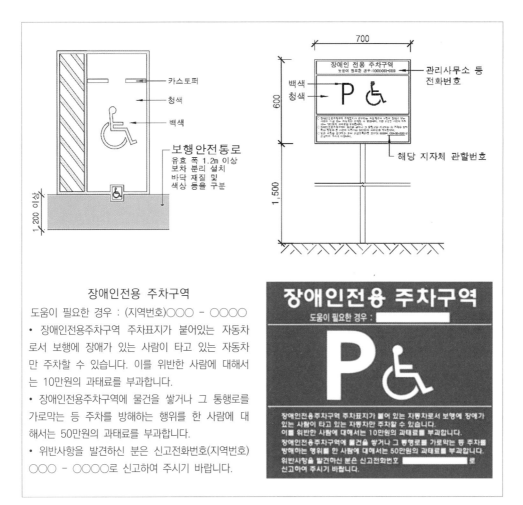

장애인전용주차구역 / 유도 및 표시

ⓒ 경기도 장애인편의증진기술지원센터, 경기도 장애인 등의 편의시설 매뉴얼, 2024, p45~p46.

❸ 장애인전용주차장 BF 항목별 점수 산정 시 유의사항

장애인전용주차구역의 BF인증 평가항목에서 주차장에서 출입구까지의 경로, 주차면 수 확보, 주차구역 크기 보행, 안전통로 안내 및 유도표시의 5가지 평가기준은 공평성을 확보하고자 되어있는 것을 알 수가 있다. 특히, 공평성에서 장애인주차장 설치기준 비율은 지방자치단체의 조례 규정 비율의 100%를 초과 확보하여야 최우수등급을 획득할 수 있다.

① 주차장에서 출입구까지의 경로

- 주차장에서 주출입구까지의 경로는 차량의 간섭이 전혀 없어야 하며, 접근로의 기준을 준수하여야 함
- 접근로의 기준을 준수하지 아니하면 평가등급을 받을 수 없음
- 불가피하게 대지 내에 주차장을 설치하지 못하여 인근 주차장을 이용하여야 하는 경우, 인근 주차장 이용에 대한 정확한 안내 및 유도표시와 인근 주차장에서 주출입구까지의 접근로의 정비가 이루어지면 다른 요건이 만족하면 일반으로 평가함
- 기울기 1:24(4.17%/2.39°) 이하는 수평접근과 같은 것으로 인정함

② 주차면수 확보

- 장애인전용주차구역의 주차면 수 확보 비율은 지방자치단체의 조례를 따름
  (최소 1면 이상 의무 설치)
- 불가피하게 대지 내에 주차장을 설치하지 못하여 인근 주차장을 이용하여야 하는 경우, 인근 주차장 이용에 대한 정확한 안내 및 유도표시와 인근 주차장에서 주출입구까지 접근로의 정비가 이루어진 때에만 그로 평가받을 수 있음

③ 주차구역 크기

- 장애인전용주차구역의 크기는 휠체어 활동공간을 포함한 주차구역 크기로 평가함
- 불가피하게 대지 내에 주차장을 설치하지 못하여 인근 주차장을 이용하여야 하는 경우, 인근 주차장 이용에 대한 정확한 안내 및 유도표시와 인근 주차장에서 주출입구까지의 접근로의 정비가 이루어진 때에만, 그로 평가받을 수 있음

④ 보행 안전통로

- 장애인전용주차구역의 보행 안전통로는 차량의 간섭이 전혀 없어야 하고, 보도 및 접근로의 기준을 준수하여야 함
- 보도 및 접근로의 기준을 준수하지 아니하면 평가등급을 받을 수 없음
- 장애인전용주차구역의 보행 안전통로는 주차면의 활동공간에서 단차 및 차량 간섭 없이 연속되어야 하며, 차량과의 간섭 부분이 생길지라도 보행 우선의 접점계획이 있으면 평가등급을 부여함
- 불가피하게 대지 내에 주차장을 설치하지 못하여 인근 주차장을 이용하여야 하는 경우, 인근 주차장 이용에 대한 정확한 안내 및 유도표시와 인근 주차장에서 주출입구까지의 접근로의 정비가 이루어진 때에만, 그로 평가받을 수 있음

⑤ 안내 및 유도표시

- 일반주차구역과 장애인전용주차구역이 분리된 경우, 대지 입구부터의 장애인주차구역 유도표시 연속성 정도로 평가함
- 불가피하게 대지 내에 주차장을 설치하지 못하여 인근 주차장을 이용하여야 하는 경우, 인근 주차장 이용에 대한 정확한 안내 및 유도표시와 인근 주차장에서 주출입구까지의 접근로의 정비가 이루어진 때에만, 그로 평가받을 수 있음
- 입식 안내표시는 주차 가능 차량, 과태료, 및 신고전화번호를 포함하여야 함
- 장애인표시 기준 장애인 마크 픽토그램 사용은 ISO(국제표준규격) 기준으로 한다.

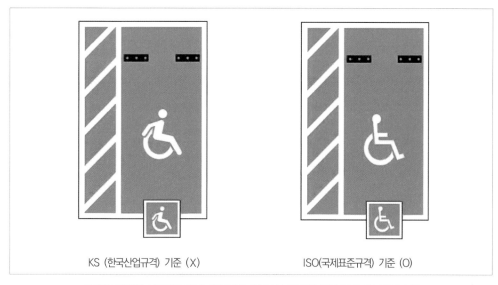

KS (한국산업규격) 기준 (X)　　　　ISO(국제표준규격) 기준 (O)

장애인등편의법 시행규칙 별표2 '편의시설 안내표시 기준'에 의거 국제표준규격을 사용

● 장애인전용주차장　　　　■ CS업무 질의　■ BF인증 질의

[CS처리지침 : 보건복지부,장애인권익지원과.　BF인증업무 : 한국장애인개발원]

Q1. 장애인전용주차구역 앞면에 타워 주차를 위해 대기하는 대기 주차공간의 설치 가능 여부?

- 대기 주차로 인하여 장애인전용주차구역의 앞면을 막는 것은 주차방해 행위에 해당하므로 장애인전용주차
구역 앞면에 대기 주차공간을 설치하는 것은 불가함

Q2. 장애인전용주차구역 내에 설치되는 보행통로 표시는 반드시 좌측(앞면주차)에만 설치하여야 하는지?

- 장애인전용주차구역 내에 설치하는 보행통로 표시는 좌측(앞면주차) 설치를 원칙으로 하되 주차 여건상
부득이한 상황의 경우에 한하여 우측(후면주차)도 가능함

Q3. 장애인전용주차구역의 안내표지는 반드시 1면당 1개씩 설치하여야 하는지?

- 1면당 1개 설치가 원칙이며, 주차구역이 연속으로 붙어있을 경우 2면당 1개 설치 가능

Q4. 장애인전용주차구역의 크기를 측정하는 기준은?

- 장애인전용주차구역의 폭은 주차선의 중앙으로 측정함. 단, 양옆에 주차구역 없이 장애인전용주차구역 1면만
있을 경우 선 바깥 라인 끝에서 측정 가능

Q5. 비해당시설에 설치된 기준에 맞지 않는 장애인전용주차구역의 시정 여부?

- 비해당 시설이라 하더라도 장애인전용주차구역이 설치되어 있다면, 기준에 맞게 설치하여야 함. 단, 이에
불복할 경우 부적정하게 설치되어도 된다는 잘못된 인식을 심어줄 수 있는바 장애인전용주차구역을 제거
하는 것이 바람직함

Q6. 장애인전용주차구역에서 출입구까지의 접근로상에 주차 시 과태료 부과 여부?

- 장애인전용주차구역 불법주차 및 방해 행위에 속하지 않으므로 과태료를 부과할 수 없음.　다만, 장애인등
편의법 제9조 시설주의 유지, 관리 의무에 의거하여 출입구까지의 통로를 확보하여야 하는 시정명령 대상임

Q7. 장애인전용주차구역을 기계식 주차장의 대기 주차구역에 설치 가능 여부?

- 기계식 주차장의 대기하는 공간(정류장)은 의무적으로 설치하는 공간으로 해당 공간에 장애인전용주차구역을
설치할 수 없음

**Q8. 해당 건축물의 전체 주차대수와 용도별 설치기준에 따라 설치한 주차대수 중 주차대수 산정에서 설치
비율을 적용하여야 하는 기준대수?**

- (복합용도의) 건축물에서 일부의 증축(용도변경, 개축 등 포함)이 있을 경우, 용도별 설치기준이 아닌 장애인등
편의시설 설치대상 시설이 있는 건축물의 전체 주차대수를 기준으로 장애인전용주차구역 주차대수를 산정
하여야 함

Q9. 당해 용도에 쓰이는 바닥면적의 합계를 산정할 때 주차장의 면적 합산 여부?

- 당해 용도에 쓰이는 바닥면적의 합계 산정 시 주차장의 면적은 제외됨

Q10. 해당 건축물은 건물로 진입할수 있는 도로가 차도가 못 다니는 2m 폭의 보행자 도로밖에 없습니다. 또한 지구단위 완화구역으로 지자체에 비용을 지급 후 주차장 설치 완화를 받아 주차장이 없는 건축물입니다. 이런 경우에 BF에서 장애인전용주차장 설치 미설치해도 되는지 문의 드립니다.

- 인증 신청 대상시설에 주차장 계획 및 설치가 이루어지지 않을 경우, 1.2 항목에 대한 평가가 이루어지지 않습니다. 그러나 관계법령에 따라 법정주차 대수가 계획되어야 하는 시설물에 불가피하게 대지 내에 주차장을 설치하지 못하여 인근 주차장을 이용하여야 하는 경우, 인근주차장 이용에 대한 정확한 안내 및 유도표시와 인근주차장에서 주출입구까지의 접근로 정비가 이루어진 경우에 다른 요건이 만족되면 1.2항목에 대해 평가가 이루어짐을 안내드립니다.

Q11. 소규모 1종 근생 주민공동시설로 설계된 시설은 법정 일반주차 1대를 포함하고 있습니다. BF 인증을 위해 장애인전용주차구역을 최소 1면 이상 확보해야 하는지, 그리고 이 경우 일반주차 1면과 장애인전용주차 1면, 총 2면을 확보해야 하는지, 또는 일반 주차 1면을 장애인전용주차 규격에 맞추어 확보하는 것이 가능한지에 대한 질문입니다.

- 장애물 없는 생활환경(BF) 인증심사기준 및 수수료기준등 [별표5] 건축물 인증지표 및 기준 평가항목 중 1.2.2. 평가항목 기준에 따라, 주차장법상 장애인전용주차구역 설치가 제외되더라도 주차대수가 1대 이상 설치되는 경우 최소 1면 이상을 장애인전용주차구역으로 설치하여야 합니다.

Q12. 장애인 전용주차구역의 "전면"은 일반적으로 앞쪽을 의미합니다. 주차구역의 전면에 입식표지판을 설치하는 것이 표준이며, 이 경우 도로나 차로를 기준으로 반대편(카스토퍼 쪽)에도 입식표지판을 설치했습니다. 이에 대해, 카스토퍼 쪽을 전면으로 해석한 것이 올바른지, 아니면 카스토퍼 쪽을 전면이라고 부를 수 있는지에 대한 질문입니다.

- 인증 신청 대상시설에 주차장 계획 및 설치가 이루어지지 않을 경우, 1.2 항목에 대한 평가가 이루어지지 않습니다. 그러나 관계법령에 따라 법정주차 대수가 계획되어야 하는 시설물에 불가피하게 대지 내에 주차장을 설치하지 못하여 인근 주차장을 이용하여야 하는 경우, 인근주차장 이용에 대한 정확한 안내 및 유도표시와 인근주차장에서 주출입구까지의 접근로 정비가 이루어진 경우에 다른 요건이 만족되면 1.2항목에 대해 평가가 이루어짐을 안내드립니다.

Q13. 해당 건축물은 건물로 진입할수 있는 도로가 차도가 못 다니는 2m 폭의 보행자 도로밖에 없습니다. 또한 지구단위 완화구역으로 지자체에 비용을 지급 후 주차장 설치 완화를 받아 주차장이 없는 건축물입니다. 이런 경우에 BF에서 장애인전용주차장 설치 미설치해도 되는지 문의 드립니다.

- "주차구역 전면"이라는 용어 사용은 차량이 주차구역에 진입할 때 운전자 입장에서 식별하기 쉬운 장소를 지칭하기 위해 편의상 사용된 것이오나 장애인전용주차구역 안내표지가 꼭 해당위치(주차구역 전면)에만 설치되어야 하는 것은 아닙니다.
- 「장애인·노인·임산부 등의 편의증진보장에 관한 법률」시행규칙 별표1 제4호 다목(2)에 근거하여 장애인 전용주차구역 안내표지는 주차장 안의 식별하기 쉬운 장소에 부착하거나 설치하도록 하고 있음을 알려드립니다.

❶ 출입문 전·후면과 손잡이 옆면 활동공간

모든 출입구는 전·후면에는 휠체어사용자가 문을 열거나 통과하는데 문의 전후좌우로 여유 공간이 필요하다. 이 여유 공간은 문의 설치방법에 따라서 필요한 면적이 달라지는데 여닫이문일 경우 열리는 방향으로 1.5m, 그 반대편 쪽으로 1.2m 정도가 필요하나 일반적으로 휠체어를 회전시킬 수 있게 하기 위해서는 1.5m×1.5m의 공간이 필요하다.

출입문 개폐를 위한 손잡이 옆면에는 휠체어사용자 등 모든 시설이용자를 위해 0.6m 이상의 활동공간을 확보하여야 한다. 단, 자동문의 경우 자동문 개폐 버튼 위치를 조정(벽에서 최소 0.4m 이상)함으로써 활동공간 확보가 가능하다.

※ 중증 장애인은 휠체어 발판 등 때문에 손잡이를 잡는 데 불편할 수 있으므로 활동공간 확보가 필요하다.

① 출입문 보완장치 해제한다　　② 문을 밀어 보지만 잘 열리지 않는다　　③ 문이 열리지 않아 기다린다

④ 상대 이용자가 오면 도움을 받는다　　⑤ 상대방의 도움으로 출입문을 나간다　　⑥ 문을 상대 이용자가 닫아준다

장애인 등의 출입이 가능한 건축물 출입문 / 옆면 활동공간이 없는 경우

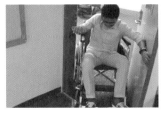

① 손잡이 방향의 활동공간을 이용한다　　② 문 열고 나가기 위해 움직인다　　③ 문을 통과한다

장애인 등의 출입이 가능한 건축물 출입문 / 옆면 활동공간이 있는 경우

❷ 출입구(문) 통과유효폭 및 옆면 활동공간 확보 기준 [2]

① 출입구(문) 옆면 활동공간

　※ 신축을 제외한 건축행위(증축, 용도변경 등)인 경우, 기존 건축물의 신축 허가 일자를 기준으로 함.

－ 신축 허가일이 개정된 법 시행일 2018. 8. 10. 이후인 건축물 출입문 옆면 활동공간 : 0.6m 이상 확보(의무)

－ 신축 허가일이 개정된 법 시행일 2018. 8. 10. 이전인 건축물 출입문 옆면 활동공간 : 0.6m 이상 확보(권장)

　※ 자동문을 제외한 출입문은 옆면 활동공간 확보해야 함.

－ 여닫이문(당기는 방향), 미서기·미닫이문(출입문 내·외부), 자동문(확보 의무 없음)

② 출입구(문) 통과 유효폭

　※ 통과유효폭 : 문틀 내부 폭에서 경첩의 내민 거리와 문의 두께를 뺀 나머지 폭(안목 치수)으로 측정함.

　※ 신축을 제외한 건축행위(증축, 용도변경 등)인 경우, 기존 건축물의 신축 허가 일자를 기준으로 함.

－ 신축 허가일이 개정된 법 시행일 2018. 8. 10. 이후인 건축물 출입구(문) 통과유효폭 : 0.9m 이상 확보

－ 신축 허가일이 개정된 법 시행일 2018. 8. 10. 이전인 건축물 출입구(문) 통과유효폭 : 0.8m 이상 확보

　※ 양개형 출입문인 경우, 한쪽 문 닫았을 때 통과 유효폭을 확보해야 함.

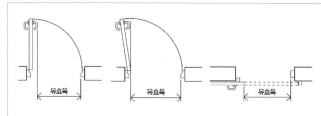

도어의 각도에 따라 접근 방향과 폭에 따라 도어 사양이 필요한 유효폭이 결정된다. 좌측의 경우 닫히는 쪽의 도어스톱 외부부터 힌지 쪽의 장애물(예:돌출된 도어 가구, 도어 또는 문)까지 도어가 위치한 벽에 직각으로 측정한 개구부의 폭 이다.

장애인 등의 출입이 가능한 건축물 내부출입문 / 문의 유효폭

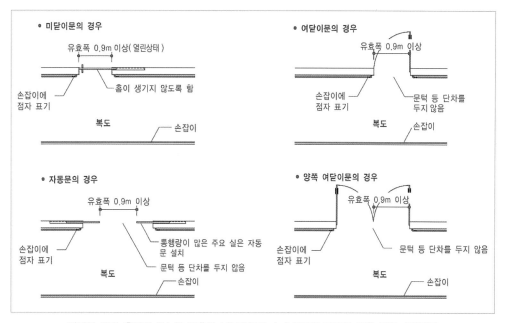

장애인 등의 출입이 가능한 건축물 내부출입문 / 출입문의 종류에 따른 평면 설치방법
ⓒ 경기도 건축디자인과, 경기도 유니버설디자인 가이드라인, 2011, p156.

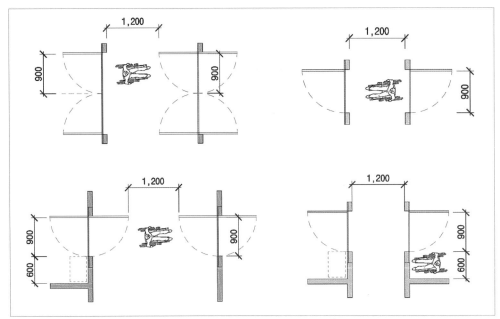

장애인 등의 출입이 가능한 건축물 내부출입문 / 유효폭 및 활동공간

ⓒ 경기도 장애인편의증진기술지원센터, 경기도 장애인 등의 편의시설 매뉴얼, 2024, p49.

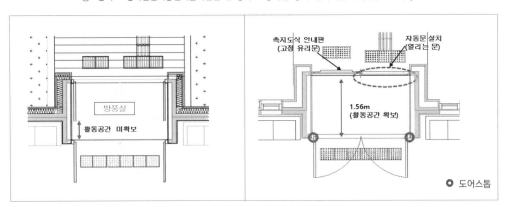

출입구 양쪽으로 개폐 가능하여
활동공간 미확보 (수정전)

자동문 설치와 스토퍼 설치를 하여
앞면 유효거리 확보 (수정후)

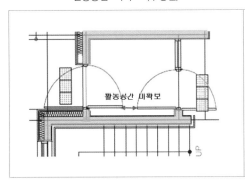

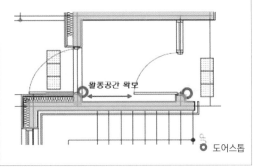

출입문 양개문으로 앞면 유효거리 1.2m
미확보 (수정전)

안쪽으로 스토퍼 설치하여 앞면유효거리
확보 (수정후)

❸ 주출입문의 주변 활동공간[2]

- 출입문은 회전문을 제외한 다른 형태의 문을 설치하여야 한다.
- 미닫이문은 가벼운 재질로 하며, 턱이 있는 문지방이나 홈을 설치하여서는 아니 된다.
- 여닫이문에 도어체크를 설치하면 문이 닫히는 시간이 3초 이상 충분하게 확보되도록 하여야 한다.
- 자동문은 휠체어사용자의 통행을 고려하여 문의 개방 시간이 충분하게 확보되도록 설치하여야 하며, 개폐기의 작동 장치는 가급적 감지 범위를 넓게 하여야 한다.

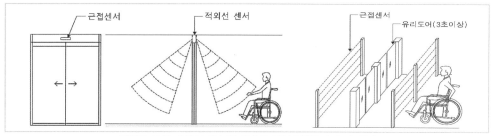

장애인 등의 출입이 가능한 건축물 내부출입문 / 문의 형태
ⓒ 경기도 장애인편의증진기술지원센터, 경기도 장애인 등의 편의시설 매뉴얼, 2021, p44.

- 주출입구(문)이 2개소 이상 설치된 경우 출입문 1개소 전·후면에 점형블록을 문 폭 만큼 설치하는 것이 모든 시설이용자에게 편리하다. 다만, 2개소 중 자동문이 포함되어 있으면 점형블록은 자동문을 제외한 문에 설치하는 것이 바람직하며, 2개소 모두 자동문일 경우 시각장애인의 이동 동선을 고려하여 자동문 1개소에 설치하면 된다.
- 건축물의 주출입문이 자동문이면 문이 자동으로 작동되지 아니할 때를 대비하여 시설관리자 등을 호출할 수 있는 벨을 자동문 옆에 설치할 수 있다.
- 아파트 주출입구 공동현관 자동문 설치 시 조작반의 높이는 1.2~1.4m 이하로 설치할 수 있다.

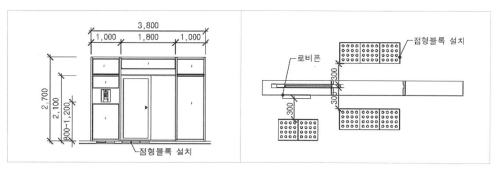

주출입구 자동문만 있으면 호출벨 설치　　　방풍실 크기가 3m 이상일 경우 내부에 점형블록 설치
ⓒ 경기도 장애인편의증진기술지원센터, 경기도 장애인 등의 편의시설 매뉴얼, 2024, p52.

❹ 통행 가능한 실내복도 활동공간[3]

장애인이 통행 가능한 실내 복도 활동공간을 설계할 때는 다양한 장애를 가진 사람들이 자유롭게 이동하고 활동할 수 있는 환경을 고려해야 한다. 이를 위해서는 다음과 같은 요소들을 고려하여야 한다.

고려사항	세부내용
넓은 공간	복도의 너비는 충분히 넓어야 하며, 특히 휠체어나 보행 보조기를 사용하는 사람들이 편리하게 이동할 수 있도록 설계되어야 한다. 최소한 1.2m 이상의 너비가 필요하다.
평탄한 바닥	바닥이 평탄하고 미끄럼 방지 처리가 되어야 하며, 장애인들이 안전하게 이동할 수 있도록 해야 한다.
저항 없는 문	복도를 통과하는 문은 자동으로 열리는 것이 이상적이다. 만약 수동으로 열리는 문이라면, 저항이 낮고 너비가 충분한 문을 설치해야 한다.
장애물 없는 공간	장애물이나 임시적인 물건들이 복도에 놓이지 않도록 유지해야 한다. 특히 케이블, 선, 물건의 침전물 등은 장애인들에게 위험을 초래할 수 있으므로 주의해야 한다.
안전 시설	비상 상황에 대비하여 충분한 비상 조명, 소화기, 비상 전화 등의 안전 시설이 필요하다.
신호 시스템	시각적, 청각적 신호 시스템을 통해 장애인들이 방향을 파악할 수 있도록 돕는 것이 중요하다.
장애인을 위한 안내 표지	시설 내에 장애인을 위한 안내 표지를 설치하여 장애인들이 필요한 시설을 쉽게 찾을 수 있도록 돕는 것이 중요하다.

실내복도 설계 시 고려되어야 할 사항

- 장애인 등의 통행이 가능한 복도의 유효폭은 1.2m 이상으로 하되, 복도의 양옆에 거실이 있으면 1.5m 이상으로 할 수 있다.
- 휠체어 통행 시 교차,교행 가능하고 피난 시에도 쉬울 수 있도록 최소 1.8m의 알코브(alcove) 형식의 교행 공간을 복도 중간에 확보하는 것이 바람직하다.
- 통로의 보행 장애물은 바닥 면으로부터 높이 0.6m~2.1m 이내의 벽면으로부터 돌출된 물체의 돌출 폭은 0.1m 이하로 하거나, 독립 기둥이나 반침대에 부착된 설치물의 돌출 폭은 0.3m 이하로 할 수 있다.
- 통로 상부는 바닥 면으로부터 2.1m 이상의 유효높이를 확보하여야 한다. 다만, 유효높이 2.1m 이내에 장애물이 있으면 바닥 면으로부터 높이 0.6m 이하에 접근 방지용 난간 또는 보호벽을 설치하여야 한다.

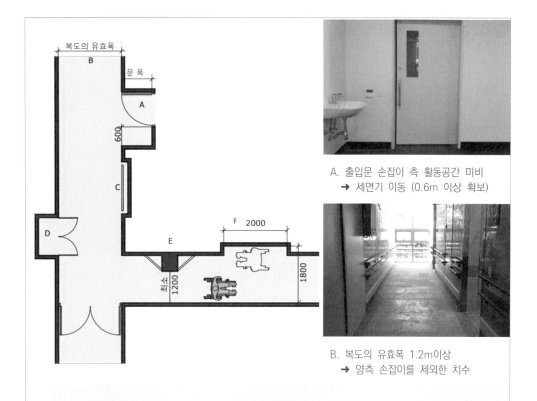

A. 출입문 손잡이 측 활동공간 미비
→ 세면기 이동 (0.6m 이상 확보)

B. 복도의 유효폭 1.2m이상
→ 양측 손잡이를 제외한 치수

A : 접근 가능한 화장실의 문과 같은 바깥쪽으로 열리는 문

B : BF인증은 모든 복도의 유효폭 1.5m 이상(최우수)과 1.2m 이상(우수)으로 평가

C : 복도에 면한 공세 장애물 (라디에이터 및 소화기 등) 매립

D : 건물의 P.D 점검구 문은 일반적으로 잠겨있을 때는 바깥쪽으로 열릴 수 있지만, 사용
    중에는 확실한 보호조치

E : 기둥 또는 파이프 덕트와 같은 돌출부는 영구적으로 보호

F : 폭1.8m 미만, 최소길이 2.0m, 폭 1.8m의 복도에 제공되는 알코브 형식의 교행공간 설치

C. 벽부 보행 장애물을 매립
   하여 보행장애 요소 제거

D. 복도 P.D 점검구

E. 방화셔터 기둥 하부에는 400
   폭으로 이색만을 적용

무장애 건물 설계의 목표는 모든 사용자가 안전하고 편리하게 이용할 수 있는 환경을 조성하는 것이다. 이를 위해, 건물의 주요 출입구와 문들은 사용자가 쉽게 인지하고 안전하게 사용할 수 있어야 하며, 열고 닫히는 동작이 원활하고 통과 시 장애가 없어야 한다. 특히, 출입문에는 턱이 없어야 하고, 문이 열릴 때 충분한 활동공간이 확보되어야 한다.

또한, 문턱이 없는 외부 출입문에는 바람막이와 빗물 유입 방지 시설이 필요하며, 문의 안전한 사용을 위한 보호장치, 휠체어사용자를 위한 제어 장치, 사용자가 쉽게 열고 닫을 수 있는 장치, 그리고 문의 열림 방향에 따른 공간 확보를 용이하게 하는 장치 등이 필요하다. 이러한 요구사항을 충족시키기 위해서는 세심한 디테일 설계와 창의적인 아이디어가 필수적이다.

이러한 요구사항을 충족시키기 위해, 건축가와 설계자는 사용자의 다양한 필요를 고려하여, 접근성과 안전성, 편리성을 모두 갖춘 무장애 건물을 설계해야 한다.

[자료출처 : 독일의 접근 가능한 계획 웹사이트 nullbarriere.de]

도어용 손끼임 방지장치

손가락 보호장치는 문과 문틀 사이에 손가락이 끼지 않도록 설계된 안전장치이다. 이 장치는 특히 어린이집, 학교, 공공건물, 의료시설 같은 곳에서 사용하기 위해 만들어졌다. 이 시스템은 문이 닫히는 부분과 문의 힌지가 있는 부분 양쪽에 설치할 수 있는 여러 가지 방법을 포함하고 있다.

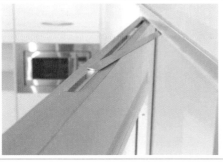

도어 제한 장치

도어 개방 리미트는 문이 원하는 지점에서 멈추게 하여, 제어되지 않은 문 열림으로 인한 위험을 방지한다. 도어 스토퍼를 바닥에 설치함으로써 넘어짐이나 충돌을 예방하고 청소를 용이하게 한다. 이러한 방식은 디자인, 위생, 접근성 측면에서 높은 기준을 만족시키며 안전하고 사고 없는 환경을 제공한다.

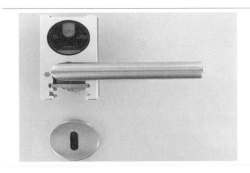

치매 환자를 위한 도어센서

치매 환자를 위한 도어센서는 환자가 혼자서 방이나 구역을 떠날 때, 간호 직원이나 가족에게 자동으로 알림을 보내어 감시할 수 있게 해 준다. 이 제품은 환자의 움직임을 제한하지 않으면서도, 내부 손잡이를 사용해 문을 열려고 할 때 수신자에게 통화나 알림을 전송한다.

장애인화장실용 스위치

장애인용 변기 문은 외부의 큰 버튼으로 자동으로 열리고, 설정된 시간 후에 자동으로 닫힌다. 사용자는 칸막이 내부의 스위치를 눌러 '사용중' 표시와 문 잠금을 활성화할 수 있으며, 이를 통해 다른 사람이 문을 열지 못하게 한다. 사용이 끝나고 스위치를 다시 누르면 '사용중' 표시가 꺼지고 문이 잠금 해제된다.

여닫이문 마그네틱 이중씰

도어가 열릴 때, 마그네틱 프로파일이 알루미늄 바닥 프로파일 위에 평평하게 위치하도록 설계된 이 시스템은 전면 도어, 발코니 도어를 포함한 모든 외부 도어에 적합한 마그네틱 이중 씰 기능을 제공한다. 마그네틱 씰은 문을 더욱 밀폐하게 만들어 외부로부터의 소음이나 기온 변화를 차단하는 데 도움을 주며, 동시에 바닥에 평평하게 놓여 넘어짐 위험을 최소화한다.

문 하부 통합배수 시스템

모든 외부 도어, 예를 들어 앞문이나 발코니 문에는 마그네틱 이중 씰이 사용되며, 이는 특히 노인 가정, 장애인 가정, 병원, 유치원 등에서 문턱이 없는 문 바닥에 적용된다. 이 제품은 통합 배수 기능이 있는 마그네틱 이중 씰로, 물의 배수와 함께 비를 견딜 수 있는 고품질 마그네틱 씰을 제공한다.

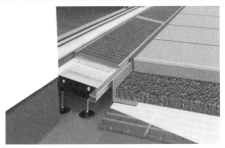

무단차로 배수 시스템

외부 문턱이 없는 바닥을 만들기 위해, 폭우 시에도 물이 역류하지 않도록 배수 격자와 효율적인 표면 배수 시스템을 설계해야 한다. 이러한 역류 방지 배수 기술과 높이 조절 가능한 격자를 사용하면, 휠체어, 보행기, 유모차 사용이 용이해진다. 이 방법은 목재, 자연석, 세라믹 덮개를 사용하는 테라스와 발코니 개조에도 적용된다.

배리어프리 도어 씰

외부 도어 씰은 사용 편의성을 보장하면서 바람, 비, 소음의 내부 침투를 막는 필수 제품이다. 이 씰은 다양한 재질(알루미늄, PVC, 스틸)의 도어와 호환되도록 개발되었으며, 각 도어의 형상과 힌지에 맞게 개별적으로 조정할 수 있다.

미닫이문용 씰링 시스템

미닫이문을 위한 씰링 시스템은 문과 벽 사이의 틈을 막기 위해 바닥에 자동으로 작동하는 2개의 씰과 문의 양쪽에 있는 2개의 수직 자석 실링 스트립으로 구성된다. 이 자석 실링 스트립은 문이 닫힐 때만 작동하여 문을 쉽게 밀 수 있게 해주며, 별도의 정지 상자나 프레임이 필요 없다.

스윙 도어 드라이브

스윙 도어 드라이브는 문을 쉽게 열고 자동으로 닫게 해주는 장치로, 휠체어사용자나 손이 불편한 사람도 편리하게 사용할 수 있다. 가격이 합리적이며 조용하고 안정적으로 작동한다. 디자인도 우아하고, 사용자의 필요에 맞게 조정이 가능하다.

힌지형 폴딩 도어

이 제품은 한쪽에서 열리고 복도로 들어가는 회전 영역에 대해 도어 너비의 1:3만 필요하여서 비교적 여유 공간을 가지며, 병원, 노인과 양로원, 생활 보조 시설 및 개인 아파트에서 사용한다.
　배리어프리 경첩형 폴딩 도어는 수영장과 실내 수영장, 스포츠 시설 및 학교의 축축하거나 젖은 방문으로 사용되며 공공건물의 장애인 화장실에도 사용된다.

Q1. 건물 내부의 실문의 적용 범위 및 공중의 이용을 주목적으로 하는 실의 정의?

- 건물 내부의 기계실 등 공중이 이용하지 않는 문과 특정 개인을 위한 실을 제외한 문은 적용 대상임
  공중의 이용을 주목적으로 하는 실은 특정 개인이 아닌 불특정 다수가 이용하는 실을 말함

Q2. 출입구 앞면 유효거리 1.2m가 1:25기울기로 되어있을 경우 인정여부?

- 줄입구 앞면 유효거리 1.2m 확보 시 바닥 기울기가 1:24 이하로 완만하다면 앞면 유효거리를 확보한
  것으로 인정이 가능함

Q3. 주출입구에서 승강기 또는 시설까지 접근동선에 발생하는 단차에 대한 계단 적용 여부?

- 장애인등편의법의 계단 또는 승강기의 계단은 수직이동을 위한 층간 계단을 말하므로 같은 층에 있는 계단은
  복도 높이차로 보아 단차를 제거하여야 함

Q4. · 기존건물의 실내공사를 완전히 새롭게 하는 경우 이미 설치되어 있는 출입문을 철거하고 신규로
  설치하는 경우 현행법 적용 여부?
  · 공장, 학교 등 기존에 있는 시설이 아닌 별동 증축 또는 재축, 개축 등, 사실상 신축에 준해 건물
  을 시공하여 출입문을 신규로 설치하는 경우 현행법 적용 여부?

- 장애인등편의법 부칙 제3조(장애인 등의 출입이 가능한 출입구의 통과 유효폭 등에 관한 경과조치)에
  따르면 출입구의 통과 유효폭과 옆면 활동공간의 기준은 개정 규정에도 불구하고 종전의 규정에 따르는
  것은 설치 당시의 기준을 적용한 출입문을 재시공하는 것이 시설주에게 과도한 의무 부과가 될 수
  있으므로 이를 방지하기 위한 것임

- 다만, 동일 대지 내에 별동을 증축하는 등 사실상 신축에 준하는 경우에는 출입문 현행법의 기준을 적용
  하도록 유도하여야 함

Q5. 장애인 등의 출입이 가능한 출입구(문)에 '손잡이는 중앙지점이 바닥 면으로부터 0.8m와 0.9m 사이에
  위치하도록 설치하여야 한다'라고 규정하고 있으나 수직 막대형의 경우 그 기준은?

- 수직막대형 손잡이 설치기준은 반드시 손잡이 중심이 아닌 다른 부분이 0.8m 와 0.9m 사이에 위치하여, 설치 시
  손잡이 중심이 0.8m와 0.9m 사이에 위치한 것과 비교하여 실질적 이용에 큰 차이가 없이 장애인 등의
  이용에 불편이 없다면 적정한 것으로 볼 수 있음

Q6. 출입구가 여러 개인 상가건물의 주출입구 외 개별 출입구 높이 차이 제거 여부?

- 건물 내부에서 개별 점포로의 접근이 가능할 경우 개별 점포의 외부 출입구에는 설치하지 않음
  내부 출입구가 없거나 내부의 각실 출입구에도 단차가 있을 경우 각 실의 외부 또는 내부 중 1개 이상은
  이용할 수 있도록 단차를 제거하여야 함

Q7. 계단실 출입문의 적용 여부?

- 계단 또는 승강기가 의무일 경우 승강기가 적정하게 설치되었다면, 계단실 출입구 문은 적용하지 않음

Q8. 건물 내부의 실문의 적용 범위 및 공중의 이용을 주목적으로 하는 실의 정의?

- 건물 내부의 기계실 등 공중이 이용하지 않는 문과 특정 개인을 위한 실을 제외한 문은 적용 대상임. 공중의 이용을 주목적으로 하는 실은 특정 개인이 아닌 불특정 다수가 이용하는 실을 말함

Q9. 1층을 필로티로 사용하는 건물의 2층에 일반음식점이 있을 경우 1층 계단실 문과 2층 일반음식점 문 중 주출입구 문의 적용 여부?

- 1층 필로티 구조로 되어 있을 경우 해당 건물의 1층 계단실 출입문을 주출입구 문으로 적용함

Q10. 주출입구 앞면에 높이 차이로 발생한 계단에도 점형블록을 설치하여야 하는지?

- 주출입구 앞면에 높이 차이로 발생한 계단에도 점형블록을 설치하여야 함

Q11. 장애인화장실이 일반화장실과 별도로 설치되어 있을 경우, 일반화장실 출입문 통과유효폭 0.9m만 적용하여야 하는지 아니면, 장애인 등의 출입이 가능한 출입구(문)에 포함된 항목 모두(앞면유효 거리, 활동공간, 단차제거, 손잡이 높이 등)를 적용하여야 하는지?

- 장애인화장실이 일반화장실과 별도로 설치되어 있을 경우, 일반화장실 출입문은 휠체어 등의 출입을 전제로 설치되는 것이 아님. 따라서 출입문 옆에 휠체어 활동공간 등을 별도로 확보할 필요는 없으며, 통과유효폭 0.9m기준만 적용하는 것이 적절

Q12. 대지경계선에 인접한 주출입구(문) 전면 유효거리의 위치 적용기준?

- 장애인등 편의시설 설치 대상시설의 주출입구(문) 전면 유효거리는 원칙적으로 대지경계선 내에 확보하여야 하나, 대지의 여건 상 대지경계선 내에 설치할 수 없을 때 대지경계선의 외부가「도로교통법」상 보도인 경우에 한하여 건축물(신축 포함)의 외부에 수평 활동공간을 확보할 수 있다면 허용 가능하나 [변경] 기준을 확인후 적용

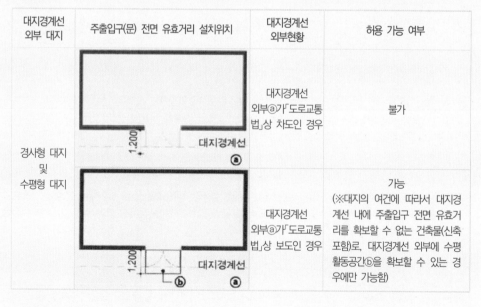

대지경계선 외부 대지	주출입구(문) 전면 유효거리 설치위치	대지경계선 외부현황	허용 가능 여부
경사형 대지 및 수평형 대지	1.200 대지경계선 ⓐ	대지경계선 외부ⓐ가「도로교통법」상 차도인 경우	불가
	1.200 ⓑ 대지경계선 ⓐ	대지경계선 외부ⓐ가「도로교통법」상 보도인 경우	가능 (※대지의 여건에 따라서 대지경계선 내에 주출입구 전면 유효거리를 확보할 수 없는 건축물(신축 포함)로, 대지경계선 외부에 수평 활동공간ⓑ을 확보할 수 있는 경우에만 가능함)

Q13. 주출입구 앞면에 기울기 발생에 따른 주출입구 앞면 유효거리를 출입구의 앞면 유효거리 1.2m로 하여야 하는지 혹은 경사로의 활동공간인 1.5m로 설치하여야 하는지 여부?

- 주출입구 앞면에는 1.2m 이상의 앞면 유효거리를 설치하는 것이 원칙적으로 타당함

- 다만, 주출입구의 앞면에 기울기가 발생(기울기 1:18 이하 포함)한다면 경사로 설치기준을 적용하여 1.5m 이상의 활동공간 확보가 의무 임   ※ 출입문의 개폐에 소요되는 공간은 활동공간에 포함하지 않음

Q14. 주출입구 공동 현관키(호출버튼) 높이 설치기준은?

- 주출입문의 공동 현관키(호출버튼)의 설치기준은 별도로 마련되어 있지 않음

- 다만, 보안을 목적으로 주출입문에 공동 현관키 등으로 잠금장치를 설치한 경우, 출입문을 통과하기 위해서는 반드시 공동 현관키를 사용해야 하므로, 승강기의 호출버튼 설치 높이를 적용하여 동일하게 0.8m 이상 1.2m 이하에 최하단 버튼을 설치하도록 함

Q15. 1층을 필로티로 사용하는 건물의 2층에 일반음식점이 있을 경우 1층 계단실 문과 2층 일반음식점 문 중 주출입구 문의 적용 여부?

- 1층 필로티 구조로 되어 있을 경우 해당 건물의 1층 계단실 출입문을 주출입구 문으로 적용함

Q16. 주출입구 앞면에 높이 차이로 발생한 계단에도 점형블록을 설치하여야 하는지?

- 주출입구 앞면에 높이 차이로 발생한 계단에도 점형블록을 설치하여야 함

Q17. 자동 센서형이 아닌 터치형 자동문의 인정여부?

- 상부 감지기 및 버튼 터치형 모두 자동문으로 인정

Q18. 장애인 등의 출입이 가능한 출입구(문)의 높이?

- 「장애인등편의법」시행규칙에 따르면, 장애인 등의 출입이 가능한 출입구(문)의 높이에 대한 구체적인 규정은 없으며, 보행장애물에 대한 규정에서는 통로 상부는 바닥 면으로부터 2.1m 이상의 유효높이를 확보해야 하며, 유효높이 2.1m 이내에 장애물이 있는 경우에는 바닥 면으로부터 높이 0.6m 이하에 접근 방지용 난간 또는 보호벽을 설치해야 함.

- 따라서, 출입문이 통로에서 거실로 통하는 출입문이라면 높이 제한을 받지 않지만, 통로와 통로를 있는 것이라면 보행 장애물로 볼 수 있으므로 유효높이를 준수하여야 함

Q19. 계단실 출입문 설치 관련 측면 활동공간 적용 기준?

- 「장애인등편의법」시행령에 따르면, 내부시설의 계단실 출입문에는 장애인 등의 출입이 가능한 출입구(문)을 설치해야 하지만, 계단은 대부분 휠체어 이용자 외에 다른 장애인이 이용할 가능성이 높은 경우, 계단실 출입문 옆 0.6m 이상의 활동공간에 한하여 해당 규정을 제외할 수 있음.

- 건축허가 시 이미 계단실 출입문의 측면 활동공간을 적용한 대상시설이나 해당 지침 이후 사용승인을 신청한 대상시설도, 기준 적합성 확인 시에는 활동공간에 한하여 적용 의무 사항에서 제외 가능.

Q20. 층 기준에는 '일반'출입문에 대한 단차, 유효폭 등의 기준이 있습니다. 그러나 '일반'출입문의 정의나 기준은 명확하지 않습니다. 전화부스와 같은 실내 설치물에도 해당되는지 여부는 불분명합니다. 기준을 모두 충족시키기 위해서는 해당 제품이 시중에 거의 없을 수도 있습니다. 폭, 경사로, 활동공간 확보, 점자표지판 등을 모두 충족해야 하는지 여부도 불분명합니다.

- 항목 일반출입문의 평가목적에는 장애인, 노인 및 임산부 등 다양한 이용자가 문을 출입하는데 어려움이 없도록 함에 있습니다. 이에, 전화부스 등이 실로서 계획이 된다면, 2.1항목 기준으로 적용되는 것이 바람직합니다.

Q21. 초등학교 신축건물의 BF인증관련 장애인 화장실 : 1~3층 (각층)에 적용 됨 (자동문)에 대한 문의입니다.

- 장애인 화장실 출입구가 자동문으로 설치시, 화재, 또는 정전시 소방 수신기와 연동하여 개방되는 구조가 되어야 하는지 여부
- 로비 등의 주출입구가 자동문으로 설치시, 화재, 또는 정전시 소방 수신기와 연동하여 개방되는 구조가 되어야 하는지 여부

- 피난 및 안내설비에 대해서는 건축물 인증에서 별도의 평가 항목이 있으나, 주로 이용자가 비상시를 안내 받기 위한 설비가 연속적으로 설치되어있는지 혹은 어떻게 피난해야 하는지 하는지를 평가하고 있습니다.

- 로비 등의 주출입구, 장애인 화장실에 설치된 자동문은 비상시 개방되는 구조로 설치하는 것은 인증 기준 및 장애인등편의법에서 별도의 기준이 없으나, 이용 등을 고려하여 검토하는 것이 바람직할 것으로 사료됩니다. 다만 이에 대한 규정은 법령 및 기준 관할기관인 보건복지부 및 소방청 등에 기준 제안이 필요할 것으로 판단됩니다.

Q22. BF 인증이 완료된 건물에 이중문을 추가로 설치할 수 있을까요?

- 현재 스튜디오 운영 중이며 소음 차단에 대한 불편사항들이 생겨 이중문을 추가 설치하고자 하여 이중문 추가 설치가 가능한지?
- 이중문 설치(하나는 안으로 열리고, 하나는 바깥으로 열리는) 바깥(복도)로 열리는 이중문을 설치하고자 하는데, 열었을 때 복도에 남는 공간이 있어야 하는지?

- 건축물 인증 지표 2.1 항목 내부시설-일반출입문에 따라서, 문의 전면 유효거리는 1.2m이상 확보되어야 합니다. 방음문으로 교체할 경우에는 출입문의 통과유효폭이 0.9m이상 등 기준에 적합하게 확보 되어야 합니다. 다만, 해당 사진만으로는 현장 상황을 명확하게 확인하기 어렵습니다. 이에 해당 시설의 인증을 교부한 인증기관 담당자와 협의하여 추후 본인증 시 문제가 없도록 하여 주시기 바랍니다.

Q23. 해당 하향식 피난구는 지상1층 피난구로 연결되어 1층에서 외부로 피난합니다. 인증 기준에 피난용도의 피난구 방화문에 대한 출입유효폭에 대한 기준이 있는지 있다면 다른 내부시설의 출입문과 동일한 통과유효폭을 확보하면 될지 질의드립니다.

- 건축물 인증지표에는 피난 출입문에 대해서는 별도의 기준을 구분하지 않았으며, 가급적 2.1 내부시설-일반출입문 항목에 따른 기준을 준수하여야 합니다.

Q24. 스피드게이트웨이 설치시 BF인증 가능한 유효 오픈 넓이와 태그 설치 높이를 알고 싶습니다.

- B건축물에 설치되는 보안 스피드 게이트는 2.1.2 일반출입문 – 유효폭 항목을 적용하며, 장애인 및 노약자 등이 출입하는데 어려움이 없도록 1개소 이상의 유효폭을 0.9m이상 확보하여야 합니다.

- 여객시설에 설치되는 개찰구는 5.2.2 개찰구 – 통과유효폭 항목을 적용하며, 장애인 및 노약자 등이 출입하는데 어려움이 없도록 1개소 이상의 유효폭을 0.8m이상 확보하여야 합니다. 이에 개찰구 통과를 위한 교통 태그의 높이는 규정되어 있지는 않으나, 휠체어 이용자의 이용 편의를 위해 상단보다 전면 및 경사면 0.8~0.9m에 설치하는 것이 바람직할 것으로 판단됩니다.

우리나라의 승강기 사용량은 인구 밀도가 높고 고층 건물이 많아지면서 급증하고 있다. 이에 따라, 승강기의 안전과 접근성을 보장하기 위한 법적 규제가 강화되었다. 2019년 3월 28일부터 시행된 개정 '승강기 안전관리법'은 승강기의 정기적인 검사, 부품의 안전 인증, 검사자의 자격 요건 등을 엄격히 규정하고 있다. 이는 승강기가 일상생활에서 필수적인 이동수단으로 자리 잡았기 때문에, 그 사용의 안전을 최우선으로 고려하는 것이다.

또한, '장애인등편의법'은 승강기의 구조와 기능을 개선하여 장애인을 포함한 모든 사용자가 편리하게 이용할 수 있도록 규정하고 있다. 하지만, 현재의 BF인증 평가항목은 주로 이미 제작된 장애인용 승강기에 초점을 맞추고 있어, 이는 소극적인 평가라는 비판을 받고 있다. 승강기 제조 및 설치 과정에서 더욱 적극적이고 혁신적인 접근이 필요하며, 사용자의 다양한 필요와 안전을 최우선으로 고려해야 한다.

전면활동공간

통과 유효폭

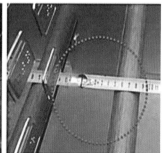
내부난간대

외부 조작설비 높이

내부 조작설비 크기

점멸등 및 음향안내

건축물 내부시설 BF인증 승강기 주요 평가항목

평가항목	구분	배점	평가 및 배점기준
2.5.1 앞면 활동공간	최우수	2.0	앞면에 1.5m×1.5m 이상의 활동공간 확보
	우수	1.6	앞면에 1.4m×1.4m 이상의 활동공간 확보)
2.5.2 통과 유효폭	최우수	2.0	우수의 조건을 만족하며, 통과 유효폭 1.2m 이상
	우수	1.6	일반의 조건을 만족하며, 통과 유효폭 1.0m 이상
	일반	1.4	통과 유효폭 0.8m 이상, 승강장바닥과 승강기바닥의 틈은 3cm 이하, 되열림 장치를 설치
2.5.3 유효 바닥면적	최우수	2.0	폭 1.6m 이상, 깊이 1.4m 이상
	우수	1.6	폭 1.6m 이상, 깊이 1.35m 이상
2.5.4 이용자 조작 설비	외부 조작설비	최우수	1.0	우수의 조건을 만족하며, 성인 및 시각장애인용(1.5m, 점자표시 포함), 어린이와 휠체어사용자용(0.85m±5cm)으로 구분하여 설치하고, 버튼의 크기는 최소 2cm 이상으로 함
		우수	0.8	일반의 조건을 만족하며, 양각 형태의 버튼식을 설치하고, 버튼을 누르 면 표시등이 켜짐
		일반	0.7	설치 높이 0.8m~1.2m, 점자표지판 부착, 조작버튼 앞면 0.3m 전방 에 점형블록 설치
	내부 가로 조작설비	최우수	1.0	우수의 조건을 만족하며, 밑면이 25° 정도 들어 올려지거나 손잡이에 연결하여 설치된 형태
		우수	0.8	양각 형태의 버튼식을 설치하고, 버튼을 누르면 점멸등이 켜지고 음성 으로 층수를 안내함. 버튼 크기는 최소 2cm 이상으로 함 설치높이 0.85m 내외로 점자표지판 부착하고 내부 모서리로부터 최소 0.4m 떨어져서 설치
	내부 세로 조작설비	최우수	1.0	우수의 조건을 만족하며, 버튼의 크기는 최소 2cm 이상으로 함
		우수	0.8	양각 형태의 버튼식을 설치하고, 버튼을 누르면 점멸등이 켜지고 음성 으로 층수를 안내함. 버튼 크기는 최소 2cm 이상으로 함 설치 높이 1.5m의 범위 내 설치, 점자표지판 부착
2.5.5 시각 및 청각장애인 안내장치	최우수	2.0	승강장에 승강기 도착 여부를 점멸등과 음성으로 안내하고, 승강기의 내부에는 승강기의 운행상황, 도착 층을 표시하는 표시등 및 음성으로 안내
	우수	1.6	승강장에 승강기 도착 여부를 점멸등과 음향으로 안내하고, 승강기의 내부에는 승강기의 운행상황, 도착 층을 표시하는 표시등 및 음성으로 안내
2.5.6 수평손잡이	최우수	2.0	우수의 조건을 만족하며, 차갑거나 미끄럽지 않은 재질을 사용
	우수	1.6	수평손잡이가 높이 0.85m±5cm, 지름 3.2cm~3.8cm로 벽과 손잡이 간격 5cm 내외로 설치
2.5.7 점형블록	최우수	2.0	승강기 버튼앞 바닥에 표준형 점형블록 설치
	우수	1.6	승강기 버튼앞 바닥 재질 변화를 통한 경고표시 설치

건축물 내부시설 승강기 BF인증 항목별 평가 및 배점기준

승강기의 BF인증 평가항목은 현재 주로 이미 제작된 장애인용 승강기에 초점을 맞추고 있어, 이에 대한 비판이 제기되고 있다. 이는 승강기 시장에서 소극적인 평가 방식이라는 인식을 낳고 있으며, 승용차 구매 과정과 유사하게, 사용자가 제한된 선택지 중에서만 선택해야 하는 상황을 만들고 있다. 이러한 접근 방식은 승강기 제조 및 설치 과정에서 더욱 적극적이고 혁신적인 접근을 요구하며, 사용자의 다양한 필요와 안전을 최우선으로 고려해야 한다는 점을 강조한다.

승강기 구매 시, 사용자는 문의 폭, 내부 좌석의 크기, 조작 버튼의 크기, 스피커 장치, 핸들의 굵기 등 구체적인 설치기준을 개별적으로 정할 수 없다. 대신, 승강기 회사가 제공하는 모델 중에서 선택하고, 일부 옵션을 추가하여 구매하는 방식이 일반적이다. 특히 공공건물에서는 중소기업 보호를 위해 정부가 제공하는 자재를 사용하며, 이는 주로 이미 제작된 장애인용 승강기 제품 중에서 선택해야 하는 경우가 많다.

이러한 현실은 승강기 BF인증 평가의 한계를 드러내며, 승강기를 구매하기 전에 특기시방서를 통해 설계 옵션 품목과 기본 품목을 명확히 구분하고, 가능한 제품을 선택하는 것이 중요하다. 또한, 안전하고 사용하기 편리한 승강기를 설계하기 위해서는 내부 편의시설 평가기준 외에도 다른 조건들을 잘 파악하고 설계에 반영해야 한다. 이는 승강기가 모든 사용자에게 편리하고 안전하게 제공될 수 있도록 하는 데 필수적인 과정이다.

- ✓ 승강기 대기 공간에 비와 눈 보호를 위한 처마 지붕이 필요
- ✓ 지하층과 지붕 층을 연결하는 승강기 대기 공간에 방풍실 설치로 편의성 개선
- ✓ 장애인 주차장부터 승강기까지 연속적인 유도 안내판 설치가 필요
- ✓ 비상 버튼 작동 시 즉각 대응 가능한 시설 연결 여부를 확인
- ✓ 승강기 인접 계단실에 전동휠체어 속도 제어를 위한 안전시설 설치가 필요
- ✓ 화재 시 승강기가 안전하게 탈출할 수 있도록 근접 층으로 이동하는 구조가 있는지 확인

우리나라에는 약 70만 대의 승강기가 있으며, 매년 3만 대가 새로 설치된다. 승강기는 중요한 편의시설이지만, 사용자의 편의를 충분히 반영하지 않은 현재의 BF인증 평가 항목은 개선이 필요하다. 실제 이용자의 경험을 반영한 새로운 평가 기준을 개발하여 모든 사용자가 안전하고 편리하게 승강기를 이용할 수 있도록 해야 한다.

● 장애인용 승강기 ■ CS업무 질의 ■ BF인증 질의

[CS처리지침 : 보건복지부,장애인권익지원과. BF인증업무 : 한국장애인개발원]

Q1. 장애인등편의법 시행령 [별표1] 편의시설 설치 대상시설에 포함된 기존 시설에 장애인용 승강기만 추가로 설치하여 증축 또는 대수선이 발생한 경우, 건축행위 발생으로 판단하여 장애인용 승강기 외 시행령 [별표2] 대상시설별 편의시설의 종류 및 설치기준에 따른 편의시설을 모두 설치하여야 하는지 여부?

- 장애인등편의법 제9조(시설주등의 의무)에 의하여 증축 등 건축행위가 발생한 건축물은 관련 법규에 맞도록 편의시설을 설치하여야 하는 것이 원칙적으로 타당함

- 다만 위의 처리지침 제2호(동일 건축물 내 복수 용도의 구분소유자에 의한 용도변경 시 편의시설 설치대상 여부) 에서 언급한 바와 같이, 승강기 설치를 이유로 모든 편의시설을 구비하도록 하는 것은 '비례의 원칙' 에 반하는 과도한 의무 부과로 판단될 수 있는 측면 또한 존재함
 - 장애인 등의 이동편의 제고를 위해 승강설비를 설치하고자 하나, 이에 수반되는 의무가 너무 커진다면 오히려 승강설비 설치를 제한하는 결과를 초래할 가능성이 있음

- 따라서 장애인 등의 이동편의를 위해 승강설비를 설치하고자 할 경우, 그 승강설비에 이르는 매개시설 및 장애인등편의법 시행규칙 (별표 1-9) 에서 규정하고 있는 시설기준을 충족하는 수준에서 편의시설 설치 의무를 적용

Q2. 현행 장애인등편의법에 따른 장애인용 승강기 세부기준상에는 운행 방식에 대한 구체적인 기준이 마련되어 있지 않아서 장애인용 승강기를 군관리 방식으로 운행할 때 허용 가능한 적용범위에 대한 지침 필요?

- 장애인등편의법에는 장애인용 승강기의 설치기준을 명시되어 있으나, 운행 방식에 대한 세부 기준은 마련되어 있지 않음

- 따라서 장애인용 승강기를 이용하여 대상시설의 전 층에 접근(환승을 통한 접근 포함)이 가능하다면 운행방식 (저층·고층/군관리/홀수·짝수 운행 등)은 별도로 제한하지 않음

※ 운행원칙
· 장애인용 승강기는 원칙적으로 전 층 운행이 가능하여야 함
· 같은 승강기 홀 내에 소재하는 장애인용 승강기끼리의 군 관리는 가능
· 일반용과 장애인용을 묶는군 관리는 불가

※ 운행방법 예시
· 하나의 홀에 장애인용 승강기만 1대인 경우 : 전 층 운행 필요
· 하나의 홀에 일반용 1대, 장애인용 1대가 있는 경우 : 장애인용은 전 층 운행
· 하나의 홀에 일반용 3대, 장애인용 1대가 있는 경우 : 장애인용은 전 층 운행
· 하나의 홀에 일반용 2대, 장애인용 2대가 있는 경우 : 장애인용끼리 군 관리 가능
· 하나의 홀에 일반용 3대, 장애인용 3대가 있는 경우 : 장애인용끼리 군 관리 가능
 - 단, 하나의 홀에 장애인용끼리 군 관리는 3대까지만 가능함을 유의

Q3. 소규모 건축물로 가로형조작반 내부에 포함된 층수 버튼의 개수가 작아서 가로 방향으로 한 줄만 있는 경우와 (초)고층 건축물로 가로형조작반 내부에 포함된 층수 버튼의 개수가 많아서 가로방향으로 여러 줄이 있는 경우와 설치기준 높이에 대한 혼선 발생?

- 장애인등편의법 시행규칙 [별표1] 9. 다. (1)과 (2)의 설치기준이 상충 되는바, 가로형 조작반 내부에 포함된 층수 버튼의 개수가 많아서 여러 줄로 설치되는 경우는 바닥 면으로부터 0.8m 이상 1.2m 이하에 설치하도록 함.

Q4. 장애인용승강기 기타설비 중 승강장에 승강기의 도착 여부를 표시하는 점멸등과 음향신호 장치 설치의 대체 가능 여부?

- 승강장의 도착 여부를 표시하는 점멸등은 청각장애인에게 도착 여부를 전달하기 위함이므로 층수 표시 현황판이 설치된 경우 대체 가능함

- 또한, 음향 신호장치 역시 시각장애인에게 도착 여부를 전달하기 위함이므로 승강장에 별도의 스피커를 설치하지 않더라도 승강기 내부에서 도착을 알리는 소리가 승강장에서 들리는 경우 허용 가능함

Q5. Ten-Key (0-9번) 호출 방식의 적용가능 여부?

- 시각장애인이 사용 가능하도록 음성서비스(버튼을 누를 때 음성으로 번호를 알려주는 방식) 등을 제공할 경우 Ten-Key (0~9번) 호출방식이 설치가 가능하며, 키보드 숫자 배열방식보다는 전화 다이얼 배열방식을 권장함
  또한, 번호를 잘못 누를 경우를 대비해 정정·취소 버튼이 있어야 하며, 다른 방식의 호출 방식에도 수정 기능이 있어야 함. 또한 모든 Ten-Key 버튼에 점자표시가 필요함

Q6. 규칙 별표1(장애인승강기)에 '가로조작반은 바닥 면으로부터 0.85m 내외에 설치, 손잡이는 0.8~0.9m 사이에 연속하여 설치'하도록 규정되어 있어 일부 충돌 발생?

- 가로조작반의 높이
  가로조작반의 설치 높이 0.85m 내외는, 조작반 내부 버튼 중 가장 하단에 위치한 버튼의 하부를 기준으로함 (이 지침 이전에 진행 중인 적합성 확인 건들에 대해서는 장애인편의시설 표준상세도(2011.10)에 따라 설치된 가로조작반의 높이를 인정)

- 핸드레일 설치
  핸드레일은 0.8~0.9m 사이에 별표1 제7호 복도손잡이 규정을 적용하여 설치하되, 가로조작반과 중첩될 경우 중첩되는 부분은 손잡이를 설치하지 않을 수 있도록 함

Q7. 승강기 투 터치버튼의 적정 여부(층 선택 후 더블클릭 후 취소가 되는 형태)?

- 누르는 횟수, 즉 한번 또는 두번에 대한 기준은 없으므로 두 번 누르는 것이 장애인등편의법에 위배되지 않음.

Q8. 두 대 이상의 장애인용 승강기를 환승하여 전층 이동에 대한 가능 여부?

- 장애인용 승강기에 대한 설치기준만 있을 뿐 운영에 대한 기준은 없음. 따라서 장애인용 승강기가 2대 이상이며 각각이 모든 층을 운행하지는 않지만, 환승을 통해 장애인등이 해당시설의 모든 층으로 이동이 가능하다면 장애인등편의법에 위배되지 않음

Q9. 장애인승강기 휠체어사용자 가로조작반을 출입구쪽에 붙여서 설치 시 떨어져 설치 하는 것에 대한 강제 여부?

- 가로조작반의 설치위치는 높이에 대한 기준만 있을 뿐 가로방향에 대한 설치위치는 없으므로 강제할 수 없으며, 장애인편의시설 표준상세도에 근거하여 400이상 떨어져 설치하는 것을 권장할 수 있음

Q10. 공용공간인 승강기 홀에 설치되는 승강기는 일반 승강기만을 설치하고 별도 공간에 위치한 비상용 승강기를 장애인용으로 설치 시 적정 여부?

- 해당 용도에 설치된 승강기가 상시 운행되고 설치기준에 적정하게 설치되어 있다면 장애인등편의법에 위배되지 않음. 다만, 승강기의 위치 안내 표지의 설치를 권장할 수 있음

Q11. 승강기 앞면 활동공간 1.4×1.4m 미확보 시 처리 여부?

- 승강기 앞면 활동공간 1.4×1.4m 범위에 문이 모두 포함되어 있다면 가능

Q12. 장애인승강기 휠체어사용자 가로조작반을 출입구쪽에 붙여서 설치 시 떨어져 설치 하는 것에 대한 강제 여부?

- 가로조작반의 설치위치는 높이에 대한 기준만 있을 뿐 가로방향에 대한 설치위치는 없으므로 강제할 수 없으며, 장애인편의시설 표준상세도에 근거하여 400이상 떨어져 설치하는 것을 권장할 수 있음

Q13. 세로조작반의 높이기준을 '장애인등편의법'의 승강기의 조작반 설치기준에 따른 모든 스위치 높이를 0.8m 이상 1.2m 이하로 설치하는 규정의 적용 여부?

- 승강기 내부에 설치되는 세로형 조작반의 경우 건축물의 규모에 따라 설치높이를 제한하기 어려운 경우가 발생하므로 스위치 높이 제한 적용 범위에 포함하지 않음

Q14. 승강기 외부버튼 아래 설치되는 점형블록의 설치방법?

- 점형블록은 버튼 기준 30 cm 앞면에 설치
- 승강기 외부에 설치되는 점형블록은 2장을 원칙으로 함
- 점형블록 설치 시 승강기 출입문 쪽으로 돌출되지 않도록 설치
- 기존건물 등에 2장 설치 시 돌출될 수 밖에 없는 구조일 경우
  (점형블록의 일부 돌출 시 : 돌출이 되어도 2장 설치, 1장이 완전히 승강기 문으로 돌출되어 있는 경우 : 버튼 아래 1장만 설치)

Q15. 기존건물에 장애인승강기만 증축할 경우 해당시설에 대한 편의시설 적용 여부?

- (증축시) 해당지자체에 건축(증축)신고로 접수된 건으로서 건축과에서 대상 행위에 대하여 '증축'으로 건축 구분한 사안인바, 장애인등편의법상 증축은 시행령 제5조 대상시설의 변경에 해당한다. 따라서 기존시설의 해당용도 및 면적검토를 통한 대상여부 확인 후 용도기준에 맞게 편의시설을 설치하여야 한다.

- (대수선시) 대수선으로 접수 시 대상시설의 용도 및 면적검토를 통한 대상여부 확인 후 용도기준에 맞게 편의시설을 설치하여야 한다.

- (공통사항) 다만, 기존시설로서 편의시설 설치가 곤란할 경우 장애인등편의법 제15조 (적용의 완화)절차에 따라 처리

Q16. 공동주택에 설치하는 장애인용 승강장이 건축물의 바닥면적에 산입되지 않는 시설에 해당하는지?
(건축법시행령 119조제3호차목), (장애인등편의법 시행령 별표2의 기준)

- 장애인등편의법 시행령 별표 2 제3호가목(6) 및 같은 표 제4호가목(6)에서는 공공건물 및 공중이용시설의 경우에 "장애인등의 통행이 가능한 계단, 장애인용 승강기, 장애인용 에스컬레이터, 휠체어리프트, 경사로 또는 승강장"을 설치하도록 하여 승강장을 장애인 등의 편의시설로 규정하고 있으며, 공동주택의 경우에는 장애인 등의 통행이 가능한 계단, 장애인용 승강기, 장애인용 에스컬레이터, 휠체어리프트 또는 경사로를 설치하도록 하고 있을 뿐 승강장에 대하여는 규정하고 있지 않음

- 장애인등편의법 시행령 별표 2 제3호가목(6)(라)에서는 공공건물 및 공중이용시설의 경우 교통시설의 승강장을 장애인등이 안전하게 승하차할 수 있도록 기울기, 바닥의 재질 및 마감과 차량과의 간격 등을 고려하여 설치하도록 규정하고 있는바, 건축법 시행령제119조제1항제3호차목에 따라 건축물의 바닥면적에 산입되지 않는 승강장은 장애인 등이 교통시설 등을 편리하게 이용할 수 있는 형태로 설치된 승강장을 의미하는 것이므로, 단순히 승강기의 탑승 등을 위한 공간은 이를 장애인등편의법 시행령에서 규정하고 있는 장애인 등의 편의시설로서의 승강장으로 볼 수는 없음

- 따라서, 건축법 시행령 제1 19조제1항제3호차목에 따라 건축물의 바닥면적을 산정하는 경우. 공동주택의 장애인용 승강기의 탑승등을 위한 공간은 승강장에 해당하지 않아 건축물의 바닥면적의 산입에서 제외되지 않는다고 할 것임

- 건축법에서 장애인 시설을 바닥면적에서 제외하는 경우(장애인등편의법 시행령 별표2의 기준)
  장애인용 승강기, 장애인용 에스컬레이터, 장애인 휠체어리프트, 장애인용 경사로
  해당시설 : 공공건물 및 공중이용시설, 공동주택, 그 밖의 시설

Q17. 장애인용 승강기 비해당 시설에 장애인용 승강기 설치시 건축법 119조에 따른 면적 완화에 대한 적합성 확인 대상 여부?

- 건축법 119조는 장애인편의서설 기준 적합성 확인업무 대행의 업무 범위가 아님. 따라서 장애인용 승강기가 의무가 아니거나 비해당시설에 기준에 맞지 않은 장애인용 승강기가 설치되어도 적합성 업무에 반영하여 해당시설의 인허가에 영향을 줄 수 없음

- 다만 해당 부서인 건축과에 해당 내용을 전달 등을 통해 건축과에서 119조의 완화에 대해 적정한 판단을 할 수 있도록 함

Q18. 장애인용 승강기의 전면 활동공간 위치?

- 「장애인등편의법」시행규칙 [별표1] 제9호 가목 (2항)에 따르면 승강기의 전면에는 1.4m × 1.4m 이상의 활동공간을 확보하여야 함. 이때 승강기 전면의 활동공간은 승강기를 타고 내리거나 호출버튼을 누르고 대기하는 공간을 의미하므로 1.4m × 1.4m 이상의 활동공간은 승강기 호출버튼이 설치되어 있는 벽면에 인접해야 함. 만약, 기존 건축물에 편의시설 세부기준에 적합한 시설을 설치하기가 곤란한 경우 「장애인등편의법」제15조 제1항에 따라 세부기준을 완화한 별도의 기준을 정하고 시설주관기관의 승인을 받아 편의시설을 설치할 수 있음을 알림.

Q19. 한국장애인개발원에 등재 된 2018. 8. 3. 이후 'BF 인증제도 건축물 자체평가서' 중 3페이지에 '파출소, 지구대, 보건지소 및 보건진료소 등 2층으로 된 건축물로서 1층만이 불특정 다수가 이용하는 것이 명백한 경우, 승강기 및 경사로를 평가에서 제외할 수 있다.' 라는 의미는?

- 파출소, 지구대, 보건지소 및 보건진료소 외의 2층으로된 건축물로서 1층만이 불특정 다수가 이용하는 경우는 인증 신청 후 인증심사 및 심의위원회 결과를 통해 확인할 수 있을 것으로 사료됩니다.

Q20. 승강기 2대가 설치된 상황에서 한 승강기 우측 벽이 좁아 조작버튼과 점자블록 설치가 어려울 때, 두 승강기 사이에 조작버튼 1개와 점자블록을 설치하는 것이 가능한지 문의합니다.

- 승강기 외부조작버튼 및 점형블록은 우측에 설치하는 것이 바람직합니다. 문의 주신것과 같이 승강기 사이에 1개소 조작버튼을 설치하고 전면에 점형블록 설치 가능 여부는 심사 및 심위원회에서 논의할 필요가 있습니다.

Q21. 어린이집 공사 중 BF인증과 관련하여, 건물 층수와 상관없이 승강기 설치가 필수인지, 관련 규정 위치, 그리고 승강기 미설치 시 인증 불가 여부에 대해 질의한 내용입니다.

- 보건복지부고시(제2015-141호) 장애물 없는 생활환경(BF) 인증심사기준 및 수수료기준 등 [별표5]건축물 인증지표(제2조 관련)을 참조하시면 승강기 또는 경사로를 제외할 수 있는 경우에 대해서는 파출소, 지구대, 보건지소 및 보건진료소 등 2층으로된 건축물로서 1층만이 불특정다수가 이용하는 것이 명백한 경우라고 정의하고 있습니다.
- ※ 파출소, 지구대, 보건지소 및 보건진료소 등 2층으로된 건축물로서 1층만이 불특정다수가 이용하는 것이 명백한 경우, 승강기 및 경사로를 평가에서 제외할 수 있다.

Q22. 옥상 및 지하층은 태양광 패널, 물탱크실, 기계실등 건물 관리자만 이용이 가는 형태이며 옥상 및 지하층까지 승강기는 설치되지 않고 계단만 설치되어 있어도 인증이 가능한지 문의합니다.

- 건축물 인증 2.3항목에 따라, 계단 전체는 기준에 적합하게 설치되어야 합니다. 지하층·옥탑층이 관리자 동선일 경우 일부 항목에 대해서는 심사 및 심의위원회에서 평가 범위가 조정이 될 수 있음을 안내 드립니다. 다만 옥상층의 경우 증축 계획을 고려하여 기준에 적합하게 설치하는 것을 권고하고 있습니다.

Q23. 2022년 12월 BF본인증 받은 신축 건물(공공기관 소유)로 장애인주차구역에서 1층 내부로 들어올 경우 단차가 있어 경사로가 설치되어 있습니다. 공간이 협소하여 경사로를 계단 겸용리프트(유니버설 디자인 휠체어 리프트/미승강기, 근로복지공단 재활공학연구소 자체성능평가 적합 시험성적서 있음)로 변경하고자 합니다. 이 경우 기 받은 인증기준에 적합한지, 변경해도 BF 인증 유지에 문제가 없는지 문의합니다.

- 장애물 없는 생활환경 건축물 인증에서 1.2.1항목에 따라 장애인전용주차구역에서 출입구까지 경로는 경사로를 이용하여 접근하거나 단차 없이 수평으로 접근하도록 하여야 합니다.
  장애물 없는 생활환경 인증제도에선 수직형 리프트의 경우 관리상의 문제(사고 위험으로 인하여 운행을 제한하거나 관리자 도움을 받아야만 이용 가능 등) 등으로 인하여 설치를 지양하고 있습니다.
  해당시설의 인증을 교부한 인증기관과 협의하여 추후 사후관리에서 문제가 없도록 하여 주시기 바랍니다.

장애인등편의법시행규칙(제2조제1항관련) [별표 1] 편의시설의 구조·재질 등에 관한 세부기준 해석

화장실 사용은 모든 사람의 기본적인 권리이며, 이는 일반인과 장애인 모두에게 해당된다. 장애인 화장실은 '장애인등편의법'에 따라 다양한 장애 유형의 필요를 충족할 수 있도록 세심하게 설계되어야 한다. 이 법은 장애인 화장실이 실제로 편리하게 사용될 수 있도록 보장하며, 장애인의 권리와 존엄성을 존중하는 것을 목표로 한다.

이러한 조치는 모든 사람이 평등하게 사회적 서비스를 이용할 수 있는 포괄적이고 배려 깊은 사회를 만드는 데 중요하다. 따라서, 우리 사회는 장애인 화장실의 표준을 지속적으로 개선하며, 모든 사람의 권리가 존중받는 환경을 조성해야 한다.

❶ 일반사항

① 설치장소
· 장애인 등의 접근이 가능한 통로에 연결하여 설치
· 장애인용 변기와 세면대는 출입구(문)와 가까운 위치에 설치

② 재질과 마감
· 화장실의 바닥 면에는 높이 차이를 두어서는 아니 되며, 바닥 표면은 물에 젖어도 미끄러지지 아니하는 재질로 마감
· 화장실(장애인용 변기·세면대가 설치된 화장실이 일반화장실과 별도로 설치된 경우에는 일반화장실을 말한다.)의 0.3m 앞면에는 점형블록을 설치하거나 시각장애인이 감지할 수 있도록 바닥재의 질감 등을 달리하여야 한다.

③ 기타 설비
· 화장실의 출입구(문)옆 벽면의 1.5m 높이에는 남자용과 여자용을 구별할 수 있는 점자표지판을 부착하고, 출입구(문)의 통과유효폭은 0.9m 이상으로 하여야 한다.
▷ 시각장애인은 장애인용화장실이 아닌 일반화장실 이용이 훨씬 편리하므로 일반화장실과 독립적인 장애인용화장실이 분리되어 있을 때는 일반화장실에 점자표지판 하부에만 점형블록 2장을 설치한다. 하지만 장애인용화장실과 혼용으로 설치

되었을 때 일반화장실 쪽에 점자표지판을 부착하고, 복잡한 화장실은 화장실 입구에 촉지도식 안내표지판을 설치할 수 있다.

· 세정장치·수도꼭지 등은 광감지식·누름 버튼식·레버식 등 사용하기 쉬운 형태로 설치하여야 한다.

· 장애인복지시설은 시각장애인이 화장실의 위치를 쉽게 알 수 있게 하려고 안내표시와 함께 음성 유도장치를 설치하여야 한다.

④ BF인증 평가항목

BF인증 평가항목	장애물 없는 생활환경 인증		
	최우수	우수	일반
3.1.1 장애유형별 대응 방법	1층에 설치되고 전체층수의 50% 이상 설치	1층에 설치되고 전체층수의 30% 이상 설치	남자용과 여자용 각 1개 이상 설치
3.1.2 안내표지판	화장실 내부의 위치 및 기능을 안내할 수 있는 촉지도식 안내표지가 있음	문옆 1.5m 높이의 점자표기, 0.3m 앞면에 점형블록 설치	문옆 1.5m 높이의 점자표기, 0.3m 앞면에 바닥 재질 변화 표시
3.2.1 유효폭 및 단차	1.5m 이상 통로폭 확보	1.2m 이상 통로폭 확보	0.9m 이상 통로폭 확보
	전혀 단차 없음	단차가 있으며, 기울기 1:18(5.56%/3.18°) 이하의 경사로 설치	단차가 있으며, 기울기 1:12(8.33%/4.76°) 이하의 경사로 설치
3.2.2 바닥마감	우수만족, 걸려 넘어질 염려가 없는 타일이나 판석마감인 경우로 줄눈이 0.5cm 이하	물이 묻어도 미끄럽지 않은 타일 혹은 판석마감인 경우로 줄눈이 1cm 이하	
3.2.3 출입구(문)	우수의 조건을 만족하며, 출입구(문) 유효폭 1.2m 이상	일반의 조건을 만족하며, 출입구(문) 유효폭 1.0m 이상	유효폭 0.9m 이상의 여닫이, 미닫이 등의 출입문 형태

장애인이 이용 가능한 화장실 BF인증 세부평가항목

– 다목적화장실(가족화장실)을 설치한 경우에는 심사단의 가산 평가 시 추가 배점함

※ 전체층수는 불특정 다수가 이용할 수 있는 시설이 있는 층수의 합을 말함

※ 다목적 화장실이란 남녀 구분 없이 설치하여 장애인분만 아니라 가족 혹은 보호자와 함께 사용 가능한 화장실을 말함

– 장애인복지시설은 시각장애인이 화장실의 위치를 쉽게 알 수 있게 하려고 안내표시와 함께 음성 유도장치를 설치

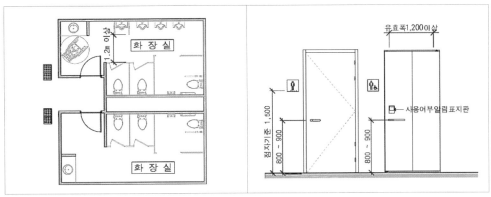

장애인 등의 이용이 가능한 화장실 / 일반사항

ⓒ 경기도 장애인편의증진기술지원센터, 경기도 장애인 등의 편의시설 매뉴얼, 2024, p70.

※ 화장실의 인지성 확보를 위한 안내표지판은 일본, 독일, 스위스, BF인증 최우수 지표에서 점자표지판 및 위치
안내표지판을 설치하여 건물 내 화장실의 위치 등을 알려주는 안내에 관한 기준을 포함하고 있다.

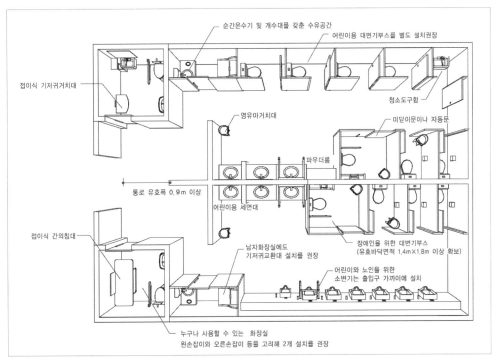

다양한 사용자를 배려하는 화장실의 예

ⓒ 경기도 건축디자인과, 경기도 유니버설디자인 가이드라인, 2011, p179.

❷ 대변기

① 활동공간

· 건물을 신축하면 대변기의 유효바닥 면적이 폭 1.6m 이상, 깊이 2.0m 이상이 되도록
설치하여야 하며, 대변기의 좌측 또는 우측에는 휠체어의 옆면 접근을 위하여

유효폭 0.75m 이상의 활동공간을 확보하여야 한다. 이 경우 대변기의 앞면에는 휠체어가 회전할 수 있도록 1.4m×1.4m 이상의 활동공간을 확보한다.

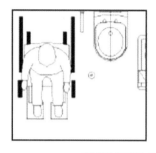  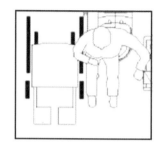

휠체어사용자가 옆면에서 변기로의 이동동선 (옆면 활동공간 0.75m 확보 이유)

· 신축이 아닌 기존시설에 설치하는 경우로서 시설의 구조 등의 이유로 위의 기준에 따라 설치하기가 어려운 때에만 유효 바닥면적이 폭 1.0m 이상, 깊이 1.8m 이상이 되도록 설치한다.

▷ 1998.04.11. ~ 2005.12.29. 행위 시 1.0m×1.8m 완화 가능

2005.12.30. ~ 2018.08.09. 행위 시 1.4m×1.8m 완화 가능

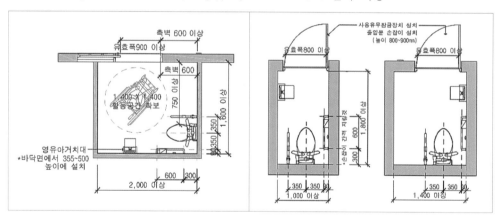

수동 미서기문 경우   신축이 아닌 기존시설에 설치하는 경우

ⓒ 경기도 장애인편의증진기술지원센터, 경기도 장애인 등의 편의시설 매뉴얼, 2024, p72.

· 출입문의 통과 유효폭은 0.9m 이상으로 하여야 한다.

· 출입문의 형태는 자동문, 미닫이문 또는 접이문 등으로 할 수 있으며, 여닫이문을 설치하면 바깥쪽으로 개폐되도록 하여야 한다. 다만, 휠체어사용자를 위하여 충분한 활동공간을 확보한 경우에는 안쪽으로 개폐되도록 할 수 있다.

② 구조

· 대변기는 등받이가 있는 양변기 형태로 하되, 바닥 부착형으로 하면 변기 앞면의

트랩 부분에 휠체어의 발판이 닿지 아니하는 형태로 하여야 한다.

· 대변기 좌대의 높이는 바닥 면으로부터 0.4m 이상 0.45m 이하로 하여야 한다.

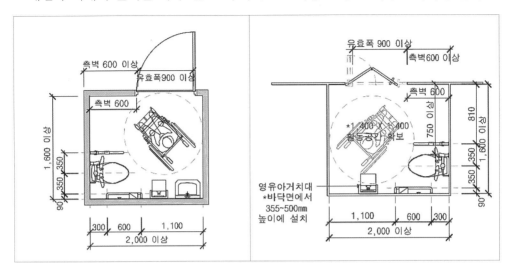

여닫이문 경우   접이식문 경우

ⓒ 경기도 장애인편의증진기술지원센터, 경기도 장애인 등의 편의시설 매뉴얼, 2024, p73.

BF인증에서 대변기 칸막이 출입문은 장애인 등 다양한 사용자가 대변기로 접근하는데 불편함이 없도록 적절한 형태 및 유효폭을 확보하도록 평가하고 있으며, 활동공간과 대변기의 형태 또한 화장실을 이용하는데 적절한 활동공간과 형태 및 설치높이를 확보하도록 평가하고 있다.

BF인증 평가항목	장애물 없는 생활환경 인증		
	최우수	우수	일반
3.3.1 칸막이 출입문	유효폭 1.0m 이상	유효폭 0.9m 이상	색상으로 사용 여부를 알 수 있음
	자동문	밖여닫이 또는 미닫이 형태	
	불이 켜지는 문자 시각설비 설치	색상과 문자로 사용 여부를 알 수 있음	
	버튼식 형태의 잠금장치를 설치	잠금장치를 설치	
3.3.2 활동공간	우수조건 만족, 대변기 유효 바닥 면적이 폭 2.0m 이상, 깊이 2.1m 이상이 되도록 설치	1.6m 이상, 깊이 2.0m 이상, 대변기 옆면 0.75m 이상. 대변기 앞면 활동공간 1.4m×1.4m 이상	
3.3.3 형태	우수의 조건을 만족하며, 비데 설치	일반조건 만족, 대변기는 벽걸이형으로 설치	양변기 설치, 좌대의 높이는 바닥 면으로부터 0.4m ~0.45m

대변기 BF인증 세부평가항목

④ 손잡이

· 대변기의 양옆에는 아래의 그림과 같이 수평 및 수직손잡이를 설치하되, 수평손잡이는 양쪽에 모두 설치하여야 하며, 수직손잡이는 한쪽에만 설치할 수 있다.

· 수평손잡이는 바닥 면으로부터 0.6m 이상 0.7m 이하의 높이에 설치하되, 한쪽 손잡이는 변기 중심에서 0.4m 이내의 지점에 고정하여 설치하여야 하며, 다른 쪽 손잡이는 0.6m 내외의 길이로 회전식으로 설치하여야 한다. 이 경우 손잡이 간의 간격은 0.7m 내외로 할 수 있다.

· 수직손잡이의 길이는 0.9m 이상으로 하되, 손잡이의 제일 아랫부분이 바닥 면으로부터 0.6m 내외의 높이에 오도록 벽에 고정하여 설치하여야 한다. 다만, 손잡이의 안전성 등 부득이한 사유로 벽에 설치하는 것이 곤란한 경우에는 바닥에 고정하여 설치하되, 손잡이의 아랫부분이 휠체어의 이동에 방해되지 아니하도록 하여야 한다.

· 장애인 등의 이용 편의를 위하여 수평손잡이와 수직손잡이는 이를 연결하여 설치할 수 있다. 이 경우 수직손잡이의 제일 아랫부분의 높이는 연결되는 수평손잡이의 높이로 한다.

· 화장실의 크기가 2m×2m 이상이면 천장에 부착된 사다리 형태의 손잡이를 설치할 수 있다.

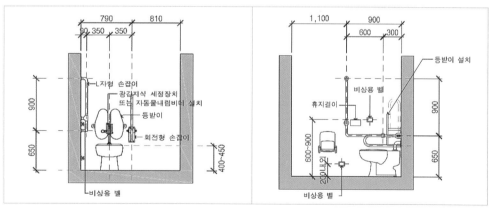

대변기 설치 정면도   대변기 설치 입면도

ⓒ 경기도 장애인편의증진기술지원센터, 경기도 장애인 등의 편의시설 매뉴얼, 2024, p74.

⑤ 기타 설비

· 세정장치·휴지걸이 등은 대변기에 앉은 상태에서 이용할 수 있는 위치에 설치한다.

· 출입문에는 화장실 사용 여부를 시각적으로 알 수 있는 설비 및 잠금장치를 갖추

어야 한다.

· 공공업무시설, 병원, 문화 및 집회시설, 장애인복지시설, 휴게소 등은 대변기 칸막이 내부에 세면기와 샤워기를 설치할 수 있다. 이 경우 세면기는 변기의 앞쪽에 최소 규모로 설치하여 대변기 칸막이 내부에서 휠체어가 회전하는 데 불편이 없도록 하여야 하며, 세면기에 연결된 샤워기를 설치하되 바닥으로부터 0.8m에서 1.2m 높이에 설치하여야 한다.

| BF인증 평가항목 | 장애물 없는 생활환경 인증 | |
	최우수	우수
3.3.4 손잡이	우수의 조건을 만족하며, 차갑거나 미끄럽지 않은 재질의 손잡이 설치	수평손잡이는 높이 0.6m~0.7m 위치에 설치 변기 중심에서 0.4m 이내의 지점에 고정하여 설치 다른 쪽 손잡이는 0.6m 길이로 회전식 설치 손잡이 간의 간격은 0.7m 내외로 설치할 수 있음 수직손잡이는 수평손잡이와 연결하여 0.9m 이상 설치 손잡이 두께는 지름 3.2cm~3.8cm 설치
3.3.5 기타설비	우수 조건을 만족하고 세정장치는 광감지식(또는 자동 물내림 장치) 및 누름 버튼(바닥 또는 벽면) 설치	대변기에 비상호출벨 및 등받이를 설치하여야 하며, 앉은 상태에서 화장지걸이 등의 기타설비가 이용할 수 있도록 설치 세정장치는 광감지식(또는 자동 물 내림 장치) 또는 바닥 및 벽면 누름 버튼 장치 설치

대변기 BF인증 세부평가항목 -2

❸ 소변기

① 구조

· 소변기는 바닥 부착형으로 할 수 있다.

▷ 지체장애인이나 시각장애인, 어린이는 바닥 부착형이 편리하다.

② 손잡이

· 소변기의 양옆에는 아래의 그림과 같이 수평 및 수직손잡이를 설치하여야 한다.

· 수평손잡이의 높이는 바닥 면으로부터 0.8m 이상 0.9m 이하, 길이는 벽면으로부터 0.55m 내외, 좌우 손잡이의 간격은 0.6m 내외로 하여야 한다.

· 수직손잡이의 높이는 바닥 면으로부터 1.1m 이상 1.2m 이하, 돌출 폭은 벽면으로부터 0.25m 내외이며, 하단부가 휠체어의 이동에 방해되지 아니하도록 하여야 한다.

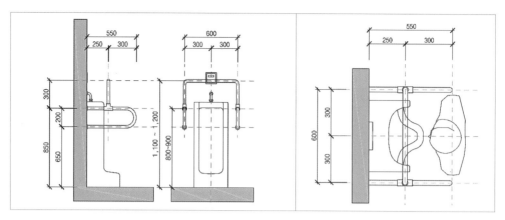

소변기 입면도   소변기 평면도

ⓒ 경기도 장애인편의증진기술지원센터, 경기도 장애인 등의 편의시설 매뉴얼, 2024, p76.

BF인증 평가항목	장애물 없는 생활환경 인증		
	최우수	우수	일반
3.4.1 소변기 형태 및 손잡이	우수의 기준을 만족하며, 손잡이의 재질이 차갑지 않은 손잡이 설치	일반의 기준을 만족하며, 바닥부착형의 소변기 설치	수평손잡이높이 0.8m~0.9m,길이는 벽면으로부터 0.55.m 좌우손잡이 간격은 0.6m, 수직손잡이 높이1.1m~1.2m, 돌출폭 벽면으로부터 0.25m 내외, 하단부가 휠체어의 이동에 방해되지 않도록 설치 손잡이 두께 지름 3.2cm~3.8cm가 되도록 설치

소변기 B.F인증 세부평가항목

❹ 세면대

① 구조

• 휠체어사용자용 세면대의 상단. 높이는 바닥 면으로부터 0.85m, 하단 높이는 0.65m 이상으로 하여야 한다.

• 세면대의 하부는 무릎 및 휠체어의 발판이 들어갈 수 있도록 하여야 한다.

② 손잡이 및 기타 설비

• 목발사용자 등 보행 곤란자를 위하여 세면대의 양옆에는 수평손잡이를 설치할 수 있다.

  ▷ 세면기 양옆에는 손잡이를 설치하되, 세면대 앞면에 가로 바 형태의 손잡이를 설치할 경우 휠체어사용자 접근이 어려울 수 있어 가로 바가 상하 이동 가능하면 유리하다.

• 수도꼭지는 냉·온수의 구분을 점자로 표시하여야 한다.

  ▷ 왼쪽은 온수, 오른쪽은 냉수 점자표시(색상포함) 수도꼭지 및 광감지식 수도꼭지는

점자표시가 필요 없다.

- 휠체어사용자용 세면대의 거울은 아래의 그림과 같이 세로길이 0.65m 이상, 하단 높이는 바닥 면으로부터 0.9m 내외로 설치할 수 있으며, 거울 상단 부분은 15도 정도 앞으로 경사지게 하거나 앞면 거울을 설치할 수 있다.

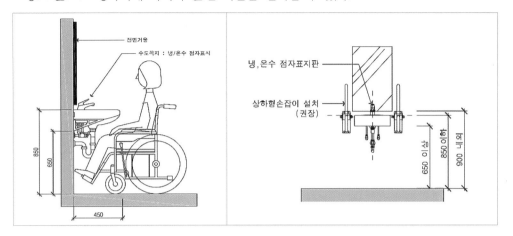

세면대 설치 측면도 　　　　　　　　 세면대 정면도

ⓒ 경기도 장애인편의증진기술지원센터, 경기도 장애인 등의 편의시설 매뉴얼, 2024, p77.

BF인증 평가항목	장애물 없는 생활환경 인증		
	최우수	우수	일반
3.5.1 형태	우수의 조건을 만족하며, 대변기 칸막이 내부에 대변기 사용에 전혀 방해되지 않는 세면대 설치	일반의 조건을 만족하며, 카운터형 혹은 단독형 세면대 설치	세면대의 상단높이는 바닥 면으로부터 0.85m 하단은 깊이0.45m, 높이 0.65m 확보
3.5.2 거울	우수의 조건을 만족하며, 앞면 거울 설치	세로길이 0.65m 이상, 하단높이가 바닥 면으로부터 0.9m 내외, 거울 상단부분이 15° 정도 앞으로 경사진 경사형 거울 설치	
3.5.3 수도꼭지	광감지식 설치	누름버튼식· 레버식 등 사용하기 쉬운 형태로 설치하며, 냉수· 온수 점자표시	

세면대 BF인증 세부평가항목

❺ 욕실

① 구조

- 욕실은 장애인등의 접근이 가능한 통로에 연결하여 설치하여야 한다.
- 출입문의 형태는 미닫이문 또는 접이문으로 할 수 있다.
- 욕조의 전면에는 휠체어를 탄 채 접근이 가능한 활동공간을 확보하여야 한다.

- 탈의실은 수납공간의 높이는 어린이나 휠체어사용자가 이용할 수 있도록 바닥면으로부터 0.4~1.2m로 설치하며, 수납공간 하부에는 무릎 및 휠체어의 발판이 들어갈 수 있도록 한다.
- 탈의실 내 벤치나 의자는 높이 0.4m 정도로 하며, 여러 명이 사용하는 탈의실의 경우에는 유효폭 1.2m의 통로를 확보하도록 한다.
- 탈의실은 여러 명이 사용하는 탈의실은 휠체어사용자가 사용할 수 있는 탈의부스를 적어도 1개소 이상 설치하며, 휠체어가 회전할 수 있도록 1.5m×1.5m 이상의 공간을 확보한다.

② 바닥
- 욕실의 바닥면높이는 탈의실의 바닥면과 동일하게 할 수 있다.
- 바닥표면은 물에 젖어도 미끄러지지 않는 재질로 마감하며, 바닥면의 기울기는 1:30 이하로 한다.
- 욕실 및 샤워실은 수증기 등으로 시야가 흐려 넘어지기 쉬우므로 탈의실의 바닥면과 동일하게 하며, 단차가 없어야 한다.

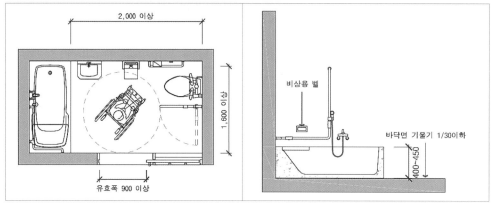

욕실 구조 평면도   욕조 바닥 단면도

ⓒ 경기도 장애인편의증진기술지원센터, 경기도 장애인 등의 편의시설 매뉴얼, 2024, p78.

③ 손잡이 및 기타설비
- 욕조주위에는 수평 및 수직손잡이를 설치할 수 있다.
- 수도꼭지는 광감지식·누름버튼식·레버식 등 사용하기 쉬운 형태로 설치 하여야 하며, 냉·온수의 구분은 점자로 표시하여야 한다.
- 샤워기는 앉은 채 손이 도달할 수 있는 위치에 레버식 등 사용하기 쉬운 형태로

설치하여야 한다.

• 욕조의 높이는 바닥면으로부터 0.4~0.45m로 하며1), 욕조의 측면에 휠체어에서 옮겨 앉을 수 있는 좌대를 욕조와 동일한 높이로 설치하도록 권장한다.

• 욕조에는 휠체어에서 옮겨 앉을 수 있는 좌대를 욕조와 동일한 높이로 설치할 수 있다.

• 욕실내에서의 비상사태에 대비하여 욕조로부터 손이 쉽게 닿는 위치에 비상용 벨을 설치하여야 한다.

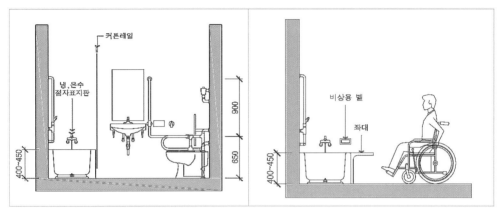

욕실 손잡이   욕조 기타설비

ⓒ 경기도 장애인편의증진기술지원센터, 경기도 장애인 등의 편의시설 매뉴얼, 2024, p79.

❻ 샤워실

① 설치장소 및 구조

• 샤워실 및 탈의실은 장애인등의 접근이 가능한 통로에 연결하여 설치하여야 한다.

• 출입문의 형태는 미닫이문 또는 접이문으로 할 수 있다.

• 샤워실(샤워부스를 포함한다)의 유효바닥면적은 0.9m×0.9m 또는 0.75m×1.3m 이상으로 하여야 한다.

• 샤워용 접이식 의자를 설치할 경우에는 바닥면으로부터 0.4~0.45m의 높이로 설치한다.

② 바닥

• 샤워실의 바닥면의 기울기는 30분의 1 이하로 하여야 한다.

• 샤워실의 바닥표면은 물에 젖어도 미끄러지지 아니하는 재질로 마감하여야 한다.

③ 손잡이 및 기타 설비

- 샤워실에는 장애인등이 신체 일부를 지지할 수 있도록 수평 또는 수직손잡이를 설치할 수 있다.
- 수도꼭지는 광감지식·누름버튼식·레버식 등 사용하기 쉬운 형태로 설치하여야 하며, 냉·온수의 구분은 점자로 표시할 수 있다.
- 샤워기는 앉은 채 손이 도달할 수 있는 위치에 레버식 등 사용하기 쉬운 형태로 설치하여야 한다.
- 샤워실에는 샤워용 접이식의자를 바닥면으로부터 0.4m 이상 0.45m 이하의 높이로 설치하여야 한다.
- 탈의실의 수납공간의 높이는 휠체어사용자가 이용할 수 있도록 바닥면으로부터 0.4m 이상 1.2m 이하로 설치하여야 하며, 그 하부는 무릎 및 휠체어의 발판이 들어갈 수 있도록 하여야 한다.

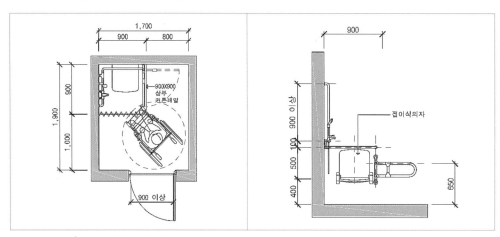

샤워실 설치장소   샤워실 손잡이

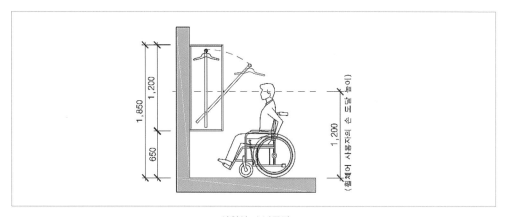

샤워실 수납공간

ⓒ 경기도 장애인편의증진기술지원센터, 경기도 장애인 등의 편의시설 매뉴얼, 2024, p80~p81.

❼ 소규모 건축물 화장실 점검하기

소규모 건축물인 파출소의 BF 본인증 과정에 참여한 경험을 통해, 큰 시설보다 인증을 받기가 더 어렵다는 것을 알게 되었다. 특히 화장실은 급하게 찾는 사람들이 많기 때문에, 휠체어사용자, 일시적장애인, 시각장애인, 어린이 동반자 등 다양한 이용자들이 쉽게 이용할 수 있도록 설계되어야 한다.

이를 위해, 주출입문에서 화장실까지 쉽게 안내할 수 있는 점자 안내판과 바닥 점형블록의 중요성을 알게 된다. 파출소의 점자블록이 미끄러움을 방지하기 위해 교체되었으며, 이를 통해 보행자의 안전이 확보되었다.

주출입문에서 화장실을 찾을 수 있는 점자안내판 바닥 점형블록 불량 교체

화장실 앞의 설치된 벽 부착형 안내판의 픽토그램이 상하 다르게 설치되어 남·여 장애인 이용 가능 화장실 ISA(International Symbol of Access) 표준으로 변경하였다.

벽부착형 안내판 (수정 전)　　　　　　벽부착형 안내판 (수정 후)

장애인화장실 출입문은 전동휠체어 등의 출입이 원활하도록 남·여 장애인 이용 가능 화장실 자동문 유효폭은 장애인등편의법 개정(2018.02.09.:0.8m이상→0.9m이상)으로 충분하였으나, 남자 화장실은 손 건조기가 보행 동선에 방해되어 위치를 이동하였다.

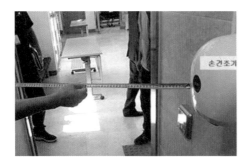

| 화장실 출입구 내부 장애물 (수정 전) | 손 건조기 위치이동 0.9m 확보 (수정 후) |

손잡이는 휠체어사용자가 변기로 옮겨 앉거나 일어날 때 필요하므로, 변기 주변에 수평과 수직으로 설치해야 한다. 이렇게 하면 다양한 상황에서 손잡이를 효과적으로 사용할 수 있으며, 손잡이는 사용자의 전체 체중을 지탱할 수 있도록 견고하게 설치되어야 한다.

손잡이의 권장 높이는 휠체어 팔걸이와 동일한 약 0.65m이며, 변기 가까이에 설치된 손잡이의 폭은 대략 0.7~0.75m 사이이다. 만약 손잡이를 2단으로 설치한다면, 하단은 0.65m, 상단은 0.85m 높이가 적절하다. 또한, 변기 양옆의 수평 손잡이는 양쪽이 동일한 높이에 설치되어야 하며, 이는 손잡이 상단부를 기준으로 한다.

| 양옆면 손잡이 높이가 다름(수정 전) | 양옆면 손잡이 높이 맞춤 (수정 후) |

고정 손잡이 벽 쪽의 점보롤 휴지걸이, 비상벨은 몸이 불편한 사람이 이용하기 어려워서 조정을 하였다.

· 점보롤 휴지걸이 위치조정

장애인 화장실 내에서 점보롤 휴지걸이의 위치는 사용자의 편의성을 크게 좌우한다. 기존에는 휴지걸이가 대변기에서 너무 멀리 뒤편에 설치되어 있어, 사용자가 앉은 상태에서 휴지를 이용하기 어려운 문제가 있다. 이를 해결하기 위해, 휴지걸이의 위치를 L자 형태의 수직손잡이에서 약 0.1~0.15m 떨어진 지점으로 조정하였으며, 이동 후의 하부 높이는 대략 1.0m 내외가 되도록 설정하였다. 이러한 조정은 사용자가 휴지를 더 쉽게 접근하고 사용할 수 있게 하기 위함이다.

또한, 점보롤 형태의 휴지걸이를 설치할 때는 그 위치와 높이를 신중하게 고려해야 한다. 특히, 휴지걸이가 화장실 내의 다른 중요한 설비, 예를 들어 상부에 위치한 비상호출 벨 버튼을 가리지 않도록 주의해야 한다. 이를 위해 휴지걸이와 비상호출 벨의 위치를 연계하여 조정하였으며, 휴지가 수직손잡이 측으로 쉽게 내려올 수 있도록 거치하는 방식을 채택하였다.

이러한 조치는 벽체에 부착되는 설비들의 설치기준을 'L자 수직손잡이 → 휴지걸이 → 비상호출 벨' 순서로 정렬하여, 사용자가 화장실을 이용할 때 더욱 편리하고 안전하게 필요한 기능들을 사용할 수 있도록 하기 위한 것이다.

· 비상호출 벨 버튼 높이 조정

대변기 옆면 하부에 설치된 비상호출 벨 버튼의 높이는 0.2m로 수정하였다.

점보롤 휴지걸이 (수정전·후)

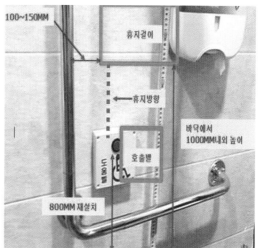

벽 부착물 위치 조정계획안

비상 호출벨 높이 낮음 (수정전)

비상 호출벨 높이 0.2m (수정후)

● 장애인 화장실 위생시설

[CS처리지침 : 보건복지부,장애인권익지원과. BF인증업무 : 한국장애인개발원]

Q1. 장애인 편의시설 상세표준도 및 장애인편의시설 교육 매뉴얼 내 [Ⅳ.편의시설 설치기준] 비상용벨 설치?

- 「장애인등편의법」시행규칙 [별표1] 19. 장애인 등의 이용이 가능한 객실 또는 침실. 라. 기타 설비의 설치 기준에 따라서 '객실 등에 화장실 및 욕실을 설치하는 경우에는 제13호 가목(2)(가)·(3)(나), 나목 (1)부터 (3)까지·(4)(가), 라목 및 제14호 나목부터 마목까지의 규정'을 적용하여야 함. 이에 따라 장애인 등의 이용이 가능한 객실 내 장애인 등의 이용이 가능한 화장실 설치 시에는 제3호 나목 (4)(라) 비상용벨 설치가 의무사항에 포함되지 않으므로 권장만 가능함

Q2. 병원 입원실에 장애인 이용 가능 화장실이 있을 경우 공용화장실에 장애인 이용 가능 화장실(대변기) 설치 여부?

- 입원실 내부의 화장실은 입원 환자 전용의 사적 공간에 해당되므로 당해 건축물의 공용공간에 병원을 방문한 보호자 및 외래환자 등이 이용할 수 있는 공용화장실이 있는 경우에는 장애인 등의 이용 가능한 화장실을 설치하여야 함

Q3. 장애인 이용 가능 화장실(대변기)을 계단참에 설치 가능 여부?

- 장애인 등의 이용이 가능한 화장실은 장애인 등의 접근이 가능한 통로에 연결하여 설치하여야 함
- 계단은 수직이동 수단으로 장애인 등의 통행이 가능한 통로에 해당하지 않으므로 계단참에 장애인 이용 가능 화장실을 설치하는 것은 불가함

Q4. 대변기 등받이 설치 시 대변기 뚜껑으로 대변기 등받이를 대체할 수 있는지?

- 별도의 등받이를 설치하여야 함 (대변기 뚜껑으로 대체 불가)

Q5. 편의시설 설치 대상시설이 포함된 건축물로서 장애인 등의 이용이 가능한 화장실의 설치 위치가 아래와 같을 때 설치 위치?
　－ 1층 : 장애인등 이용가능 화장실 설치 권장인 편의시설 설치 대상시설 용도
　－ 3층 : 장애인등 이용가능 화장실 설치 의무인 편의시설 설치 대상시설 용도

- 본 건물에 계단 또는 승강기가 설치되어 있고 장애인 등의 접근이 가능한 통로에 위치한 경우라면 장애인 등의 접근이 가능한 통로에 위치한 경우라면 1층[주출입구층] 또는 3층[해당층] 중 어떠한 층에 설치하여도 「장애인등편의법」에 위배 되지는 않음
- 그러나, BF인증을 의무적으로 받아야 하는 건물이라면 대상시설에 따라 인증평가에 따라 다름

Q6. 장애인화장실이 일반화장실과 별도로 설치되어 있을 경우, 일반화장실 출입문 통과유효폭 0.9m만 적용하여야 하는지 아니면, 장애인 등의 출입이 가능한 출입구(문)에 포함된 항목 모두(앞면유효거리, 활동공간, 단차제거, 손잡이 높이 등)를 적용하여야 하는지?

- 장애인화장실이 일반화장실과 별도로 설치되어 있을 경우, 일반화장실 출입문은 휠체어 등의 출입을 전제로 설치되는 것이 아님. 따라서 출입문 옆에 휠체어 활동공간 등을 별도로 확보할 필요는 없으며, 통과유효폭 0.9m기준만 적용하는 것이 적절

Q7. 출입구 문이 의무일 경우 일반화장실의 출입구 문 적용 여부?

- 위생시설의 대변기, 소변기, 세면대 중 의무항목이 있을 경우 일반화장실 문 적용함

Q8. 장애인 화장실의 대변기 손잡이 설치 시 유효내폭, 영유아 거치대의 이격거리, 그리고 대변기 광감지식 세정장치의 설치 위치에 대한 정확성과 적합성 여부에 대해 질의합니다.

- 장애물 없는 생활환경(BF)인증과 관련된 장애인등편의법에서는 시공 오차에 대해 규정되어 있지 않습니다.
- 그러나 현장 여건에 따른 시공의 오류는 발생할 수 있음에 따라, 「건축법」에서 규정하고 있는 건축물관련 건축기준의 허용오차인 2~3퍼센트 이내에 대한 사항을 준용할 수 있을 것으로 판단됩니다.
- 영유아 거치대의 경우 대변기에서 돌봄이 가능한 위치(팔을 뻗었을 경우 닿는 거리)에 설치하도록 권고하고 있습니다. 대변기의 등받이 설치가 2018. 12. 3. 의무 개정됨에 따라 제시된 제품의 등받이의 경우 대변기 좌대에서 100~150mm이격 설치하는 것을 권고하고 있으며, 이에 따른 자동 물내림 장치와 간섭이 안되도록 설치를 권고하고 있음을 안내드립니다.

Q9. 영유아거치대는 높이를 맞추어 설치를 하는데 옆으로의 이격거리가 정확하지 않아 상하가동 손잡이에서 약 300mm정도 이격하여 설치 하였는데 잘못된 시공인가 궁금합니다.

- 영유아 거치대의 경우 대변기에서 돌봄이 가능한 위치(팔을 뻗었을 경우 닿는 거리)에 설치하도록 권고하고 있습니다. 대변기의 등받이 설치가 2018. 12. 3. 의무 개정됨에 따라 제시된 제품의 등받이의 경우 대변기 좌대에서 100~150mm이격 설치하는 것을 권고하고 있으며, 이에 따른 자동 물내림 장치와 간섭이 안되도록 설치를 권고하고 있음을 안내드립니다.

Q10. 산행 탐방로 초입에 농지에 조성되는 주차장과 간이 화장실 1동 구축 계획과 관련하여, 해당 주차장이 장애인편의증진법 시행령에 따른 BF인증 대상인지, 그리고 자동차 관련 시설(주차장)이 건물 이용을 위한 주차장으로 해석되는지에 대해 질의합니다.

- 공공 건축물에 대한 장애물 없는 생활환경 인증 의무는 "장애인·노인·임산부 등의 편의증진 보장에 관한 법률"과 관련 규정에 따라 정해지며, 국가, 지방자치단체, 공공기관이 신축, 증축, 개축, 재축하는 공공건물 및 공중이용시설이 대상입니다. 인증 의무 시설의 용도는 "건축법"에 따라 분류되며, 해당 시설은 건축물대장에 기재되어야 합니다. 건축 허가용도 및 행위에 관한 사항은 관계부처와의 협의가 필요합니다.

Q11. 유아용 화장실에 특수교육대상자 유아를 위한 안전바 설치 계획과 관련하여, 설치 규격과 변경 후 BF인증 유지 여부에 대해 문의합니다.

- 현재 국내 법률 및 제도(「장애인·노인·임산부 등의 편의증진 보장에 관한 법률(이하 장애인등편의법)」 및 장애물 없는 생활환경(BF)인증 등)에서 장애인이 이용가능한 화장실은 모두 성인 기준으로 규격이 정해져 있습니다.
- 국내 유아용 기준에 대해서는 별도 규정이 필요하다면 관계 법령 주무부인 보건복지부 측으로 문의하시는 것이 바람직합니다.

Q12. 장애인화장실에 설치하는 비상벨이 BF인증을 받은 제품으로 하여야 하는지요? (인터넷 검색 결과 BF인증을 홍보하는 제품이 있으나 실제로는 인증서가 없고, BF인증제도에 따라 설치를 권장하는 내용임을 확인했습니다.)

- 장애물 없는 생활환경 인증대상은 「장애물 없는 생활환경 인증에 관한 규칙」 제2조에 따라, 지역·개별시설(건축물·공원·도로·여객시설·교통수단)로 나뉘며, 제품 인증을 별도로 진행하고 있지 않습니다.
- 건축물 인증 등 내 장애인등이 이용가능한 화장실의 비상호출벨 설치기준은 건축물 인증지표 3.3.5항목에서 설치 위치 및 높이만 규정하고 있습니다.

Q13. 장애인화장실에 설치하는 비상벨 설치기준을 알려주세요?

- BF인증 건축물 기준에 따라, 비상벨의 설치기준은 높이 기준(상부 0.6m~0.9m, 하부 0.2m 내외) 및 앉은 상태에서 이용이 가능하도록 설치하여야 합니다.
- 다만, 상부에 설치하는 비상벨은 가급적 L자형 손잡이(수직 및 수평손잡이)의 수직 손잡이 – 비상벨– 휴지걸이 순으로, 대변기 등받이 선 이후로 넘어가지 않도록 설치를 적극 권고하고 있습니다.
- 하부에 설치하는 비상벨은 대변기 끝선에서 0.4m내외에 설치하도록 적극 권고하고 있습니다. (이때 비상벨 제품 등은 수직 및 수평 손잡이와의 간격은 5cm를 두는 것이 바람직합니다.)

Q14. 지자체 소유의 마을회관 보수 및 수선 공사와 관련하여, 마을회관 내 외부 화장실을 신축하는 경우 이를 공중화장실로 보고 BF인증을 받아야 하는지, 아니면 마을회관의 부속건축물로 보아 인증 없이 진행할 수 있는지에 대해 문의합니다.

- 공공 건축물에 대한 장애물 없는 생활환경(BF) 인증 의무는 "장애인등편의법"에 따라 국가, 지방자치단체, 공공기관이 신축, 증축, 개축, 재축하는 공공건물 및 공중이용시설에 적용됩니다.
- 마을회관과 같은 일부 시설은 인증 의무 대상에서 제외되나, 공중화장실, 대피소, 지역아동센터 등 특정 시설은 의무 대상에 포함됩니다. 따라서, 건축 허가 용도에 따라 의무 대상 여부가 결정되므로, 관계부처와의 협의 및 확인이 필요합니다.

Q15. 지자체 소유의 마을회관 보수 및 수선 공사와 관련하여, 마을회관 내 외부 화장실을 신축하는 경우 이를 공중화장실로 보고 BF인증을 받아야 하는지, 아니면 마을회관의 부속건축물로 보아 인증 없이 진행할 수 있는지에 대해 문의합니다.

- 공공 건축물의 BF 인증 의무는 "장애인등편의법"에 의해 정해지며, 신축, 증축, 개축, 재축하는 공공건물 및 공중이용시설에 적용됩니다. 일부 시설은 의무 대상에서 제외되지만, 공중화장실, 대피소, 지역아동센터 등은 의무 대상에 포함되므로, 건축 허가 용도에 따라 의무 대상 여부를 결정하기 위해 관계부처와 협의 및 확인이 필요합니다.

Q16. 공동주택 장애인 화장실에 설치되는 비상벨의 위치(하단 200mm, 상단 900mm 이내), 감시 위치 (방재실 또는 화장실 밖 가까운 곳), 연결 방식(유선 또는 무선)에 대한 기준과 관련하여 문의합니다.

- 비상벨은 대변기 가까운 곳에 바닥면으로부터 0.6~0.9m 사이의 높이에 설치하고, 바닥면으로부터 0.2m 내외의 높이에서도 이용이 가능하도록 하여야 합니다.
- 비상벨 수신반 비상시 즉시 도움을 줄수 있는곳에 설치하여야 하며, 아래 예시 참고 바랍니다.
 - 화장실 출입문 상단에 남녀 각각 비상벨 수신반을 설치하여 비상시 외부에서 인지하여 도움을 줄 수 있도록 조치하여 주시기 바랍니다.
 - 관리사무소가 주변에 있는 경우 관리사무소 내부 + 화장실 출입문 상단에 남녀 각각 비상벨 수신반을 설치하여 주시기 바랍니다.
- 마지막으로 유무선 여부는 해당 시설의 상황에 따라 설치 바랍니다.

Q17. 장애인 큐비클의 내부 면적과 출입구 폭은 명확히 규정되어 있으나, 출입구 높이에 대한 명확한 규정이 없어, 이에 대한 정해진 높이가 있는지에 대해 문의한 내용입니다.

- 장애물 없는 생활환경(BF) 인증심사기준에서는 칸막이 출입문 높이에 대한 구체적 규정이 없으나, 장애인·노인·임산부 등의 편의증진 보장에 관한 법 시행규칙과 장애인 편의시설 상세표준도에 따라, 화장실 출입문 높이는 바닥면으로부터 2.1m 이상 유효높이를 확보하는 것이 적절하다고 판단됩니다.

❶ 장애인을 위한 숙박시설의 편의시설

무장애 관광은 장애인, 노약자, 어린이, 가족 등 모든 사람이 여행을 즐길 수 있도록 하는 것을 목표로 한다. 이를 위해 관광 환경의 접근성 개선, 정보 제공, 관광 종사자 교육, 맞춤형 여행 컨설팅 등이 필요하다. 미국에서는 장애인 여행자를 위한 정보 제공, 교육 프로그램, 교통 서비스 등을 제공하고 있다.

우리나라서는 30실 이상의 숙박시설은 장애인 편의시설 설치대상이며, 전체 객실 수의 일정 비율을 장애인 객실로 설치해야 한다. 숙박 시설은 장애인의 접근성을 고려한 다양한 편의시설을 갖추어야 하며, 시각 및 청각장애인을 위한 피난구 유도등, 경보 설비 등의 경보 피난설비도 중요하다. 이러한 노력은 장애인이 숙박시설을 보다 쉽게 이용할 수 있도록 하기 위함이다.

용도구분	시설별	평가항목	일반숙박시설	관광숙박시설
숙박시설	매개시설	주출입구 접근로	●	●
		장애인전용주차구역	○	●
		주출입구 높이 차이 제거	●	●
	내부시설	출입구(문)	●	●
		복도	○	●
		계단 또는 승강기	○	●
	위생시설	대변기	○	●
		소변기	○	●
		세면대	○	●
		욕실		○
		샤워실, 탈의실		
	안내시설	점자블록		●
		유도 및 안내시설		
		경보 및 피난시설	●	●
	기타시설	객실. 침실	●	●
		관람석. 열람석		
		접수대. 작업대	○	○
		매표소. 판매기. 음료대		
		임산부 등을 위한 휴게시설		○
유형별 의무 설치 개소수			5	12

숙박시설에 설치해야 하는 장애인 편의시설 비교 (● 의무, ○ 권장)
ⓒ 장애인등편의법 [별표 1] 편의시설 설치 대상시설(제3조 관련).

관광 인프라, 특히 숙박시설은 모든 이용자가 접근할 수 있어야 한다. 이는 장애인뿐만 아니라 노약자, 어린이, 임산부 등 다양한 사람들의 필요를 충족시키는 것을 포함한다. 숙박시설에는 휠체어사용자가 쉽게 이동할 수 있는 넓은 문, 접근 가능한 화장실, 장애인을 위한 특별한 객실 등과 같은 특정한 편의시설이 설치되어야 한다.

이를 위한 구체적인 지침으로, '장애인 편의시설 표준상세도'와 'BF인증 건축물 평가사항'이 제공된다. 이러한 자료들은 건축가와 설계자가 장애인의 접근성을 고려한 시설을 설계할 때 중요한 참고 자료로 활용된다. 특히, BF인증은 건축물이 무장애 환경을 제공하는지를 인증하는 과정으로, 인증을 받은 건축물은 장애인에게 친화적인 환경을 제공한다고 볼 수 있다.

또한, 해외의 다양한 접근성 디자인 사례를 살펴보는 것도 중요하다. 해외에서는 무장애 관광을 위한 혁신적인 접근 방식과 디자인이 존재하며, 이러한 사례들을 통해 새로운 아이디어와 영감을 얻을 수 있다. 이는 우리나라의 무장애 관광 환경을 개선하는 데 큰 도움이 될 수 있다. 우리 사회는 모든 이용자가 편리하게 접근할 수 있는 관광 인프라를 구축함으로써, 더 포괄적이고 배려 깊은 사회를 만드는 데 기여해야 한다.

❷ 숙박시설 장애인 편의시설의 표준상세도[4]

- 기숙사 및 숙박시설 등의 전체 침실 수 또는 객실의 1% 이상(관광 숙박시설은 3% 이상 2018.8.10.)은 장애인 등이 편리하게 이용할 수 있도록 구조, 바닥의 재질 및 마감과 부착물 등을 고려하여 설치하되, 산정된 객실 또는 침실 수 중 소수점 이하의 끝수는 이를 1실로 본다.
- 장애인용 객실 또는 침실(이하 '객실 등'이라 한다)은 식당, 로비 등 공용공간에 접근하기 쉬운 곳에 설치하여야 하며, 승강기가 가동되지 아니할 때도 접근이 가능하도록 주출입 층에 설치할 수 있다.
- 휠체어사용자를 위한 객실 등은 온돌방보다 침대방으로 할 수 있다.
- 출입문은 그 통과 유효폭을 0.9m 이상으로 하여야 하며, 출입구(문)의 앞면 유효거리는 1.2m 이상으로 하여야 한다.
- 객실 등의 내부에는 휠체어가 회전할 수 있는 공간을 1.2m 이상 확보하여야 한다.
- 침실의 높이는 바닥 면으로부터 0.4m 이상 0.45m 이하로 하여야 하며, 그 옆면에는 1.2m 이상의 활동 공간을 확보하여야 한다.
- 객실 등의 바닥 면에는 높이 차이를 두어서는 아니 된다.
- 바닥표면은 미끄러지지 아니하는 재질로 평탄하게 마감하여야 한다.

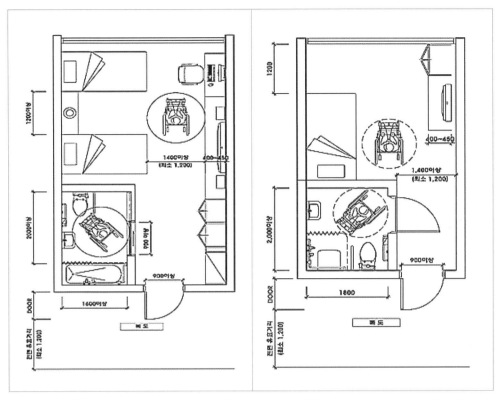

더블룸 및 싱글룸 TYPE

❸ BF인증 건축물 자체평가서의 객실 및 침실의 화장실 평가[5]

• 화장실 유효폭 및 단차

객실 및 침실 내부의 화장실 출입문 통과 유효폭을 확보하고, 단차 정도를 평가하여 휠체어사용자 등의 다양한 사용자가 이용할 수 있도록 함

구분	객실 화장실 유효폭	평가항목 점수
최우수	출입문 통과 유효폭 1m 이상, 출입문 단차 없음	3.0
우 수	출입문 통과 유효폭 0.9m 이상, 출입문 단차 없음	2.4
일 반	출입문 통과 유효폭 0.9m 이상, 출입문 단차 2㎝ 이하	2.1

• 화장실 유효 바닥면

객실 및 침실 내부의 화장실의 활동공간을 평가하여 휠체어사용자 등의 다양한 사용자들이 이용하는 데 불편함이 없도록 적절한 활동공간을 확보하도록 함

구분	객실 및 침실 바닥	평가항목 점수
최우수	우수의 조건을 만족하며, 대변기 유효바닥 면적이 폭2.0m 이상, 깊이 2.1m 이상이 되도록 설치	3.0
우 수	일반의 조건을 만족하며, 대변기 앞면 활동공간 1.4m×1.4m 이상 확보	2.7
일 반	대변기 유효 바닥면적이 폭 1.6m 이상, 깊이 2.0m 이상이 되도록 설치하여야 하며, 대변기 옆면 활동공간 0.75m 이상 확보 및 대변기 앞면 활동공간 1.4m×1.4m 이상 확보	2.1

❹ 공공교육, 연수원 숙박실 가이드라인 (경기도 유니버설디자인) [6]

- 공공교육 및 연수시설은 일반인의 평생교육을 위한 시설로 공공도서관, 공무원 연수시설, 초·중·고등학교 등이 해당된다.
- 주차구역, 자전거보관소 등은 건물 주출입구와 가까운 곳에 설치하여 보행접근로에서 쉽게 접근할 수 있도록 하며, 건물 내의 각 실까지의 사용자 이동 경로는 연속성이 있어야 한다.

영유아 동반자나 장애인 등도 이용하기 쉬운 숙박실의 예

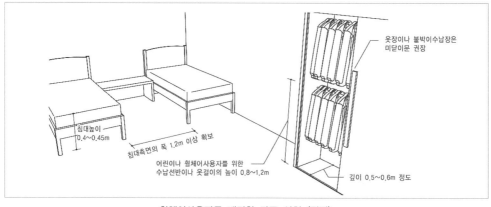

휠체어사용자를 배려한 가구 설치 (권장)

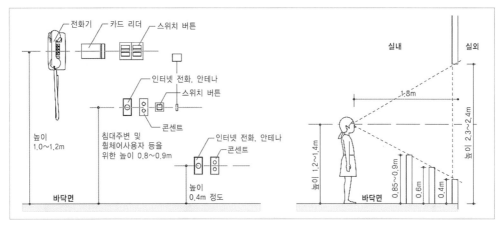

콘센트, 스위치 등의 설치높이(권장)　　　　　어린이, 휠체어사용자 등을 배려한 창문의 높이
© 경기도 건축디자인과, 경기도 유니버설디자인 가이드라인, 2011, p189-190.

❺ 미국의 접근성 디자인을 위한 2010 ADA 표준지침 : 객실 및 욕실 설계의 예시[7]

2010년에 채택된 표준은 장애인이 이용할 수 있는 객실과 침실의 설계 요구사항을 충족하기 위해 도입되었다. 이 표준의 핵심 목적 중 하나는 신축 건물에서 접근 가능한 침실이나 욕실의 면적을 늘리지 않으면서도 이용자의 편의성을 높이는 것이었다. 이를 위해 재설계 과정에서 공간의 효율적인 배치와 요소 간의 관계, 필요한 바닥 및 회전 공간에 대한 명확한 가이드라인을 제공하는 샘플 계획이 도입되었다.

예를 들어, 두 개의 침대가 있는 객실에서는 침대 사이에 최소 36인치(약 91.44cm)의 여유 공간을 확보하도록 설계되었다. 이는 청소 작업을 용이하게 하며, 욕실의 경우, 욕조나 샤워기 옆에 물건을 두는 공간을 고려하여, 물에 손상되지 않도록 유지관리가 용이하게 설계되었다. 이는 욕실 내에서 사용되는 물품들이 물에 의해 손상되지 않도록 보호하는 동시에, 욕실을 사용하는 이용자가 불편함 없이 물품을 관리할 수 있도록 하는 것을 목적으로 한다.

이러한 설계 기준과 계획은 장애인을 포함한 모든 이용자가 숙박 시설을 더욱 편리하고 안전하게 이용할 수 있도록 한다. 공간의 효율적인 배치와 접근성을 고려한 설계는 모든 사람이 숙박 시설을 쉽게 이용할 수 있게 하는 중요한 요소이다.

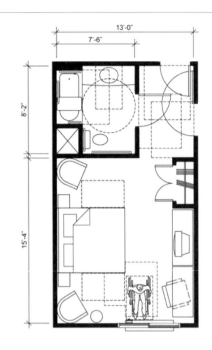

▲ PLAN 1A : 13피트 장애인용 객실

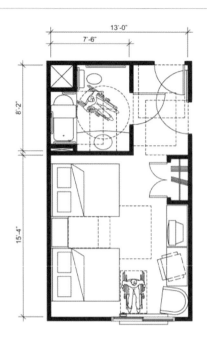

▲ PLAN 1B : 13피트 장애인용 객실

PLAN 1A : 좌석이 있는 표준 욕조, 비슷한 화장대, 스윙 도어가 있는 옷장, 인접한
객실로 연결되는 문이 특징이며, 가구에는 킹침대와 추가 좌석이 있다.
PLAN 1B : 좌석이 있는 표준 욕조, 비슷한 화장대, 스윙 도어가 있는 옷장, 인접한
객실로 연결되는 문이 특징이며, 가구에는 침대 2개가 있다.

욕실의 장애인용 시설
- 유사한 세면대 상판 공간과 제어 끝에 화장실이 있는 욕조
- 탈부착 가능한 욕조 시트와 욕조 앞의 여유 공간은 최소 너비가 30인치
- 세면대 상판이 있는 오목한 화장실은 변기에서 더 짧은 후면 손잡이를 허용
- 욕실 내 원형 회전 공간
- 비품과 회전 공간이 겹칠 때 필요한 빈 바닥 공간
- 회전 공간에 화장실에서의 무릎과 발가락 여유 공간이 포함
- 벽장 간격은 뒷벽에서 60인치, 깊이가 56인치
- 옆벽에서 16~18인치에 있는 변기의 중심선 그리고 필요한 변기 간격 내에 다른 고정
물이나 장애물이 없음

거실의 장애인용 기능 제공
- T자형 회전 공간과 접근 가능한 경로, 침대 양쪽의 바닥 공간을 확보
- 모든 문에서의 기동 여유 공간, 접근 가능한 작동 가능한 창
- 열 및 공기 조절을 위한 접근 가능한 제어 장치

▲ PLAN 2A : 13피트 장애인용 객실

▲ PLAN 2B : 13피트 장애인용 객실

▲ PLAN 3A : 13피트 장애인용 객실

▲ PLAN 3B : 13피트 장애인용 객실

▲ PLAN 4A : 13피트 장애인용 객실　　　　　▲ PLAN 4B : 13피트 장애인용 객실

▲ PLAN 5A : 13피트 장애인용 객실　　　　　▲ PLAN 5B : 13피트 장애인용 객실

▲ PLAN 6A : 12피트 장애인용 객실　　　▲ PLAN 6B : 12피트 장애인용 객실

객실과 욕실 이미지 ⓒ tokyuhotelsjapan.com

Q1. 300세대의 공동주택 부대복리시설의 편의시설 설치 적용 기준?

· 공동주택 300세대 미만인 경우 부대복리시설의 편의시설 설치 적용 기준 적용 시에 동법 시행령 [별표2] 4.가.(10)(나) 중 '부대시설 및 복리시설 중 (가)에 따른 시설을 제외한 시설'에 대한 해석이 모호하여 혼선 발생

① 300세대 미만인 공동주택의 부대복리시설인 경우 (가)의 용도 이외에 해당 용도에 따라서 편의시설을 설치하여야 하므로 대상시설의 용도가 (가)용도(주택법」 제2조 제12호에 따른 주택 단지 안의 관리사무소·경로당·의원·치과의원·한의원·조산소·약국·목욕장·슈퍼마켓, 일용품 등의 소매점, 일반음식점·휴게음식점·제과점·학원·금융업소·사무소 또는 사회복지관이 있는 건축물)에 포함되어 있는 경우 부대복리시설의 편의시설 설치 의무가 없다는 견해

② 300세대 미만인 공동주택인 경우 포함된 부대 복리시설은 동법 시행령 [별표1] 편의시설 설치 대상시설 및 [별표2] 대상시설별 편의시설의 종류 및 설치기준에 따라서 각각 설치의무 여부를 판단하여야 함

▪ 장애인등편의법 시행령 [별표2] 4.가.(10)(나)에서 말하는 "(가)에 따른 시설을 제외한 시설"이라 함은 문언상으로 볼 때, 300세대 미만인 공동주택의 부대복리시설 및 (가)에서 정하고 있는 관리사무소~사회복지관을 제외한 그 이외의 부대복리시설을 말함이 타당함

- 따라서 300세대 미만인 공동주택의 부대복리시설 및 (가)에서 정하고 있는 관리사무소 ~사회복지관 이외의 부대복리시설 중 동법시행령 [별표1] 제2호(공공건물 및 공중이용시설) 및 제4호(통신시설)에 해당하는 시설은, 동법 시행령 [별표1] 제2호 및 제4호의 설치기준을 적용하여 편의시설을 설치해야 함

※ 다만 본 조항 (가)의 제정 취지는 300세대 미만 소형 공동주택의 부대복리시설에 대해 의무를 면제해주자는 것이나, 300세대 미만의 공동주택 부대복리시설은 (나)의 적용을 받아 결과적으로 더 강한 의무를 부과받게 되므로, 형평성 옆면에서 문제가 발생하지 않도록 현장에서는 (가)의 기준에 의해 시행령 [별표2] 제3호 가목 (1) 및 (3)부터 (7)까지의 규정을 적용할 것을 권고함 (본 사항은 법령 오류의 하나이므로 향후 법령 개정 시 반영 예정)

Q2. 장애인 등의 이용이 가능한 객실 또는 침실의 욕실에 설치하는 비상용 벨 수신 장소?

· 장애인 등의 이용이 가능한 객실 또는 침실 안의 욕조에 비상벨 설치를 의무하고 있지만, 수신 장소에 대하여 명시되어 있지 않으므로, 대부분 수신 장소가 객실 또는 침실 안으로 되어있는 경우도 있어 비상사태 발생 시 즉각적인 조치가 이루어지기 어려움 시설(소매점)을 교육연구시설(학원)로 용도변경 하였을 경우 각각의 구분소유자에 대한 편의시설 설치 의무 발생여부

▪ 장애인 등의 이용이 가능한 객실 또는 침실 안의 욕조에 설치하는 비상용 벨의 수신 장소가 특정되지 않을 경우, 비상벨이 울리더라도 즉각 대응할 수 없으므로 무용지물이 될 가능성이 있음

- 그러나 현행 관련 법규에는 비상벨 수신 장소에 대하여 별도로 언급되어있지 않으므로 이를 카운터 등으로 특정하여 강제하기는 곤란
- 따라서 현장에서는 비상벨이 인적 서비스가 가능한 프런트나 관리실 등으로 연결될 수 있도록 적극 지도 및 권고가 필요함

Q3. 공동주택(다세대주택)의 복도 항목에 대한 적용 범위 해석?

- 계단 및 복도의 정의
  - (계단) 건축물의 1개층에서 다른층으로 편리하게 이동할 수 있도록 '장애인등편의법 시행규칙'[별표1] 제8호에 의하여 설치하는 층간 이동수단
  - (복도) 동일층의 바닥면 상에서 수평 이동을 위해 설치하는 통로

- 건축물의 주출입구에서 동일 층의 세대 현관에 이르는 통로에 계단 등으로 인한 단차가 발생할 경우, 이는 층간 이동 수단인 '계단'이나 수평 이동을 위한 '복도'가 아닌, '장애인등편의법 시행령'〈별표2〉3-가-(3) 및 (4), '장애인등편의법시행규칙'〈별표1〉 5 및 6의 "높이차이가 제거된 건축물 출입구" 및 "장애인 등의 출입이 가능한 출입구" 규정을 적용 하는 것이 타당함

- 이는 현행 '장애인등편의법' 관련 규정의 취지로 볼 때, 편의시설 설치대상이 되는 어떠한 건물이든 주출입구를 포함하여 최소 기준층(1층)에 대한 접근성은 확보되어야 한다는 의미 임

- 따라서 주출입구~기준층(1층) 내부에 이르는 통로에 형성된 단차는 경사로 등을 설치하여 제거하거나 아예 단차가 발생하지 않도록 설계·시공 되어야 함

Q4. 관광숙박시설의 규모에 대한 령 별표1(숙박시설) 기준?

- 관광숙박시설의 경우 그 규모에 관계없이 장애인등편의법을 적용토록 되어 있으나, 관광숙박시설 중 호스텔 등 일부는 매우 작은 규모로 운영되는 경우도 있어 불합리한 면이 있음

- 호스텔, 소형호텔, 의료관광호텔 등 관광숙박시설 용도로 쓰이는 숙박시설은 일반 숙박시설의 기준과 같이 30실 이상인 시설에 대해 관련 규정 적용

Q5. 학교의 기숙사로 공동주택 기숙사가 아닌 교육연구시설(기숙사)로 분류되어 접수 시 기숙사로 편의시설 적용 여부? (30인 이상 기숙하는 시설)

- 기숙사로서 장애인등편의법 및 건축법 등의 요건을 충족한다면 세부 용도가 공동주택이 아닌 교육연구시설 (기숙사)로 분류되었다 하더라도 기숙사에 따른 의무 기준을 적용하여야 함

Q6. 관광특구에 펜션 용도로 쓰이는 관광휴게시설로서 관광휴게시설 기타 관광휴게시설로 용도 구분이 되나 장애인등편의법상 기타 관광시설에 대한 용도 구분이 명시되지 않아 편의시설 적용 여부?

- 관광진흥법에 의한 광광 특구 내에 설치되는 숙박시설이지만 공중위생관리법에 따라서 숙박업 적용 제외 대상이므로 편의시설 설치 대상에 포함되지 않음
  공중위생관리법 제2조(정의) 제1항 및 동법 시행령 제2조(적용대상제외 대항) 제1항 제4호

Q7. 18세대 중 8세대를 각층에 연결되는 계단실 중층에 설치 가능 여부?

- 18세대 중 10세대가 복도 단차없이 접근 가능하여 장애인의 주거지 선택의 폭에 중대한 제약을 준다고 볼 수 없는바 다세대 주택의 일부 세대를 중층에 설치하는 것은 가능함

Q8. 현재 민간 공동주택 건축물에 민간 발주처이며, 기부채납에 의한 문화집회시설에 관련하여 장애물 없는 생활 환경(BF) 인증을 받으려고 하는데 그에 따른 BF 인증 범위 관련하여 질의사항 있어 문의 남깁니다.

· 공동주택을 장애물 없는 생활환경(BF) 인증 범위에서 제외하여도 괜찮을까요?
· 근린생활시설을 장애물 없는 생활환경(BF) 인증 범위에서 제외하여도 괜찮을까요?

▪ 기부채납되는 시설은 완공 후 시설을 소유 및 사용·관리하는 주체가 국가나 지방자치단체라는 점 및 공적 목적으로 이용되는 공공건물 등의 성격을 고려하여 BF인증을 의무적으로 받아야 합니다. 건축물 BF인증 적용은 건축물 단위로 평가하기 때문에 건물 전체를 평가대상으로 합니다. 다만 인증을 받고자 하는 공동 주택 내 시설물이 코어 및 동선을 완전히 분리된 경우, 심사 및 심의위원회를 통해 평가범위를 조정할 수 있습니다.

Q9. 해당 복합건축물은 공동주택, 오피스텔, 판매시설, 그리고 기부채납시설이 포함된 건물로 구성되어 있습니다. 기부채납시설은 노인 및 장애인을 위한 시설로, 2층에 위치하고 있으며 외부보행로에서 수평적인 접근이 가능합니다. 이 시설은 단층으로 구성되어 있으며, 장애인 주차면이 기부채납시설의 전면(외부)에 설치되어 있어 코어를 이용하지 않습니다. 해당 기부채납시설에 대한 BF(Barriere-Free) 인증을 받기 위한 절차를 진행하고자 합니다.

· 해당 건축물의 BF인증 시 접근로 평가범위 : 대지의 북측 지층은 2층, 남측 지층은 1층으로 대지의 레벨 차가 큰 건축물로 기부채납시설까지의 접근로를 기부채납시설과 인접한 대지만으로 완화받을 수 있는지를 문의드립니다.
· 해당 건축물의 BF인증범위 : 기부채납건축물이 타용도시설과 동선이 분리(외부보행로와 맞닿는곳에 단층 으로 계획, 별동아님)되어있으므로 평가를 완화받아, 기부채납시설에 한해 평가받지 않을 수 있는지 문의 드립니다.

▪ 건축물 BF인증 적용은 건축물 단위로 평가하기 때문에 건물 전체를 평가대상으로 합니다. 이는 하나의 건축물에 대상 용도부분 층만 장애인등이 사용해야 하는 것은 아니며, 비대상 용도부분의 사용에서 장애인 등을 배제할 수 없으므로, 건축물의 부분(층)별로 BF인증 여부를 다르게 적용할 경우 해당 건축물의 장애인 등의 이용에 제한이 생겨 BF인증 제도의 취지를 살리기 곤란할 수 있습니다. 건축 허가용도 및 행위에 관한 사항은 관계부처와의 협의가 필요합니다.

Q10. 장애인노인임산부 등의 편의증진 보장에 관한 법률 시행령에 따른 장애물없는생활환경인증 의무대상 관련 문의드립니다.

· 지하철과 연계되는 공동주택(부대,근생)의 경우 인증 의무대상에 해당되는지?
· 인증의무대상이지만 22년 5월 이전 최초심의, 사업승인 등이 완료되고 이후 설계변경등의 사유로 사업승인 인가 협의가 진행되는 경우 아래 부칙에 따라 경과규정이 적용하여 인증의무대상 제외로 판단 가능한지?

▪ 민간 건축물의 의무인증시설은 「장애인·노인·임산부 등의 편의증진 보장에 관한 법률(이하 장애인등편의 법)」제10조의2제3항제3호에 따라 국가, 지방자치단체 또는 「공공기관의 운영에 관한 법률」에 따른 공공 기관이 신축·증축(건축물이 있는 대지에 별개의 건축물로 증축하는 경우에 한정한다. 이하 같다)·개축 (전부를 개축하는 경우에 한정한다. 이하 같다) 또는 재축하는 공공건물 및 공중이용시설로서 시설의 규모, 용도 등을 고려하여 대통령령으로 정하는 시설(시행령 별표2의3)로 명시되어 있습니다.

Q11. 현재 중간 설계 단계의 프로젝트에서 bf인증 범위에 대한 질의사항이 있어 글남깁니다.

· 프로젝트는 별동 증축 건으로 기존 건축물 189m²에서 추가로 3,079m²이 별동 증축됩니다.
· 시설은 1,072m²의 문화센터와 2,007m²가량의 공동주택(공공임대주택)으로 구성됩니다.

· 주용도는 공동주택이며 문화센터와 공동주택간의 입구를 공유하지는 않습니다.
· 현 조건에서 bf인증의 의무 범위를 문화센터까지인 것인지 문화센터+공동주택의 복도 구간까지인 것인지 아니면 문화센터와 공동주택 내부 실을 포함하는 전체 건축물인지 문의합니다.

- 건축물 BF인증 적용은 건축물 단위로 평가하기 때문에 건물 전체를 평가대상으로 합니다.
  이는 하나의 건축물에 대상 용도부분 층만 장애인등이 사용해야 하는 것은 아니며, 비대상 용도부분의 사용에서 장애인등을 배제할 수 없으므로, 건축물의 부분(층)별로 BF인증 여부를 다르게 적용할 경우 해당 건축물의 장애인 등의 이용에 제한이 생겨 BF인증 제도의 취지를 살리기 곤란할 수 있습니다.
- 다만 질의 주신 공동주택 내 시설물이 의무대상이 아닌 비주거 부분에 대해서만 인증을 받고자 하는 경우에 대해서는 보건복지부 측으로 협의를 진행하는 것이 바람직하다고 판단됩니다.
- 인증에서 공동주택을 평가할 경우 아파트 주거영역인 전용 공간 내부는 평가하지 않음을 안내드립니다.

Q12. 건축물은 60층 이상의 공동주택으로, 같은 사업 대지 내에 기부채납 공원 및 공공청사를 계획 중에 있습니다. 이 경우,
· 공동주택의 경우에도 초고층 건축물 기준에 해당하면 의무대상에 포함되는지?
· 개정 고시 일인 21년 11월 30일 이전에 정비 계획 및 최초 건축 심의가 고시된 경우, 경과 규정을 적용하여 인증 의무대상에서 제외할 수 있는지?
· 만일 위의 경과 규정 적용이 가능하다면, 개정 고시 일 이전에 최초 정비계획이 고시되고, 최근 22년 12월에 변경계획이 고시되었는데 이 경우에도 경과규정 적용이 인정되는지?

- 민간 건축물의 의무인증시설은 장애인등편의법 제10조의2제3항제4호에 따라 국가, 지자체, 공공기간 외의 자가 신축·증축·개축 또는 재축하는 공공건물 및 공중이용시설로서 시설의 규모, 용도 등을 고려하여 대통령령으로 정하는 시설(시행령 별표2의3)로 명시되어 있습니다.
- 이에 대해 부칙 〈법률 제18219호, 2021. 6. 8〉 의거 "제10조의2제3항제2호 및 제3호의 개정규정은 이 법 시행 이후 「건축법」 등 관계 법령에 따라 건축허가를 신청하는 경우부터 적용한다."고 명시되어 있습니다.

Q13. 공공기관(지자체)에서 진행하는 공동주택(아파트_110세대_공공임대주택)에 대하여 단지 내 부대시설(주민공동시설) 및 근린생활시설(소매점)(65.22㎡) 이 BF인증 대상인지에 대하여 여쭈어보고 싶습니다.
· 부대시설 및 근린생활시설만 bf대상인지? 단지 전체가 bf대상인지? 전체 대상이 아닌건지?

- 공동주택은 의무인증시설에 해당하지 않습니다. 그러나, 해당시설 내에 「장애인등편의법」 시행령 별표2의2에 해당하는 용도가 있는 경우 의무인증시설에 해당할 수 있으므로, 이에 건축 허가 용도에 관한 사항은 해당 관계부처(건축과, 시설과 등)와 협의 및 확인하여야 할 사항임을 안내해 드립니다.

Q14. 국가지방자치단체에서 시행하는 공동주택 사업건입니다. 주 허가 용도는 공동주택으로 진행하나 세부 항목으로 기숙사로 허가 받을 예정입니다. 별표2의2 장애물없는 생활환경 인증 의무 시설에 따르면 상위의 시설은 의무대상이 아닌것으로 판단되는데 인증기관에서 의무대상 여부 확인 요청드립니다.

- 「장애인·노인·임산부 등의 편의증진 보장에 관한 법률」 제10조의2 제3항에 국가나 지방자치단체, 공공기관 등이 신축·별동 증축·전부개축·재축하는 청사, 문화시설 등의 공공건물 및 공중이용시설 중에서 대통령령으로 정하는 시설의 경우에는 의무적으로 인증을 받아야하며, "대통령령으로 정하는 시설"이란 시행령 별표2의2에 따른 시설을 말합니다.
- 장애물 없는 생환경경 인증 의무 시설의 용도는 「건축법」에서 분류한 용도별 건축물의 종류에서 선별하여 정해진 것으로, 「건축법」 시행령 별표1 용도별 건축물의 종류(제3조의5 관련)에서 제2호 공동주택에 라목으로 분류되는 기숙사인 경우에는 인증 의무 대상 시설이 아님을 알려드립니다.

02 시각·청각장애인 편의시설

⚙ 촉각 및 시각 정보의 중요성[8]   시각 · 청각장애인 편의시설

사람이 외부에서 받아들이는 정보의 약 80%는 시각에 의해 습득하지만, 시각 정보를 얻지 못하는 사람에게도 필요한 정보를 습득할 수 있도록 시각 정보 이외의 정보전달 체계를 확보해야 한다. 또한, 정보통신기술을 이용한 촉각 · 청각 · 후각 정보 전달 장치는 급속하게 진보하고 있어서 항상 최신의 정보로 대체하여 앞으로 시스템 변경에 대응이 필요하며, 다른 공공정보 매체와 유기적으로 연계되도록 고려하여야 한다. 특히, 비상시를 고려하여 인명과 관련된 중요한 정보를 제공할 수 있도록 다양한 정보전달 매체를 복수로 제공하는 것이 필요하다.

❶ 촉각 정보

- 점자는 시각장애인의 중요한 정보획득 수단으로 시각장애인이 스스로 읽고 쓸 수 있는 문자이므로 촉각을 최대한 활용한 문자 생활이 가능하도록 한다.
- 각종 안내판이나 손잡이에는 점자표기를 하여 필요한 정보를 제공하도록 한다.
- 공공공간의 가로나 공원, 공공건축물 등에는 적재적소에 점자블록을 설치하거나 바닥재의 질감을 달리하여 공간을 인지할 수 있도록 한다.
- 점자표기의 기본원칙은 한국점자규정(문화체육관광부고시 제2017-15호)에 따른다.

  · 한국 점자는 한 칸을 구성하는 점 6개(세로 3개, 가로 2개)를 조합하여 만든 63가지의 점형으로 적는다.
  · 한 칸을 구성하는 점의 번호는 왼쪽 위에서 아래로 1점, 2점, 3점, 오른쪽 위에서 아래로 4점, 5점, 6점으로 한다.
  · 글자나 부호를 이중으로 적지 않도록 한다.
  · 한글 이외의 점자는 세계 공용의 점자와 일치하게 표기하는 것을 원칙으로 한다.

- 한국 점자는 풀어쓰기 방식으로 적는다.
- 한국 점자는 책의 부피를 줄이고, 정확하고 빠르며, 간편하게 사용할 수 있도록 한다.

❷ 시각 정보

- 시각장애인을 위한 음성 안내 장치는 주요시설의 위치 또는 건축물 내 방의 배치를 음성으로 안내해야 한다.
- 방향이나 서비스 정보를 음성으로 제공하는 것이 효과적인 장소에는 적절한 음성 안내장치를 설치할 수 있다.
- 음악이나 물소리 등을 이용하여 공간을 인지할 때는 복수의 음 정보가 범람하여 시각장애인이 혼란하지 않도록 음량, 음질 또는 방향성에 배려한다.
- 가로나 공공건축물 등에 청각 정보를 제공하는 소리는 적절한 일정 범위 내에서 인지할 수 있는 음량과 듣기 좋은 쾌적한 소리로 하며, 설치장소별 체계적이고 통일된 소리를 제공하도록 한다.
- 공공건축물에는 시각장애인을 위한 음성안내방송 및 음향 경보장치를 설치하여야 한다.
- 시각장애인용 유도 신호장치는 음향·시각·음색 등을 고려하여 설치해야 하고, 특수 신호 장치를 소지한 시각장애인이 접근할 경우 대상시설의 이름을 안내하는 전자식 신호 장치를 설치할 수 있다.

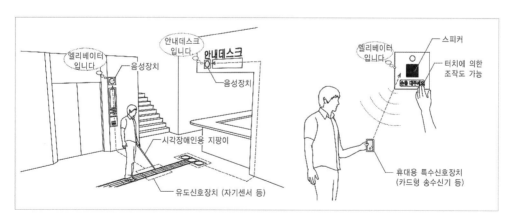

청각 정보를 제공하는 신호장치의 설치 예(권장)
ⓒ 경기도 건축디자인과, 경기도 유니버설디자인 가이드라인, 2011, p248.

❶ 볼라드 (차량 진입억제용 말뚝)

볼라드는 차도와 인도를 구분하여 보행자의 안전을 확보하고 자동차의 무단 진입을 방지하는 구조물로, "자동차 진입억제용 말뚝"으로 법적으로 정의된다.

　현재 볼라드 설치와 관련해 부상 위험, 넘어짐 위험, 디자인 불일치, 휠체어 이용자의 접근성 문제, 그리고 장애인 보행 방해 등 여러 문제점이 제기되고 있다. 이를 해결하기 위해 교통약자의 이동편의 증진법 시행규칙은 볼라드 설치에 대한 세부 기준을 마련하여 보행자의 안전과 편의를 도모하고 주변 환경과의 조화를 강조하고 있다.

고려사항	세부기준
구조,위치	진입억제용 말뚝의 0.3m 전면에는 시각장애인이 충돌 우려가 있는 구조물이 있음을 미리 알 수 있도록 점형블록을 설치하며, 보행자 및 교통약자의 통행에 방해가 되지 않아야 한다.
재질,색상	재질은 탄력성이 있어야 하며, 안전을 위해 충격을 흡수할 수 있는 재질로 보행자 혹은 속도가 낮은 차량의 충돌시 충격을 흡수할 수 있는 재질, 밝은 색의 반사도료 등을 채색한다.
높이,지름	높이는 보행자의 안전을 고려하여 0.8~1.0m내외, 지름은 0.1m~0.2m로 하여야 한다.
설치간격	설치 간격은 1.5m 이상으로 휠체어 이용자 및 기타 교통약자의 통행을 원활히 할 수 있도록 간격이 적절히 유지되어야 한다.

보행 안전시설물의 구조시설의 세부기준

설치위치, 재질 오류 형태의 볼라드 (X)

보행자의 안전과 편의가 보장된 볼라드 (O)

ⓒ 경기도 찾기쉬운 공공디자인 가이드라인, 2014, p12~13.

❷ 공원 내부 보행로의 연속성

공원 내 보행로의 연속성은 보행자가 목적지까지 원활하게 이동할 수 있게 하는 중요한 요소로, 경로의 일관성과 연결성을 통해 방향감각 유지와 중단 없는 이동을 가능하게 한다. 이는 경로 구조, 안내표지판, 조명, 포장재의 일관성을 통해 달성되며, 보행자의 이동 편의성을 높이고 공원 이용 경험을 개선하는 데 기여한다.

BF인증 과정에서 보행로의 접근성과 안전성을 보장하기 위해, 공원 내부 보행로의 BF인증 기본 평가 기준은 지정된 BF보행로에 초점을 맞추고 있다. 만약 특정 보행로가 지정되지 않았다면, 전체 보행로가 평가대상이 된다. 이 과정에서 유도용 선형블록을 사용한 보행 유도는 지양되며, 보행 유도존은 보행 안전공간의 양쪽에 경계용 공간을 설정하여 시각장애인의 보행을 유도하는 특정 구역을 의미한다. 또한, 공원의 주출입구에서 길 찾기 기능은 평가 과정에서 최우선으로 고려된다. 이러한 보행유도의 연속성의 평가 기준은 아래와 같다.

구분	세부기준
최우수	시각장애인 및 일반인의 보행유도를 위해 연속적인 물길, 보행로와 어울리는 유도레일 등을 설치하여 보행유도
우수	시각장애인의 보행유도 및 시설안내를 위해 전자식 신호 장치를 설치
일반	시각장애인의 유도 및 경고를 위하여 전체구간 보도의 양옆으로 보행 유도존을 설치
비고	· 지정된 BF보행로를 평가하며, 보행로 미지정시 전체 보행로를 평가함 · 유도용 선형블록을 이용한 보행유도 지양함 · 보행 유도존이라 함은 보행안전공간 양 측에 경계용 공간을 두어 시각장애인의 보행을 유도하는 존을 말함 · 공원 주출입구에서의 길 찾기를 최우선으로 검토(공원내부에서 주출입구까지 들어갔다 나가는 동선의 유도 연속성 확보여부)

보행유도의 연속성 BF세부 평가기준

◁ 시각장애인 등의 연속적인 유도 및 경고를 위하여 보도 양 옆으로 재질과 마감을 달리하여 안전하게 이용할 수 있도록 설치하여야 한다.

❸ 공원 내부 보행로 지정

BF보행로 지정의 목적은 공원 내 산책로와 주요 보행로를 모든 이용자가 안전하고 편리하게 이용할 수 있도록 개선하여, 자연과 편의시설을 모두가 즐길 수 있는 접근성과 이동성을 제공하는 것이다. 이를 위해 평탄한 경로, 충분한 너비, 적절한 경사, 명확한 안내표지판, 휠체어 접근성을 고려한 설계가 필요하다.

주요 산책로를 BF보행로로 지정하면 다른 보행로는 평가에서 제외되며, 중요한 것은 BF보행로에 대한 명확한 안내와 유도 안내의 연속성 확보이다. 또한, 모든 사람, 특히 시각장애인이 쉽게 인지할 수 있도록 보행로와 주 출입구에 있는 시설 안내가 중요하다. 이러한 기준은 BF보행로를 통해 모든 이용자의 접근성과 이동성을 향상시키는 데 중점을 둔다.

구분	세부기준
최우수	우수의 조건을 만족하며 유도 안내의 연속성도 확보
우수	주출입구에서부터 공원내부 및 주요공원시설(화장실 등)간을 연결하여 돌아 나올 수 있는 연속된 BF보행로 지정
일반	주출입구에서부터 공원내부를 돌아 나올 수 있는 하나의 연속된 BF보행로 지정
비고	· 주요 산책로 등을 BF보행로로 지정하고 이외의 다른 보행로는 경사도 및 재질 등을 평가하지 않게 함으로 인하여 보행로의 선택이 가능하도록 하여 좀 더 다양한 공원을 만들기 위한 배려임 · 최우수에서 말하는 유도 안내의 연속성의 확보는 BF보행유도의 연속성 및 주요 BF보행로 상에 위치한 시설의 안내 및 주출입구에서부터 안내(시각장애인 및 청각장애인 배려한 음성 안내, 촉지도식 안내판, 눈에 잘 띄게 디자인된 표지판의 연속된 설치 등)가 되어 사람들이 쉽게 인지할 수 있어야 함 · BF보행로의 지정 여부에 대해 주출입구에서는 시각장애인 등이 인지할 수 있도록 안내표시가 되어야 함

BF 보행로의 지정 평가기준

◁ 공원 내부와 주요 시설(예: 화장실)을 연결하는 연속된 BF보행로를 지정해야 한다. 이 보행로는 시각장애인과 청각장애인을 위한 음성 안내, 촉지도식 안내판, 눈에 띄는 표지판 등을 포함하여 모든 사람이 쉽게 인지할 수 있도록 유도 안내의 연속성을 확보해야 한다.

❹ 고원식 횡단보도

고원식 교차로 설계는 장애인등편의법 및 BF인증 기준을 준수하여 모든 이용자의 안전과 접근성을 보장하는 것에 중점을 둔다. 이러한 교차로는 차도와 보도의 높이 차이를 최소화함으로써 보행자가 도로를 건널 때 자동차의 속도를 자연스럽게 감소시키는 설계가 특징이다. BF인증 기준에 따른 고원식 교차로의 주요 설치기준은 모든 이용자의 안전과 접근성을 고려한 설계에 초점을 맞춘다.

고려사항	세부기준
평탄하고 미끄럼 방지 처리된 표면	휠체어사용자나 보행 보조기구를 사용하는 사람들이 안전하게 이동할 수 있도록 한다.
적절한 경사	휠체어사용자가 자력으로 이동할 수 있는 범위 내에서, 경사도는 일반적으로 1:18 이하를 유지해야 한다.
촉각 경고 표면	보행자와 차량이 공유하는 전용 접근로는 보행자 우선을 위해 재질과 색상을 구분해야 하며, 보행 구간은 평평하게 설계하고 최소 1.2m의 유효 폭을 확보해야 한다. 또한, 점형블록을 전체 폭에 걸쳐 설치해야 한다.
안내 및 표지판	시각장애인과 청각장애인을 위한 음성 안내 시스템, 촉지도식 안내판, 눈에 잘 띄는 표지판 등을 설치하여 모든 사용자가 방향을 쉽게 파악하고 안전하게 이동할 수 있도록 한다.
보행자 우선 신호	가능한 경우, 보행자의 안전을 우선시하는 신호등을 설치한다.

고원식 교차로의 설계 고려사항

고원식 교차로의 설치는 BF인증 과정 중 보도에서 주 출입구까지의 보행로에 대한 평가를 통해 실제 사례에서 지적된 문제점을 개선함으로써, 이용자의 접근성과 이동 편의성을 크게 향상시켰다.

고원식 차량 진출입구의 감속부 기울기가 가파르다 보니 차량 파손과 같은 불편을 겪는 민원이 발생하고 있다. 이에 따라, 고원식 평탄부의 높이를 낮추고 폭을 조정하는 조치가 필요함. (심사의견)

보행 구간은 최소1.2m이상 조치 하였으며, 평탄부 높이를 낮추어 보도 기울기는 최소 1:18 이하로 유지하기 위해 차량 진출입구 양측면의 보도 범위까지 확장하여 기울기를 조정하였음. (조치사항)

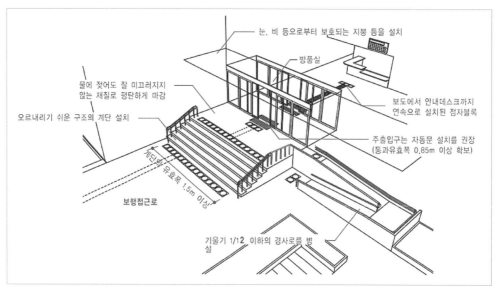

눈, 비 등으로부터 보호되는 지붕 등을 설치

방풍실

보도에서 안내데스크까지 연속으로 설치된 점자블록

물에 젖어도 잘 미끄러지지 않는 재질로 평탄하게 마감

오르내리기 쉬운 구조의 계단 설치

주출입구는 자동문 설치를 권장 (통과유효폭 0.85m 이상 확보)

계단유효폭 1.5m 이상

보행접근로

기울기 1/12 이하의 경사로를 병설

시각장애인 점자블록 설치 예 ⓒ 경기도 건축디자인과, 경기도 유니버설디자인 가이드라인, 2011, p143

점자블록은 시각장애인의 안전하고 자유로운 이동을 지원하기 위해 전 세계적으로 널리 사용되고 있다. 이는 점형블록과 선형블록의 두 가지 유형으로 나뉘며, 각각 바닥을 감지하고 보행을 유도하는 기능을 한다. 시각장애인은 점자블록을 통해 주변 환경을 인지하고, 전맹인은 점형블록의 돌기를 발바닥이나 흰 지팡이로 느껴 길을 찾는다. 약시인은 남은 시력을 활용해 뚜렷한 색상의 바닥 블록을 따라 걷는다. 위험 지역에는 점형블록을 설치하여 시각장애인이 사전에 위험을 감지할 수 있도록 하며, 이러한 블록의 형상과 위치는 일관성을 유지해야 한다.

　그러나 점형블록의 색상이 주변 환경과 유사해 시각장애인이 인지하기 어려운 경우가 있다. 이를 해결하기 위해서는 약시인도 쉽게 구별할 수 있는 눈에 띄는 색상, 예를 들어 노란색을 사용하는 것이 중요하다. 건축법은 시각장애인과 시력이 약한 사람들이 주요 지점을 쉽게 인지할 수 있도록 편의시설 설치기준을 제공한다. 중요한 위치, 예를 들어 주출입구에는 시각장애인이 촉감으로 문의 위치를 알 수 있도록 경고블록을 설치해야 한다. 점형블록은 계단, 승강기 버튼, 화장실 안내판 등 중요 지점이나 위험 요소를 시각장애인이 미리 인지할 수 있도록 돕는다.

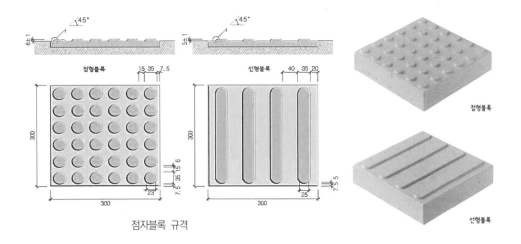

점자블록 규격

점형블록의 설치 누락이나 잘못된 시공은 시각장애인의 안전한 이동에 심각한 문제를 초래할 수 있다. 계단의 시작과 끝에 점형블록이 없는 경우, 위험지역에 설치되지 않았거나, 유지 관리가 부적절하여 기능을 상실하는 상황이 발생할 수 있다. 점자블록은 시각장애인이 주변 환경을 인지하고 안전하게 이동할 수 있도록 하는 데 필수적인 역할을 수행한다.

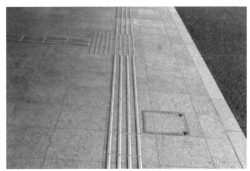

눈에 띄지 않은 시각장애인 유도용 점자블록

계단 단차를 확인 기능을 잃은 점형블록

건축법은 시각장애인과 시력이 약한 사람들이 우리 사회의 다양한 공간과 시설을 보다 쉽게 이용할 수 있도록 특별히 설계된 편의시설 설치 기준을 제공한다. 이러한 기준 의 핵심 요소 중 하나는 중요한 위치에서 시각장애인이 발바닥의 촉감을 통해 문의 위치를 알 수 있도록 하는 경고블록의 설치이다. 이 점형블록은 계단의 시작과 끝, 승강기 버튼 근처, 화장실 안내판 등 중요 지점이나 위험 요소 근처에 설치되어 시각 장애인이 미리 위험을 인지하고 안전하게 이동할 수 있도록 돕는다.

그러나 이러한 점형블록의 설치가 누락되거나 잘못 시공되는 경우가 발생하면,

시각장애인의 안전한 이동에 큰 문제가 생길 수 있다. 예를 들어, 계단의 시작과 끝에 점형블록이 없는 경우, 위험한 곳에 설치되지 않았거나, 시간이 지나면서 유지관리가 제대로 이루어지지 않아 점형블록이 기능을 상실하는 경우가 있다. 이러한 상황은 시각장애인이 주변 환경을 제대로 인지하지 못하게 하고, 그 결과 안전하게 이동하는 데 필수적인 정보를 제공받지 못하게 한다. 따라서, 점자블록의 적절한 설치와 유지관리는 시각장애인에게 안전한 이동 경로를 제공하고, 그들의 이동권을 보장하는 기본적인 배려이다.

외부보도 나팔구 측 30cm 떨어진 거리 미준수와
건널목 방향과 불일치 점형블록

선형블록 앞 볼라드 장애물

접근로에 경사로와 계단이 병설된 경우
경사로에 불필요한 점형블록

주출입구 석재 바닥의 미끄러운 재질의 점형블록

점자블록 위 임시 경사로

2방향 점자블록 오류

❶ 점형블록의 설치 원칙

① 선형블록은 돌출선이 유도 대상시설의 방향과 평행 설치하고, 점형블록은 시각장애인이 주의해야 할 위치나 유도 대상시설 등의 정확한 위치 확인이 쉽도록 30cm 전면에 설치한다.

② 선형블록의 경우 시각장애인 등의 교통약자가 보행 가능한 보도, 접근로에 연속적으로 설치하며, 점형블록은 선형블록의 굴절 및 시작, 끝지점, 시설 주출입구, 횡단보도 전면(교통섬 포함.), 음향신호기 수동식 버튼 전면, 계단 전면, 승강기 조작반, 버스정류장 및 노상시설 등 장애물 전면 및 측면에 30cm 이격하여 설치함을 원칙으로 한다.

③ 점형블록은 주의, 환기, 방향성 인지를 위해 대상물에서 해당 대상물의 폭만큼 30cm 전면에 설치한다. 다만 횡단보도 등 통행상 안전과 바닥마감 등 현장조건에 따라 필요한 경우 30~90cm 범위 안에 설치한다. (보통 횡단보도 전면에는 2줄 설치를 원칙으로 함.)

④ 분기점이나 방향을 전환해야 하는 굴절지점은 점형블록을 선형블록의 2배 넓이로 하여 확인이 쉽도록 설치한다.

⑤ 점형블록과 선형블록이 연결되는 부분은 간격을 두지 않고 붙여서 설치한다.

⑥ 점자블록은 현장 가공해서 설치하면 아니 되며 정규격 그대로 설치한다. 단, 선형블록은 현장조건상 부득이하게 이격거리를 맞추지 못하는 경우 현장 가공한다.

⑦ 점자블록을 연이어 설치할 경우에는 같은 규격, 같은 재질의 것을 사용한다.

⑧ 위험한 지역을 둘러막을 때에는 점형블록을 사용하고 보행동선과 마주치는 가로선은 2줄(60cm)로 설치하고 보행동선과 평행한 세로선은 1줄(30cm)로 설치한다.

⑨ 점자블록 시·종점 인근의 선형블록은 보행자 보행동선을 고려하여 평행 연장선상으로 유도한다.

⑩ 점자블록 간에 접하는 4각의 모서리가 서로 맞물리도록 설치함을 원칙으로 한다.

⑪ 계단, 출입구의 진입을 들어가는 방향, 나오는 방향으로 구분한 경우, 점자블록 설계는 들어가는(타는) 방향을 기준으로 함을 원칙으로 한다.

⑫ 선형블록 외곽선으로부터 좌우 최소 60cm에는 어떠한 장애물도 있어서는 아니 된다. 단, 폭이 1.5m 미만인 경우 중앙에 선형블록을 진행 방향에 맞게 설치한다.

⑬ 외부공간에서 시각장애인 점자블록은 보도, 접근로, 외부시설(승강기, 계단, 경사로 등)에 설치하는 것이 원칙이다.

⑭ 관공서, 복지관 등 공공건물 인근 보도에 설치되어 있는 선형블록은 해당시설 접근로까지 연계하여 선형블록을 설치한다.

⑮ 횡단보도까지의 올바른 유도를 위해 선형블록의 돌출선이 횡단하는 방향과 일직선이 되도록 설치하며, 선형블록은 한줄 설치를 원칙으로 한다.

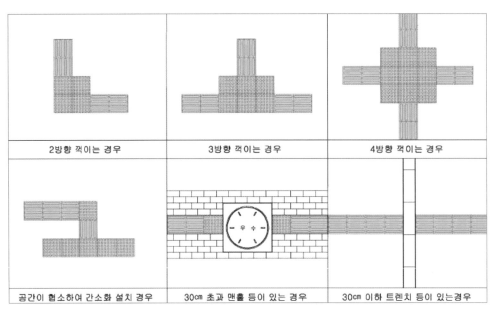

2방향 꺾이는 경우	3방향 꺾이는 경우	4방향 꺾이는 경우
공간이 협소하여 간소화 설치 경우	30㎝ 초과 맨홀 등이 있는 경우	30㎝ 이하 트렌치 등이 있는경우

점자블록 설계 예시

© 한국시각장애인연합회, 시각장애인 편의시설 설치 매뉴얼-여객시설,도로, 2018, 96-97p.

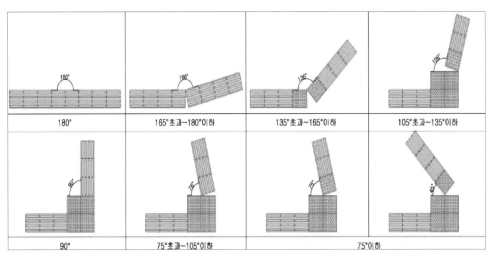

180°	165°초과~180°이하	135°초과~165°이하	105°초과~135°이하
90°	75°초과~105°이하	75°이하	

분기점에서 점자블록 각도별 설계 예시

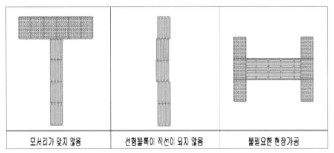

모서리가 맞지 않음	선형블록이 직선이 되지 않음	불필요한 현장가공

점자블록 잘못된 예시

횡단보도 연석이 곡선인 경우

❷ 시각장애인을 위한 외부 경사로(접근로 내에 있는 경사로)기준 [9]

① 경사로의 유효폭은 1.2m 이상, 굴절 및 시작과 끝 부분은 1.5m×1.5m 이상의 활동공간을 확보한다. 또한, 바닥 면으로부터 높이 0.75m 이내마다 수평참을 설치한다.

② 경사로의 기울기는 1:18 이하로 한다. 단, 건축물 조건 및 공간상 경사가 불가능한 경우에는 1:12까지 완화한다.

③ 경사로의 길이가 1.8m 이상이거나 경사로 수직높이가 0.15m 이상인 경우에 양 옆면에 손잡이를 연속으로 설치한다. 이때 손잡이의 지름은 3.2~3.8cm, 손잡이 설치 높이는 바닥으로부터 0.8~0.9m로 하며 경사로의 끝부분에는 0.3m 이상의 수평손잡이를 설치한다. (단 손잡이의 경우, 높이는 위쪽 0.85m, 아래쪽 0.65m로 설치함.)

④ 경사로 시·종점 양 끝 수평손잡이에는 시각장애인에게 방향, 목적지 및 위치 정보를 알려주는 점자표지판을 설치한다.

⑤ 경사로만 설치되어 있고 기울기가 1:18 이하의 경우 선형블록을 연속하여 설치한다. 단, 기울기가 1:18 초과~1:12 이하인 경우 앞면 경사로 폭만큼 점형블록을 설치하고 경사로에는 선형블록을 생략한다.

⑥ 계단과 경사로가 같이 설치되어있는 경우 점형블록은 단차 앞면에 설치하며 경사로 앞면에는 점형블록 설치를 피하도록 한다.

⑦ 추가로 추락방지턱 또는 측벽 설치가 가능하며, 외부에 설치할 경우 햇볕, 눈, 비 등을 가릴 수 있는 지붕, 차양시설(캐노피)을 설치할 수 있다.

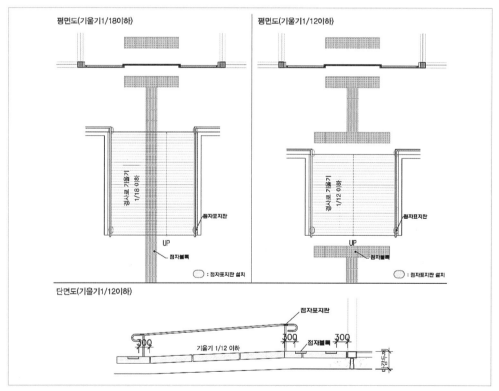

접근로에 경사로만 있는 경우
ⓒ 한국시각장애인연합회, 시각장애 편의시설 설치 매뉴얼-여객시설,도로, 2018, 10p.

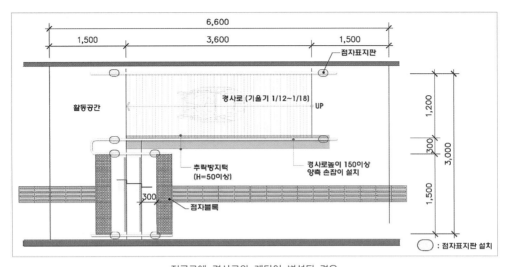

접근로에 경사로와 계단이 병설된 경우
ⓒ 한국시각장애인연합회, 시각장애인 편의시설 설치 매뉴얼-여객시설,도로, 2018, 10p.

❸ 출입문, 장애인용 승강기, 계단 점형블록 설치기준

출입문 앞, 장애인용 승강기 버튼 앞, 그리고 계단의 시작점과 끝점에 설치되는 점형 블록은 시각장애인을 포함한 모든 이용자가 건축물을 안전하고 자유롭게 이용할 수 있도록 돕는 중요한 역할을 수행한다.

이러한 점형블록의 설치기준은 시각장애인이 건축물 내에서 안전하게 이동할 수 있도록 하기위해 매우 중요하다. 이 기준에는 점형블록의 크기, 모양, 색상, 그리고 위치가 포함되어 있어, 시각장애인이 출입문, 승강기, 계단 등을 쉽게 찾을 수 있게 하고 위험으로부터 보호받을 수 있도록 한다. 따라서, 이러한 설치기준은 건축물의 접근성과 사용자의 안전을 확보하는 것에 필수적인 요소이다.

① 출입문 점형블록

- 건축물의 주출입문에 문의 유효 폭만큼 설치
- 개폐되는 문의 앞면에서 0.3m 떨어져 문의 내·외부에 설치 (300mm 이내 : 부득이하면 시공 오차 2% 허용)
- 주출입구 앞면에 높이 차이로 발생한 계단에도 점형블록을 설치하여야 함

② 공동주택 세대 출입문 조작버튼 점형블록

- 조작버튼 앞면에 2장 설치, 조작버튼 설치된 벽면의 앞면에서 300mm 떨어져 설치함.

③ 장애인용 승강기 점형블록

- 점형블록은 버튼 기준 30cm 앞면에 설치, 승강기 외부에 설치되는 점형블록은 2장을 원칙
- 점형블록 설치 시 승강기 출입문 쪽으로 돌출되지 않도록 설치
- 기존 건물 등에 2장 설치 시 돌출될 수밖에 없는 구조일 경우 (점형블록의 일부 돌출시 : 돌출이 되어도 2장 설치, 1장이 완전히 승강기 문으로 돌출된 경우 : 버튼 아래 1장만 설치)

④ 계단 점형블록

- 계단의 유효폭 만큼 설치 (ex. 계단 유효폭이 1.25m 경우 1.25m/0.3m=4장)
- 계단이 시작되는 지점과 끝나는 지점에서 30cm 떨어져 설치

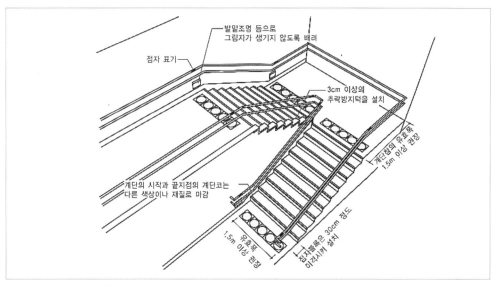

ⓒ 경기도 건축디자인과, 경기도 유니버설디자인 가이드라인, 2011, p160. 일부편집

점자안내판은 시각장애인이 건물 내부를 독립적으로 이동하고 탐색할 수 있도록 돕는 중요한 시설이다. 이 안내판은 건물의 구조와 이동 경로를 촉각으로 느낄 수 있는 지도 형태로 제공하여, 시각장애인이 자유롭게 이동하며 필요한 활동을 수행할 수 있게 한다.

　이러한 점자안내판은 시각장애인의 독립성을 증진시키고, 건물의 접근성을 향상시키는 데 큰 도움을 준다. 건물 외부의 점자안내판부터 목적지까지 연속적이고 일관된 편의시설과 이동 경로의 연결성을 확보함으로써, 시각장애인이 건물을 방문할 때 목적지까지 보다 편리하고 안전하게 이동할 수 있다.

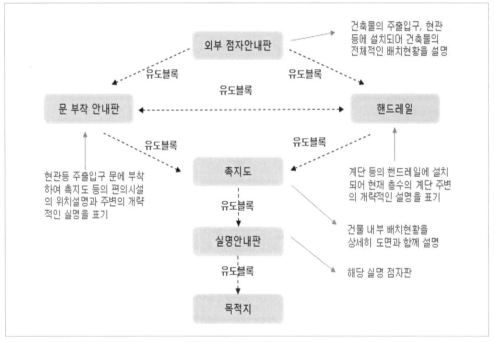

시각장애 편의시설 연속성
ⓒ 설계자를 위한 장애인 편의시설 상세표준도, 2000, p440.

　점자안내판의 재질, 위치, 개수 등은 설계 시 시방서와 도면에 제시하지만, 점자안내판의 내용과 도안은 시공 시 발주자와 협의하여 최종 입주자의 평면 확정을 목전에 두고 최종안이 결정된다. 따라서 발주할 때 다음 사항을 미리 확인해야 한다.

· **재질 확인** : 점자안내판의 재질은 시각적으로 인식할 수 없는 시각장애인을 위해 적합한 재질이어야 하며, 점자가 선명하게 각인되고 튼튼한 재질을 사용

· **위치 확인** : 점자안내판의 위치는 시설 내부의 주요 경로와 중요 시설물에 적절히 배치되어야 하며, 시각장애인이 쉽게 찾을 수 있도록 접근하기 쉬운 위치에 설치

· **개수 확인** : 점자안내판의 개수는 시설의 크기와 복잡성에 맞게 적절히 배치

· **내용 확인** : 점자안내판의 내용은 명확하고 이해하기 쉬워야 하며, 건물 내부의 구조, 이동 경로, 시설물 위치 등이 정확하게 표시되어 있는지 확인

· **도안 확인** : 점자안내판의 도안은 시각적으로 인식할 수 없는 시각장애인을 위해 명확하고 단순한 구조여야 하며, 도안이 쉽게 이해되고 점자로 변환하기 적합한 형식인지 확인

· **점자안내판 촉지도식 안내판 기준 확인** : 점자안내판촉지도식 안내판의 기준에 맞게 제작되었는지 확인해야 하며, 국내 점자안내판 표준에 부합하고 있는지 확인

· **건물 특성 반영 확인** : 건물의 특성과 구조를 고려하여 건물 내부의 공간 현황과 이동 경로에 맞게 점자안내판이 배치되어 있는지 확인

❶ 점자안내판(촉지도식 안내판)[10]

① 점자안내판은 시각장애인이 해당 시설을 이용함에 있어 가고자 하는 목적지 및 전반적인 시설의 구성 파악을 목적으로 주출입구 인근에 설치한다.

② 점자안내판의 촉지안내도는 시각장애인연합회 단체표준'SPS-KBUWEL001:5686, 시각장애인용 촉지 안내도에 준하여 제작한다.

③ 외부에 설치할 경우 햇빛, 눈, 비 등을 가릴 수 있는 지붕, 차양시설(캐노피)을 설치한다.

④ 점자안내판 앞면 0.3m 앞의 점형블록은 점자안내판 크기에 맞게 설치하고 선형블록을 연계하여 설치한다. 점자안내판의 설치위치가 주출입구와 60cm 이하로 근접할 경우 선형블록의 유도 설치는 생략한다.

⑤ 점자안내판에 시각장애인용 AD 2차원 바코드 및 NFC 태그를 추가하여 점자를 모르는 중도시각장애인에게 건물 등의 내부정보를 제공한다.

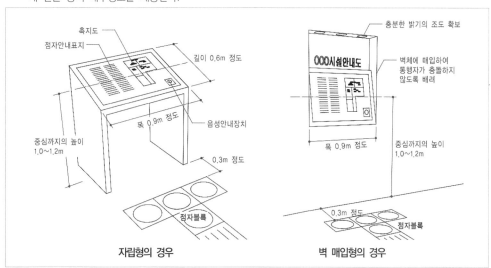

점자안내판 및 촉지도식 안내판의 설치방법(권장)
ⓒ 경기도 건축디자인과, 경기도 유니버설디자인 가이드라인, 2011, p256

❷ 시각장애인용 점자안내도 샘플안

〈시각장애인용 촉지안내도 제작 체크 (SPS-KBUWEL001,5686 기준)〉

① 재질 : 내마모성 및 내구성이 좋은 재질로 이질감과 손 베임을 방지할 수 있는 재질로 제작

② 정보내용 : 주요 실과 편의시설의 배치를 돌출된 선 및 면, 점자, 촉지 기호 등으로 간략하게 표시하여 그 차이를 쉽고 뚜렷하게 구별되었으며, 촉지안내도는 해당 층만 표시 원칙으로 제작되었다. 또한, 묵자를 같이 표기하여 비장애인도 사용할 수 있게 하였음.

③ 현 위치 : 촉지안내도에서 가장 쉽게 인지되어야 할 요소로 다른 촉지표시와 구별되도록 표시되었으며, 반구형 높이 5mm, 지름 8mm 이상으로 하부에 점자를 표기하여 제작

④ 유도 동선 : 현 위치에서 안내할 수 있는 곳(경비실)까지 유도하기 위해 보행 동선을 방위에 맞게 점선으로 표시하고, 1개의 유도 동선 표시를 원칙으로 하였음.

⑤ 중도시각 장애인를 위해 음성안내 및 직원 호출 버튼을 추가하였음.

〈음성안내 버튼 내용〉

어서 오십시오. 여기는 보람 종합복지센터 입니다.

현재 위치는 출입구 점자안내도 앞입니다.

1층에는 복지체험실, 세종시자원봉사센터, 정보통신실, 경비실, 관장실, 사무실, 열람실, 교육실, 서고, 인쇄실, 녹음편집실, 대기실, 상담실, 장애인화장실.

2층에는 강의실, 요리실습실, 사무실, 센터장실, 의무실, 식당, 집단활동실, 휴게실, 장애인화장실.

3층에는 문서고, 프로그램실, 미디어교육실, 교육실, 사무실, 장애인화장실.

지하 1층에는 탁구장, 대관사무실, 체력단련실, 다목적체육실, 다목적강당, 달빛문화홀, 휴게실, 아뜨리움, 장애인화장실이 있습니다.

도움이 필요하신 분은 점자안내도 상의 유도 동선을 따라 경비실로 오시면 친절히 안내해 드리겠습니다.

오늘도 즐거운 하루 되십시오.

감사합니다.

❸ 공공건물의 주출입구(문) 음성유도기 설치 원칙[11]

① 접근로를 통해 진행하는 시각장애인이 무선 리모콘(송신기)을 동작, 공공건물의 주출입구로 진입 유도할 수 있도록 주출입구 외부에 설치한다. 만약 실제적으로 출입하는 기능으로써 부출입구가 주출입구 보다 활성화되었다면 부출입구에 설치 가능하다.

② 시설관리 상, 상시 이용하지 않는 문이나 폐문 등에는 설치하지 않도록 하고, 상시개폐 되는 실제 출입 가능한 문 부근에 설치해야 하며, 점형블록과 연계되어 설치되어야한다. 높이는 바닥면으로부터 2.0~ 2.5m로 설치함을 원칙으로 한다.

③ 리모콘 수신거리는 10m 내외로 함을 원칙으로 한다.

④ 안내멘트는 가급적 간단하게 구성하고, 해당 시설명(동, 관 포함) 및 1층 로비의 전반적인 안내, 종합 안내센터의 위치 등 오리엔테이션 기능을 할 수 있도록 구성해야 한다. 점자 안내판이 있을 경우 점자 안내판 위치에 대한 내용도 포함해야 한다.

⑤ 안내멘트 소리의 크기는 '시각장애인용 음성유도기 무선규격'에 따라 실내는 40㏈, 실외는 60㏈로 하며, 10m 떨어진 지점에서 잘 들릴 수 있도록 한다.

⑥ 음성안내장치가 인근에 2개 이상 설치될 경우 중복작동을 방지하기 위해 순차제어 및 수신거리를 조정 해야한다.

⑦ 음성유도기의 전원은 스위치로 켜거나 끌 수 없는 상시전원으로 해야한다.

⑧ 시각장애인용 음성유도기는 상시 동작하는 편의시설이므로 정기적 점검 및 유지 관리가 필요하다.

[음질, 크기, 안내멘트의 구성]

① 음질은 비교적 명료한 톤으로 베이스가 적어야 하고 실내에서는 안내멘트와 멜로디를 함께 사용해서는 안 된다.

② 소리크기는 실내는 40㏈, 실외는 60㏈로 한다. 단, 실외의 경우 07시~19시(오차범위 ±10분)에는 60㏈로 하고, 19시~07시(오차범위±10분)에는 40㏈로 한다.

③ 음향 크기는 수신기로부터 1m 이상 떨어진 지점의 지면 1.2m ~ 1.5m 높이에서 측정한 값을 기준으로 하며, 설치지점 주변 소음 등 주변 환경을 고려하여 실무담당자의 판단에 따라 크기를 증감 할 수 있다.

④ 타이머의 작동으로 번화가 또는 유동인구가 많은 경우는 07시~21시까지로 하고, 유동인구가 적고 번화가 아닌 경우는 07시~19시로 정한다.

⑤ 가급적 간단하게 구성하여야 하고 지하철 역사의 맞이방(대합실)에서와 같이 인접거리에 여러 대가 설치 되어 있을 경우 가급적 안내멘트의 내용이 짧아야 하며 누구나 쉽게 이해할 수 있는 어휘로 구성하여야 한다.

● 촉지판, 점자블록, 점자안내판　■ CS업무 질의　■ BF인증 질의
[CS처리지침 : 보건복지부,장애인권익지원과. BF인증업무 : 한국장애인개발원]

Q1. 두 개의 동으로 구분되어 주출입구가 두 개일 경우 촉지도식 안내판 설치기준?

- 두 개의 동이 분리되어 사용자의 동선이 연결되지 않는다면 각각의 출입구에 촉지도식 안내판을 설치하여야 함

Q2. 부출입구에 역시 이용률이 높다면 촉지도식 안내판을 강제할 수 없는지?

- 주출입구에 설치되어 있다면 부출입구에 설치하는 것을 강제할 수 없음

Q3. 주출입구를 정확히 인지할 수 있는 음성안내기의 설치 위치는?

- 음성 유도기는 접근로를 통해 진행하는 시각장애인이 무선 리모콘(송신기)을 동작, 공공건물의 주출입구로 진입 유도할 수 있도록 주출입구 외부 또는 부출입구에 점형블록과 연계하여 바닥면으로부터 2.0~2.5m에 설치한다. 이때 주출입구를 정확히 인지할 수 있는 음성안내기의 설치 위치는 주출입구 상단에 위치하면 어느 위치에 설치되어도 무방할 것으로 판단됨

Q4. 건축물의 증축 및 용도변경 시 기존 건축물에 점자블록 부착 시공 가능 여부?

- 점자블록은 매립식으로 설치하여야 함.
- 다만, 건축물의 구조 또는 바닥재의 재질 등을 고려해 볼 때 매립하는 것이 불가능하거나 현저히 곤란한 경우에만 부착식으로 설치 가능 (부착식으로 설치 시 두께는 2mm 내외가 되도록 하고 피스 고정형을 병행하여 들뜸을 방지하도록 함)

Q5. 점자 표지판의 올바른 높이, 적정거리 기준?

- 점자 표지판의 적정 설치 높이 기준 : 실제 점자가 있는 부분을 중심으로 설정 (점자가 두줄인 경우 줄과 줄 사이 기준)
- 사무실 및 화장실 등의 입구와 점자 표지판 간의 적정거리 : 출입구에서 30cm이내
- 화장실 점자표지판의 인지하기 쉬운 설치 위치 : 출입문이 있는 경우 손잡이가 있는 쪽 벽면에 설치

Q6. 점자안내판 설치시 알아두어야 할 중요 사항을 알려주세요.

- 안내멘트는 가급적 간단하게 구성하고, 해당 시설 명(동, 관 포함) 및 내부공간에 대한 전반적인 안내, 종합안내센터의 위치 등 오리엔테이션 기능을 할 수 있도록 구성해야 합니다. 점자안내판이 있을 경우 점자안내판 위치에 대한 내용도 포함해야 합니다.
(예 : '어린이 대공원 주출입구 입니다. 출입구 진입 후 정면 산책로, 좌측은 종합안내데스크, 우측은 화장실 이 있습니다. 자세한 사항은 우측에 점자안내판을 참고하십시오')

Q7. 화장실 안내표지판 설치 기준에 관해 두 가지 사항을 질문합니다. 첫째, 문이 열리는 측 벽면과 수평 이 아닐 때 수직 벽에 안내표지판과 점자블록 설치 방안. 둘째, 남녀 화장실 입구가 분리된 경우 별도 촉지도 제작의 설치 방법입니다.

- [2019]Universal Design 적용을 고려한 장애물 없는 생활환경(BF)인증 상세표준도[건축물]에따르면, 화장실 출입문 옆 벽에 점자표지판과 점형블록을 설치해야 합니다. 출입문과 같은 라인에 설치하는 것이 좋으며, 이를 위해 날개벽을 확보하는 방안을 고려해야 합니다.
- 촉지도식안내판은 복도에서 화장실의 전체 배치를 보여주거나, 화장실 근처에서 부분적으로 보여줄 수 있습니다. 특히 공원의 공중화장실에서는 남녀화장실의 위치를 쉽게 알 수 있도록 촉지도식 안내판과 유도블록 설치를 권장합니다.

우리나라는 높은 교육율로 인해 문맹률이 매우 낮지만, 시각장애인 중 대다수가 점자를 사용하지 못하는 것으로 나타났다. 국립국어원의 2021년 점자 출판물 실태조사에 따르면, 시각장애인 10명 중 9명이 점자 사용에 어려움을 겪고 있다. 이는 대부분의 시각장애가 후천적으로 발생하기 때문에, 갑작스럽게 점자를 배우는 것이 어렵기 때문이다. 따라서, 설계자들이 안내판이나 손잡이에 점자를 부착하는 것은 좋은 의도이지만, 실제로 많은 시각장애인들이 이를 활용하지 못하고 있다. 또한, 점자 정보가 잘못 부착되어 있는 경우도 많은데, 이는 점자를 읽을 수 있는 대상자에게 검증을 받지 않았기 때문일 수 있다.

예를 들어, 어느 날 사무실 화장실의 수도꼭지에 부착된 점자가 궁금해져서 사진을 찍고 표준 점자일람표로 확인해 보았더니, 냉수와 온수를 나타내는 점자가 모두 뒤집혀서 쓰여 있었다. 이는 점자 정보의 정확성을 확인하는 과정이 누락 되었음을 보여주는 사례이다.

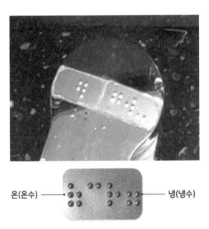

온(온수) ←　　　→ 냉(냉수)

냉 · 온수 점자표시 오류 시공 (위 사진)
올바른 점자표기 (아래 사진)

냉 · 온수 점자표시와 색상으로
구별할 수 있는 수도꼭지

시각장애인을 위한 편의시설 설치 시, 단순히 설치하는 것만으로 충분하지 않으며, 실제 사용자의 필요와 사용성을 고려한 접근이 필요하다. 예를 들어, 수도꼭지에 부착된 점자가 잘못 설치되어 실제로 시각장애인에게 혼란을 주는 경우가 있다. 이는 냉수와 온수를 쉽게 구별할 수 있도록 청색과 빨간색으로 표시된 점자표시 수도꼭지가 있었다면, 중도 실명한 시각장애인뿐만 아니라 일반인에게도 유용한 시설이 될 수 있었을 것이다.

장애인 편의시설은 장애인이 독립적으로 활동할 수 있도록 사회적 환경에 통합되어야 하는 필수적인 요소이다. 시각장애인의 경우, 시각적 정보 처리가 어려워 청각이나 촉각을 통한 정보 처리에 크게 의존한다. 따라서, 시각장애인을 위한 편의시설은 청각, 촉각, 시각 등 다양한 감각을 통합할 수 있는 다감각적인 접근 방식을 채택해야 하며, 설치된 정보의 정확성도 철저히 검증되어야 한다.

점자표지판은 화장실, 건물 실내 출입문, 계단, 에스컬레이터, 경사로의 손잡이, 승강기 조작판 등에 설치되어 시각장애인에게 필요한 위치, 방향, 용도 및 목적지 등의 정보를 제공한다. 이와 함께, 글자와 점자, 픽토그램을 함께 표기하여 중증 시각장애인, 저시력 시각장애인, 비장애인 모두가 사용할 수 있도록 한다. 또한, 점자를 모르는 중도 실명 시각장애인을 위해 2차원 AD 바코드나 NFC 태그를 부착하여 음성으로 정보를 제공하는 방법도 활용된다.

❶ 핸드레일 점자표지판 설치 원칙

핸드레일에 점자표지판을 설치하는 작업은 시각장애인 사용자가 건물 내부를 더 쉽게 탐색하고 이동할 수 있도록 하는 중요한 조치이다. 점자표지판은 계단, 경사로, 복도의 손잡이 시작과 끝 부분에 위치한 0.3m 길이의 수평손잡이 중간에 설치되어야 한다. 계단에서는 점자표지판을 점자블록과의 거리를 고려하여 적절히 설치해야 하며, 손잡이 고정 장치로 인해 설치가 어려운 경우 가능한 가까운 곳에 설치한다.

시설에 관한 점자 문구를 표기하는 것이 기본 원칙이다. 원형 손잡이에 점자표지판을 설치하는 경우, 사용자가 왼손으로 읽을 수 있도록 벽면 쪽으로 15°에서 30° 사이로 기울여 설치한다. 난간에 고정된 손잡이의 경우도 난간 쪽으로 같은 각도로 기울여 설치한다. 사각이나 오각 형태의 손잡이에 점자표지판을 설치할 때는 손잡이의 윗면에 부착한다.

손잡이가 이중으로 설치된 경우, 즉 성인용과 어린이용으로 두 가지 높이(위쪽

0.85m, 아래쪽 0.65m)에 설치된 경우에는 성인용인 위쪽 손잡이에 점자표지판을 설치하는 것을 원칙으로 한다. 이러한 세심한 배려와 설치 원칙을 따름으로써, 시각장애인이 건물 내에서 보다 독립적이고 안전하게 이동할 수 있도록 지원할 수 있다.

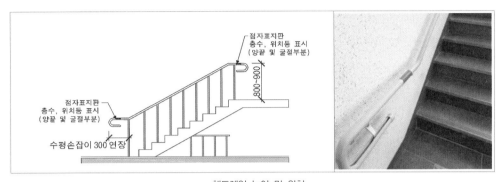

핸드레일 높이 및 위치

ⓒ 경기도 장애인편의증진기술지원센터, 경기도 장애인 등의 편의시설 매뉴얼, 2024, p53.

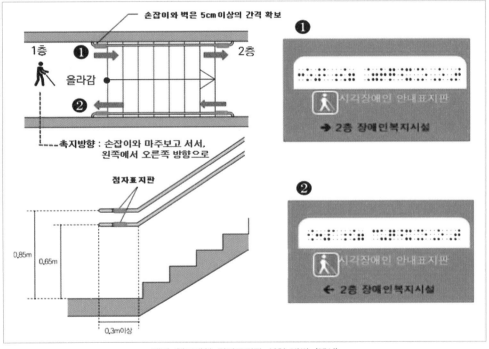

계단 핸드레인 점자표지판 설치 방법 (예시)

❷ 손잡이 설치 원칙

① 노인이나 장애인의 이용이 많은 건축물의 복도에는 손잡이를 방화문 등이 설치되는 부분을 제외한 설비기구나 점검용 문에 의해 단절되지 않도록 연속하여 설치해야

하며, 가급적 양쪽 벽면에 손잡이를 설치하도록 권장한다. 또한, 손잡이는 몸의 균형을 유지하거나 추락위험이 있는 곳에 설치하므로 체중이 실려도 움직이지 않도록 견고하게 고정해야 하며, 손잡이를 잡으면서 이동하는데 지장을 초래하지 않는 지지방법으로 설치한다. 키가 작은 어린이, 노인, 휠체어사용자 등이 사용하기 쉽도록 2단 손잡이를 권장한다.

② 손잡이의 높이는 바닥면으로부터 0.85m±5cm에 설치하며, 2단 손잡이의 경우 상단 손잡이의 높이는 0.85m 내외, 하단손잡이는 0.65m 내외로 설치해야 한다.

③ 벽면에 설치하는 경우에는 벽과 손잡이 사이 간격은 5cm 정도로 하며, 2단 손잡이의 경우 하단손잡이는 손잡이 직경의 1:2 정도를 더하여 상단손잡이보다 복도측으로 설치한다.

④ 움켜잡기 쉬운 손잡이의 직경은 3.2cm~3.8cm 정도이며, 기립할 경우 움켜잡기 쉬운 수직손잡이의 직경은 2.8~3.5cm 정도를 권장한다.

⑤ 손잡이의 시작과 끝부분의 단부는 옷자락 등이 걸리지 않도록 아랫방향 또는 벽 방향으로 굽히는 형상이어야 한다.

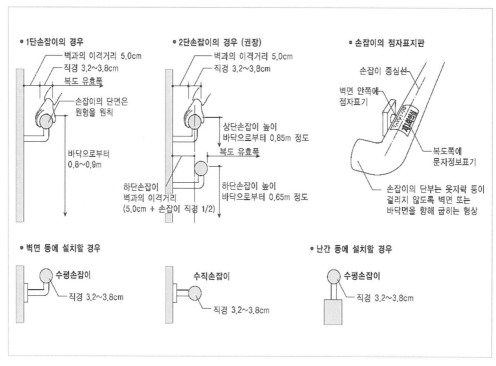

손잡이의 설치기준과 점자 및 문자정보 표기방법
ⓒ 경기도 건축디자인과, 경기도 유니버설디자인 가이드라인, 2011, p154.

점 자 일 람 표

점자규격, 읽기형

2.3 4
0.8   4.6
ㄱ0.6
1.5   0.8   단위: mm

| 자음 | ㄱ | ㄴ | ㄷ | ㄹ | ㅁ | ㅂ | ㅅ | ㅇ | ㅈ | ㅊ | ㅋ | ㅌ | ㅍ | ㅎ | 된소리 |

| 받침 | ㄱ | ㄴ | ㄷ | ㄹ | ㅁ | ㅂ | ㅅ | ㅇ | ㅈ | ㅊ | ㅋ | ㅌ | ㅍ | ㅎ | ㅆ받침 |

| 모음 | ㅏ | ㅑ | ㅓ | ㅕ | ㅗ | ㅛ | ㅜ | ㅠ | ㅡ | ㅣ |
| | ㅐ | ㅒ | ㅔ | ㅖ | ㅘ | ㅙ | ㅚ | ㅝ | ㅞ | ㅟ | ㅢ |

| 약자 | 가 | 나 | 다 | 마 | 바 | 사 | 자 | 카 | 타 | 파 | 하 | 억 | 언 | 얼 | 연 |
| | 열 | 영 | 옥 | 온 | 웅 | 운 | 울 | 은 | 을 | 인 | 것 |

| 약어 | 그래서 | 그러나 | 그러면 | 그러므로 | 그런데 | 그리고 | 그리하여 |

| 숫자 | 수표 | 1 | 2 | 3 | 4 | 5 | 6 | 7 | 8 | 9 | 0 | 10 | 수표11 |

| 문장부호 | ! | ? | . | , | - | ~(—) | * | " " | ' ' | / |
| | : | 가운뎃점(·) | 말줄임표(…) | 말줄임표(…) | 소괄호( ) | 대괄호[ ] | 화살표← |

| 영어 | 영어시작 | 끝 | 대문자 | a | b | c | d | e | f | g | h | i | j | k | l |
| | m | n | o | p | q | r | s | t | u | v | w | x | y | z | 아포스트로피 ' |

* '나, 다, 마, 바, 자, 카, 타, 파, 하' 약자뒤에 모음이 이어질 때는 약자를 사용하지 않는다. * ㅅ,ㅈ,ㅊ,ㅆ,ㅉ 다음에 약자 영 이 올때는 '엉'으로 바뀐다.

점자일람표 ⓒ한국시각장애인연합회

※ 최근에는 한글 워드에서도 쉽게 '점자로 바꾸기' 메뉴를 사용하면 점자를 확인할 수 있다.

일상생활에서 우리는 다양한 안내 정보를 제공하는 사인디자인을 통해 길을 찾는다. 이러한 사인디자인은 명확하고 간결한 정보 전달이 중요하며, 특히 청력 손실자나 언어 장애가 있는 사람들에게 더욱 중요하다. 사인물은 건축물이나 거리, 목적지 등 거의 모든 곳에서 찾아볼 수 있으며, 대부분의 건물과 시설물들은 통일된 형식의 신호체계를 갖추고 있어 다양한 지리정보와 서비스를 제공한다.

　건물 내부의 사인물은 신호체계의 내용, 메시지, 색상, 조명 등에 영향을 미치며, 이는 신호 시스템의 효율성을 높인다. 또한, 청각적 신호가 시각적 신호와 함께 사용되어 도착, 출발, 문의 닫힘, 비상사태 등 변화하는 상황에 대한 정보를 제공한다. 이처럼 사인디자인은 정보를 명확하고 간결하게 전달하는 중요한 역할을 한다.

명확하고 간결하게 정보를 전달하는 사인디자인

❶ 사인디자인 설계 고려사항과 프로세스

① 사인디자인 설계 고려사항

장애인을 위한 사인디자인은 사회적 포용성과 접근성을 높이는 데 필수적인 요소이다. 모든 사람이 정보에 동등하게 접근하고, 공공 공간을 자유롭게 이용할 수 있도록 하는 것은 기본적인 인권 중 하나이다. 장애인을 위한 사인디자인의 필요성은 다음과 같은 여러 가지 이유에서 비롯된다.

· **접근성 향상** : 장애인을 위한 사인디자인은 시각 장애인, 청각 장애인, 이동 장애인 등

다양한 유형의 장애를 가진 사람들이 공공장소에서 정보를 쉽게 이해하고 접근할 수 있도록 돕는다. 예를 들어, 점자 사인, 대비가 높은 색상, 큰 글씨, 오디오 안내 등은 정보 접근성을 크게 향상 시킨다.

· **안전 보장** : 안전 사인, 비상구 표시, 경고 사인 등을 장애인이 이해하기 쉽게 디자인 함으로써 모든 사람의 안전을 보장할 수 있다. 특히 비상 상황에서는 이러한 사인들이 매우 중요하다.

· **법적 요구사항 충족** : 많은 국가에서는 장애인 차별 금지법을 포함하여 장애인의 권리를 보호하는 법률을 시행하고 있다. 이러한 법률은 공공장소에서 장애인 접근성을 보장하는 사인의 설치를 요구하기도 한다.

· **사회적 포용성 증진** : 모든 사람이 정보에 접근하고 공공 공간을 이용할 수 있도록 하는 것은 사회적 포용성을 증진시킨다. 장애인을 위한 사인디자인은 장애인이 사회의 일원으로서 활동할 수 있도록 돕는다.

· **경제적 이익** : 장애인을 포함한 모든 사람이 서비스와 시설을 쉽게 이용할 수 있게 함으로써, 비즈니스는 더 넓은 고객층에게 서비스를 제공할 수 있다. 이는 장기적으로 비즈니스의 경제적 이익으로 이어질 수 있다.

장애인을 위한 사인디자인은 단순히 정보를 전달하는 것을 넘어서, 모든 사람이 동등하게 사회에 참여하고, 안전하며, 편리한 환경에서 생활할 수 있도록 하는 중요한 역할을 한다. 따라서, 사인디자인 과정에서 장애인의 요구와 특성을 고려하는 것은 매우 중요하다.

② 사인디자인 프로세스

안내시설물 설치 프로세스는 계획부터 설치, 유지보수에 이르기까지 여러 단계를 포함한다. 이 과정은 효과적인 안내 시스템을 구축하여 사용자에게 명확한 정보를 제공하고, 공간의 접근성과 이용 편의성을 향상시키기 위해 필수적이다. 다음은 안내 시설물 설치 프로세스의 주요 단계이다.

· **요구사항 분석 및 계획**
  먼저, 안내시설물의 목적과 필요성을 명확히 파악하고, 사용자의 특성과 요구사항을 분석하여 대상 사용자를 정확히 이해한다. 그 후에는 설치될 위치의 환경, 구조, 접근성 등을 조사하여 적합한 사이트를 선정한다. 마지막으로, 관련 법규, 안전 규정,

접근성 기준을 검토하여 규제 및 법적 요구사항을 준수하는지 확인한다.

· **디자인 및 계획**

디자인 및 계획 단계에서는 안내시설물의 디자인 컨셉과 초기 디자인을 개발하고, 색상, 재료, 크기, 폰트 등 디자인의 세부사항을 결정한다. 또한 구조적 안정성, 내구성, 설치 방법 등을 고려하여 기술적 설계를 진행하며, 이를 3D 모델링이나 렌더링을 통해 시각화한다.

· **승인 및 조달**

프로젝트 관련자들의 검토와 승인을 거쳐 내부 승인을 받는다. 이후에는 제작 및 설치를 담당할 업체를 선정하고, 필요한 자재와 장비를 조달하여 프로젝트를 진행할 준비를 완료한다.

· **제작 및 설치**

선정된 업체에서 안내시설물을 제작하고 이후에는 설치할 위치를 준비하고 필요한 경우 기초 작업을 진행하여 현장을 준비한다. 제작된 안내시설물을 현장에 설치하고, 설치된 시설물의 안전성을 검사하고 필요한 조정을 진행한다.

· **평가 및 유지보수**

설치된 안내시설물의 효과성과 사용자 만족도를 평가하여 성능을 평가한다. 이후에는 장기적인 유지보수를 위한 계획을 수립하고, 시설물의 상태를 정기적으로 점검하여 필요한 유지보수 작업을 진행한다.

안내시설물 설치 프로세스는 프로젝트의 규모, 복잡성, 예산, 시간 제약 등에 따라 다양하게 조정될 수 있다. 중요한 것은 사용자의 요구와 안전을 최우선으로 고려하는 것이다.

③ 안내시설물의 설치 시 기본적인 배려사항

안내시설물을 설치할 때는 사용자의 편의성과 안전성을 최우선으로 고려해야 한다. 다음은 안내시설물 설치 시 기본적으로 배려해야 할 사항들이다. 이러한 배려사항들을 고려하여 안내시설물을 설계하고 설치한다면, 모든 사용자가 편리하고 안전하게 이용할 수 있는 환경을 조성할 수 있다.

구분	세부내용
정보전달체계	· 사용자가 알고 싶어 하는 정보를 제공한다. · 기억하기 쉽고 이미지화하기 쉬운 표현이나 용어를 사용한다. · 사용자가 이해할 수 있는 언어를 사용한다. · 사용자의 이해 수준을 고려한 내용으로 정보를 제공한다. · 너무 많거나 적지 않은 적정한 수준의 정보량을 제공한다.
설치방법	· 필요한 장소에 설치한다. · 사람이나 시설물 등이 시야를 가리지 않는 장소에 설치한다. · 사람이나 시설물 등의 그림자에 가리지 않는다. · 정보량이 많은 경우 사용자의 흐름을 분산시켜 차분하게 읽을 수 있다. · 사람이나 시설물 등이 시야를 가지의 그림자에 가리지 않는다. · 근접해서 읽을 경우 사용자의 눈높이를 고려한다. · 편한 자세로 읽을 수 있다. · 주변 광고물과 잘 구분되어 인지하기 쉽다. · 주변과 잘 조화를 이루며 적절한 강조를 가진다. · 야간 등을 고려해 적절한 조명을 설치한다.
표기방법	· 통일감이 있는 정보전달체계를 갖는다. · 내용은 간결하고 단순하게 배열한다. · 읽기 쉬운 서체를 사용한다. · 문자, 그림, 기호, 픽토그램 등의 크기가 적절하다. · 명도 등의 대비가 잘 이루어진다. · 안내를 위한 그림, 기호, 픽토그램 등 적절하게 사용한다. · 외국인을 위해 중요한 정보는 다국어를 표기한다. · 오독의 소지가 없는 적절한 화살표의 방향 표현을 사용한다. · 안내표지판의 안내도 방향은 사용자가 보는 방향과 일치한다. · 안내도는 너무 복잡하지 않고 필요한 정보만 적절히 제공한다. · 눈부심이나 빛 반사가 없다.
유지관리	· 부서지거나 표면 등이 잘 벗겨지지 않는 구조이다. · 청소하기 쉽고 잘 더러워지지 않는 재질 등을 사용한다. · 항상 새로운 정보를 제공한다

안내시설물의 설치 시 기본적인 배려사항
ⓒ 경기도 건축디자인과, 경기도 유니버설디자인 가이드라인, 2011, p250.

❷ 픽토그램

사인디자인은 모든 사람이 소통할 수 있는 환경을 조성하는 중요한 요소이다. 특히 저시력자나 청각 상실자와 같은 사용자들을 위해 사인디자인은 필수적이다. 이를 위해 글자 크기를 확대하고, 안내판의 높이를 조정하여 접근성을 개선하며, 대비가 높은 색상과 명확한 글씨체를 사용한다. 또한 충분한 조명을 확보하고, 상징 마크를 간단하게 디자인하여 정보 전달을 최적화한다. 이러한 방법들은 모든 사용자가 사인을 이해하고 활용할 수 있도록 돕는다. 사인디자인은 우리의 일상을 보다 포용적이고 접근성 있게 만들어 준다.

이렇게 하면 노인, 시각 및 청각장애인, 그리고 외국인들에게 편의를 제공하여 정보 이해를 쉽게 한다.

픽토그램 지침
행정중심복합도시

픽토그램 사용은 진한 회색 바탕에 흰색 도형으로 구성되는 것을 기본으로 하며, 주의나 금지에 사용하는 주의색 (예 : 빨강, 주황, 노랑, 녹색)을 사용하는 경우에는 대비색을 고려해서 사용할 수 있으나, 관광 안내소(갈색)와 금지(빨강), 주의(노랑), 지하철(노랑), 비상구(녹색)는 색채의 변경 없이 사용한다.

❸ 문자와 숫자

사인디자인은 건물 내외부에서 다양한 정보를 제공하는 중요한 시설물이다. 화장실과 방 이름 안내판, 주차장 유도 및 주의 안내판, 위치 및 방향 안내판 등을 포함하여 다양한 정보를 전달한다. 이러한 안내판은 시력이 제한된 사람들도 쉽게 알아볼 수 있도록 글씨 굵기를 명확하게 해야 한다. 또한, 문자와 숫자의 폭과 높이 비율은 3:5에서 1:1 사이로 유지해야 하며, 글자획과 전체 공간의 비율은 1:5에서 1:10 사이로 설정하여 가독성을 높이는 것이 좋다.

사인디자인에서 사용되는 서체는 표준 명조체나 고딕체가 적합하며, 정식체는 피하는 것이 좋다. 이는 문자를 시각적으로나 촉각적으로 쉽게 판독할 수 있도록 도와준다. 문자와 숫자는 양각되어 있어야 하며, 이는 손으로 만져서도 정보를 알 수 있게 하고, 먼지나 때가 끼지 않아 관리가 용이하다는 장점이 있다.

　BF인증 평가에서는 점자안내판의 글자체와 색상을 평가하며, 픽토그램 사용과 외국어 포함 여부도 고려하여 최우수 배점을 부여한다. 이는 사인디자인이 보다 포괄적이고 다양한 사용자의 필요를 충족시키는 방향으로 발전하고 있음을 보여준다.

평가항목		배점	평가 및 배점기준
4.1 안내설비	4.1.4 청각장애인 안내설비	3.0	우수의 조건을 만족하며, 외국어를 병용하여 표시
		2.0	일반의 조건을 만족하며, 그림을 병용하여 표시
		2.1	안내표시를 읽기 좋은 글자체(고딕체 또는 이와 유사한 글자체)를 사용하였으며, 주변과 명확히 대조되는 색상을 이용하여 문자 표시

안내시설 BF인증 평가항목 배점표

❹ 색상의 대비

화장실을 찾는 급한 용무가 있는 사람에게는 아래에 설치된 안내표지판이 큰 도움이 되지 않는다. 점토벽돌 색상과 유사한 작은 이미지 안내판은 눈에 띄지 않아, 화장실 위치를 찾기 어렵다. 이런 상황은 시력이 좋은 사람뿐만 아니라, 시각적 어려움을 겪는 장애인과 노인에게도 인식이 어려운 문제이다.

쉽게 찾지 못하게 만든 화장실 안내표지판　　　시각적인 대비 안내판 재구성

　재구성된 사진은 영국 장애인 스포츠연맹의 장애인의 물리적 접근을 위한 안내판 가이드 기준을 적용한 예시이다

구 분	배경/환경	간판배경 색상	글자/ 픽토그램 색상		
화장실	붉은 벽돌 또는 어두운 돌	흰색	다크 그레이	파란색	녹색
화장실	밝은 벽돌 또는 돌	감청색 또는 기타 어두운 색상	흰색	노랑색	
화장실	화이트 벽	감청색 또는 기타 어두운 색상	흰색	노랑색	
화장실	녹색	희색	다크그레이,블라운,검정색		

시각적 대비를 고려한 안내판 디자인 ⓒ영국 장애인 스포츠 연맹, 2015

사인디자인에서 글자와 배경의 대비는 정보 전달에 매우 중요한 역할을 한다. 글자는 반드시 배경과 대조되어야 한다. 예를 들어 어두운 배경에는 밝은 글자를 사용하고, 밝은 배경에는 어두운 글자를 사용하여 가독성을 높이는 것이 좋다. 특히 어두운 배경에 밝은 글자를 사용하는 것은 눈의 피로를 줄여주고 정보를 쉽게 인식할 수 있도록 한다.

또한, 안내판의 조명도 중요한 고려 사항이다. 안내판에는 최소 300lx 이상의 조명이 비추어져야 한다. 이는 정보가 충분히 밝게 보이도록 하기 위함이다. 그러나, 눈부심을 피하기 위해 조명을 조절해야 한다. 이를 위해 연마 처리로 광택을 줄이거나, 번쩍이지 않는 재료를 사용하는 것이 좋다. 이러한 조치는 안내판의 정보를 명확하고 편안하게 읽을 수 있도록 도와준다.

글자와 배경의 대비, 적절한 조명은 사인디자인에서 정보를 효과적으로 전달하기 위해 필수적인 요소이다. 이를 통해 시각적으로 인식하는 데 어려움을 겪는 사람들도 정보에 쉽게 접근하고 이해할 수 있다.

시각은 정보의 87%를 받아들이는 중요한 기관이다. 따라서 색상 선택은 매우 중요하다. RGB 색체계를 통해 색을 표현할 때, 색맹에 대한 고려가 필요하다. 일반적으로 인식하는 색과 색맹이 인식하는 색은 다르기 때문에 설계 시에 주의해야 한다.

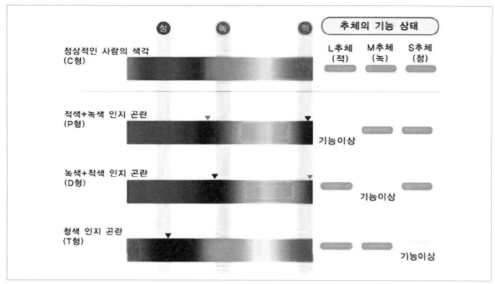

시각장애인이 인지할 수 있는 RGB칼라 비교
© 이호승, YouTube, 공생 사회를 생각하는 유니버설 디자인 TED[X]

위쪽 행은 일반적인 사람이 청색, 녹색, 적색을 보는 것에 일반적으로 인지하는 색채를 나타내고 있다. 그러나 아래쪽 행은 원추세포 종류의 손상으로 인해 일부 파장의 빛을 감지하지 못하거나 다른 색과의 구별이 어려운 점목 색각장애인(색맹)이 보는 색채이다. 특히 적색과 녹색 부분에서 삼각형 또는 역삼각형으로 표시된 부분은 전혀 다른 색으로 보인다. 이는 유전적 문제로 대부분 남성에서 나타나는 현상이다.

시각을 이용하여 중요한 정보를 전달해야 할 때 이러한 문제는 심각한 결과로 이어질 수 있다. 디자인이나 설계 시에 중요한 메시지를 전달할 때는 이러한 색상을 사용할 때 유의해야 한다.

❺ 안내구조물[12]

안내 구조물은 공공장소, 상업지역, 교통시설 등 다양한 환경에서 정보를 제공하고 방향을 안내하는 중요한 역할을 한다. 행거형 간판, 돌출형 간판, 벽부착형 간판, 자립형 및 독립형 간판 등 다양한 형태의 안내 구조물이 존재하며, 이용자의 경험을 개선하고, 정보의 접근성을 높이며, 안전과 편의성을 제공하는 중요한 역할을 한다.

① 행거형, 돌출형

- 행거형은 통로의 천장이나 벽부 등에 매달아 설치하여 주로 유도표지, 위치표지 등에 사용되는 설치 방법이다.
- 돌출형은 벽면 등의 상부에 통로 측으로 돌출되어 복도 등에서 실의 입구, 명칭 등에 대한 정보를 제공하는 데 주로 사용한다.
- 6m 이상의 거리에서 시인성 높게 설치하며, 외부의 햇빛이나 조명 등 반사로 안내시설물의 내용이 안 보이지 않도록 하며, 조명에 의한 그림자가 생기지 않도록 한다.
- 건축물 외부는 2.5m 이상, 내부 2.1m 이상 높이에 설치한다.
- 2개 이상 연속 설치 시 앞쪽 시설이 뒤쪽시설을 가리지 않도록 충분한 간격(6m이상)을 확보한다.

② 벽 부착형

- 벽 부착형은 벽면 등에 설치하여 안내표지, 유도 표지, 위치표지, 규제표지 등 광범위하게 사용되는 설치 방법이다.
- 벽 부착형은 3m 이내의 근거리에서 시인성 높게 설치한다.
- 벽부착형의 안내판 중심은 바닥에서 1.5m 내외의 높이에 있도록 한다.

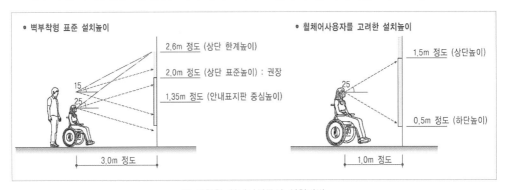

벽 부착형 안내시설물의 설치방법
ⓒ 경기도 건축디자인과, 경기도 유니버설디자인 가이드라인, 2011, p254.

점자표시가 포함된 벽부착형 안내표지판

③ 자립형, 독립형

· 자립형, 독립형 안내시설물은 주로 방향 안내판으로 활용하며, 보행로나 접근로 동선상의 중요한 지점이나 교차점에 설치한다.

· 지하부는 지면과 평편하게 설치하며, 발이 걸려 넘어질 받침대가 없도록 설치한다.

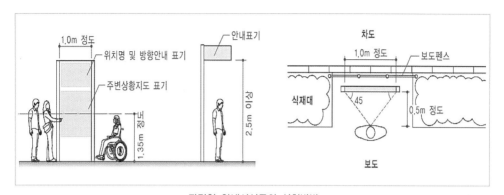

자립형 안내시설물의 설치방법
ⓒ 경기도 건축디자인과, 경기도 유니버설디자인 가이드라인, 2011, p254.

④ 바닥형

· 바닥형은 시각장애인 등의 보행 유도와 위험지역에 대한 경고, 중요시설에 대한 정보제공 등에 활용된다.

· 점자블록이나 유도 및 경고용 띠, 색, 면 등을 사용하여 정보를 제공한다.

· 주요 위험지역과 중요 정보제공이 필요한 지점에는 될 수 있는 대로 표준형 점자 블록을 사용한다.

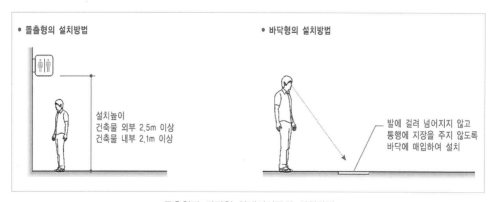

돌출형과 바닥형 안내시설물의 설치방법
ⓒ 경기도 건축디자인과, 경기도 유니버설디자인 가이드라인, 2011, p255.

Q1. 「장애인등편의법」시행규칙 [별표1] 편의시설의 구조·재질 등에 관한 세부기준에 따라 출입구(문) 옆 벽면에 방이름을 표기한 점자표지판은 '점자표지판의 중심'또는 '실명 점자의 위치'를 기준으로 1.5m 높이에 설치하도록 허용 가능 위치는?

- '점자표지판의 중심'은 실명 점자가 표시되는 위치를 기준으로 1.5m의 높이에 설치하여야 함.
  ※ 1.5m 높이 설치기준 : '점자표지판의 중심'과 '실명 점자가 표시되는 위치'

Q2. 시각 및 청각장애인 피난구 유도등 설치 위치에 대한 기준 명시 필요?

- 피난구 유도등은 피난계단 및 피난층 출입구 주변에 설치하도록 하여 비상시에 신속히 대피로를 이용할 수 있도록 하여야 함. 다만, 피난시 혼란을 방지하기 위해 건축물의 각 실 내부공간에서 복도 등 외부로 출입하는 출입구(문)에는 설치하지 않도록 함

Q3. 건축물의 주출입구 부근에 점자안내판, 촉지도식 안내판, 음성안내장치 또는 기타 유도신호장치를 1개 이상 설치하여야 하나?

- 공공건물 및 공중이용시설의 주출입구 부근에는 위치확인과 내부공간 인지를 위하여 음향신호기와 함께, 점자안내판, 촉지도, 음성안내장치의 셋 중에서 어느 하나를 병설하는 것이 가장 바람직한 방법이다. 그러나 이중에서 가장 중요한 것 하나만 선택하라면 아마도 위치를 알리는 음향신호기가 될 것이다.
  그러나 2000년부터는 리모콘식 음향 또는 음성신호기가 보급되고 있기 때문에 신호기 밑으로 촉지도 (평면도)를 손으로 잘 읽을 수 있는 위치에 부착하면 거의 완벽할 것이다.

Q4. 공동주택 중 아파트 및 기숙사에 경보·피난시설을 의무적으로 설치하고, 장애인전용주택의 경보·피난 시설 설치는 권장으로 변경이 맞는지?

- 시각 및 청각장애인 경보·피난 설비의 설치기준
  - 「장애인등편의법」시행규칙 [별표1]의 제18호에 의하면 소방시설법령에 따라 비상벨이나 피난구유도등을 설치하는 경우에는 비상벨설비 주변에 점멸형태의 비상경보등을 함께 설치하고 피난구유도등에 점멸과 동시에 음성이 출력되도록 설치하여야 함. 그러나 소방시설법령에 따라 비상벨이나 피난구두도등을 설치하지 않은 경우에는 점멸형태의 비상경보등과 음성 동시 출력은 의무사항이 아님. 즉, 시각 및 청각장애인 경보·피난 설비의 설치 의무는 소방시설법령에 따른 비상벨과 피난구유도등을 설치할 경우에만 적용됨.
  - 같은 법 시행령 [별표2]의 4호 나목 대상시설별로 설치하여야 하는 편의시설의 종류에서 "경보·피난 설비"를 의무로 규정하고 있는 의미는 위 '가'항과 같이 소방시설법령에 따라 비상벨이나 피난구 유도등을 설치할 경우 시각장애인 및 청각장애인이 인식할 수 있는 점멸형태의 비상경보등 또는 음성 동시 출력이 의무 사항임을 말하는 것이고, [별표2]의 4호 가목 일반사항의 시각 및 청각장애인을 위한 장애인전용주택에 시각 및 청각장애인 경보·피난 설비를 설치할 수 있다고 규정한 것은 소방시설 법령에 따른 비상벨이나 피난구 유도등이 설치의무가 아니더라도 시각 및 청각장애인 경보·피난 설비의 설치를 권장하는 내용임. 하지만, 장애인 전용주택은 적용범위와 기준이 불명확하다는 이유로 2014.10.28. 「주택건설기준 등에 관한 규정」에서 삭제되었으며 현재는 건축물의 용도에서 장애인 전용주택으로 분류되는 시설물은 없음.

적용	대상시설 [공동주택]	보건복지부지침 적용기준 경보·피난설비	비고
	아파트	[의무] 적용	금회 적용 기준 변경
	연립주택	권장만 가능	「장애인등편의법」상 경보 및 피난설비 의무이나, 「소방시설법」상 비상벨이나 피난구유도등 설치 대상시설에 미포함되어 경보·피난설비 권장만 가능
	다세대주택		
	기숙사	[의무] 적용	적용 기준 변경 ➡ 기숙사 적용 시, 「비상경보등」은 「소방시설법」상 비상벨 설치 해당여부 개별 확인 필요 ➡ 단, 기숙사가 2동 이상의 건축물로 이루어져 있는 경우 장애인용 침실이 설치된 동에만 적용함. : 장애인등편의법 시행령 [별표2] 4. 공동주택 나. 대상시설별 설치하여야 하는 편의시설의 종류

Q5. 점자 안내판의 올바른 적정거리 기준?

- 벽부형 점자 안내판 전면 : 점자안내판 끝단의 연직선상
- 스텐드형 점자 안내판 전면 : 점자안내판 끝단의 연직선상
- 주출입구 부근 : 주출입구 외부 좌측(또는 우측)
- 스텐드형 점자 안내판과 출입구 간의 적정거리 : 40~50cm
- 벽부형 점자 안내판과 출입구와의 적정 설치 거리 : 30cm

Q6. 음성유도기 올바른 설치 위치 기준?

- 주출입구를 정확히 인지할 수 있는 음성유도기의 설치 위치 : 주출입구의 우측 (또는 좌측) 상부 벽면
- 화장실 출입구를 정확히 인지할 수 있는 음성유도기의 설치 위치 : 점자 표지판 상부 벽면
- 실내 음성유도기의 적정 볼륨값 : 40~50db 내외
- 실내외 음성유도기의 적정 볼륨값 : 60~70db 내외

Q7. 계단실 계단의 점자 표지판은 BF인증 매뉴얼에서 손잡이와 마주보고 서서, 왼쪽에서 오른쪽 방향으로 안내 하도록 하고 있습니다. 첨부에 메뉴얼의 손잡이 점자안내판 설치시 촉지방향과 내용이 상이한 부분이 있어 문의드립니다.

- 붉은색으로 네모 표기한 점자 내용은 2층 사무실이 아닌 3층 재활교육팀으로 표기 되는게 맞는지, 아니면, 다음층인 4층의 주요실 표기가 맞는지 확인 부탁드립니다.
- 초록색 네모는 3층 재활교육팀이 아닌 2층 사무실 또는 1층의 주요실로 표기 되는게 맞는지 각각 올바른 표기 내용 안내 부탁드립니다.
- 인증 기준으로 보아 장애인의 통행 방향은 좌측 통행을 기준으로 하는 것 같은데요, 좌측 통행 기준이 맞는지와 일반일과 같이 우측통행을 기준으로 변경 계획이 있는지 확인 부탁드립니다.

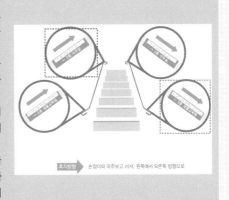

초지방향 ▶ 손잡이와 마주보고 서서, 왼쪽에서 오른쪽 방향으로

- [2019] Universal Design 적용을 고려한 장애물 없는 생활환경(BF)인증 상세표준도[건축물]의 기타사항에 계단 점자표지판 설치방법은 하단이 2층으로, 3층으로 올라가는 계단임을 예시로 작성된 사항이라고 참고하여 주시면 됩니다. 이는 한국시각장애인협회에서 배포하고 있는 자료이며, 화살표 방향으로 진행되는 목적지층의 층수, 실정보 등을 표기하도록 되어있습니다.
- 상세표준도에서는 장애인의 통행방향에 대해 오른쪽 통행을 기준으로 제시(계단 점자표지판, 4.1.1 안내판 항목 최우수 그림)하고 있으며, 실내 점자표지판 및 점형블록의 경우 출입문 손잡이 측 벽면에 부착하는 방법을 안내하고 있습니다.

Q8. 본사업은 제1종 근린생활시설, 대학 임대공간 활용(도시형 공장형태), 각 주요출입구에 음성점멸구 피난유도등 및 피난계단에 적용되어 있습니다. 또한, 소방법규상 제1종 근린생활시설 및 주요출입구 및 피난계단에 음성전멸 피난유도등, 시각경보장치 반영되어 있습니다. 이럴 경우, BF 인증을 받을경우 각실 안에 시각경보기가 설치되어 있어야 하는지 문의합니다.

- BF인증 건축물 지표 4.2.1항목에 따라, 시각경보기(경광등)는 남·여 화장실내부(장애인화장실 포함), 탈의실(샤워실에서 확인이 가능한 위치)에 반드시 설치하여야 합니다. 또한 시설 이용자의 다수가 청각장애인인 경우 모든 실에 시각경보기를 반드시 설치하여야 합니다.
- 그 외 시각 및 청각장애인 경보·피난 설비는 「화재예방 소방시설 설치·유지 및 안전관리에 관한 법률」 (현행: 소방시설 설치 및 관리에 관한 법률) 에 따라 설치하여야 합니다.

Q9. 장애인 화장실 픽토그램 및 점자표기에 대한 문의 사항입니다.
· 독립적인 장애인 화장실 설치 시, 남녀 픽토그램과 휠체어 픽토그램에 더해 "장애인화장실" 문구에 점자표기가 필요한지, 그리고 점자는 "남자 화장실/여자 화장실"인지 아니면 "남자 장애인 화장실/여자 장애인 화장실" 로 표기해야 하는지에 대한 질문입니다.
· 일반 화장실 내에 설치된 장애인 화장실의 경우, 점자로 "남자 장애인 화장실/여자 장애인 화장실"로 표기 할 수 있는지, 아니면 "남자 화장실/여자 화장실"로만 표기해야 하는지에 궁금합니다.

- 독립적인 장애인화장실의 경우에도 시각장애인 등이 실의 용도를 알 수 있도록 점자표지판을 설치하는 것을 권장합니다. 점자는 남자장애인화장실, 여자장애인화장실로 표기되는 것이 적합합니다.
- 일반 화장실 내에 장애인등이 이용 가능한 화장실 설치 할 경우 안내판의 점자표기는 남자화장실, 여자화장실로 표기하는 것이 적절할 것으로 판단됩니다.
- BF인증에서 남여를 색상을 구분하는 기준은 없습니다. 2016년 장애인개발원 세미나 자료에서 색상을 구분한 것은 약시인 등이 픽토그램의 형태로 남여를 명확하게 구분하는데 어려움이 있을 수 있고, 색상을 구분을 하는 것이 이용자에게 도움이 되기 때문입니다.

Q10. 청소년 다중시설의 유리 출입문과 벽면에 노란색 불투명 시트지를 부착하는 것은 고도근시 시각장애인을 위한 조치로 알려져 있습니다. 하지만, 시트지 부착에 관한 세부 규정을 찾는 데 어려움을 겪고 있으며, 대부분의 자료는 점자블록이나 유효거리 등 다른 내용으로 구성되어 있다고 합니다. 시트지 부착과 관련된 높이나 크기 등의 구체적인 규정 정보를 원합니다.

- BF인증 심사단 및 심의위원회에서 시각장애인 등 유리문, 유리벽 등을 쉽게 인지하기 할 수 있도록 유색 띠지 등을 부착하도록 하고 있습니다. 장애물 없는 생활환경 인증에 관한 규칙에 규정되어 있지는 않지만 [2019]Universal Design 적용을 고려한 장애물 없는 생활환경(BF)인증 상세표준도[건축물]에 part2_ 인증기준_ 2.2.4 보행장애물 항목의 기타사항으로 설치방법이 소개되어 있습니다.

❶ 비치용품의 종류

장애인등편의법 시행규칙 [별표 3] 〈개정 2022. 7. 26.〉

대상시설		비치용품	
		의무용품	권장용품
제1종근린 생활시설	읍·면·동사무소	점자 업무안내책자, 8배율 이상의 확대경, 공중팩스기 및 보청기기	편의시설안내지도
	우체국, 전신전화국	8배율 이상의 확대경, 공중 팩스기 및 보청기기	점자 업무안내책자
	공공도서관	보청기기	저시력용 독서기
문화 및 집회시설	공연장, 관람장	보청기기	점자 공연안내책자
	전시장, 동·식물원		휠체어 및 점자전시 안내 책자
판매시설	바닥면적의 합계가 1,000m² 이상인 도·소매점		음성계산기
	유통산업발전법에 따른 대규모점포 중 대형마트(대규모점포에 개설된 점포로서 대형마트의 요건을 갖춘 점포를 포함한다)	장애인용 쇼핑카트	
교육연구시설	도서관	저시력용 독서기, 음성지원 컴퓨터와 보청기기	점자 프린터, 컴퓨터 (정보통신 보조기기를 포함 한다)
업무시설	국가 또는 지방자치단체의 청사(공 중이 직접 이용하는 시설에 한한 다)로서 제1종 근린생활시설에 해 당하지 아니하는 것	점자업무 안내책자(시·군·구 청에 한한다), 휠체어, 8배 율 이상의 확대경, 공중팩스 기 및 보청기기	점자업무 안내책자, 편의시 설안내지도,컴퓨터(정보통신 보조기기를 포함한다)
숙박시설	관광숙박시설		점자관광 안내책자
장례식장		입식 식탁	
운동시설	수영장	입수용 휠체어	

비고

1. 비치용품은 출입구 부근, 민원실, 안내실, 매표소 등 장애인 등이 이용하기 편리한 곳에 각각 비치하여야 하며, 공중팩스기는 사무용 팩스기로 갈음하여 사용할 수 있다.
2. '보청기기'는 보청기, 조청기 또는 강연청취용 보조기 등을 말한다.
3. 장애인용 쇼핑카트는 최소 3개 이상을 쇼핑카트 보관장소 등에 비치하고, 장애인용 쇼핑카트가 비치되어 있음을 안내해야 한다.

· 청각장애인은 안내자의 음성이나 호출음을 들을 수 없으므로 문자로 정보를 제공
  할 수 있는 시설을 갖추어야 하며, 의사소통을 위해 보청기기를 비치한다
· 청각장애인의 의사소통을 쉽게 하려고 수화통역자를 배치하는 것이 바람직하나
  수화통역자의 배치가 어려우면 수화통역자와 화상으로 통화하여 내용이 전달될 수
  있도록 화상 전화기 또는 통신 중계 서비스를 갖추거나 필답이 가능한 도구를
  갖춘다.

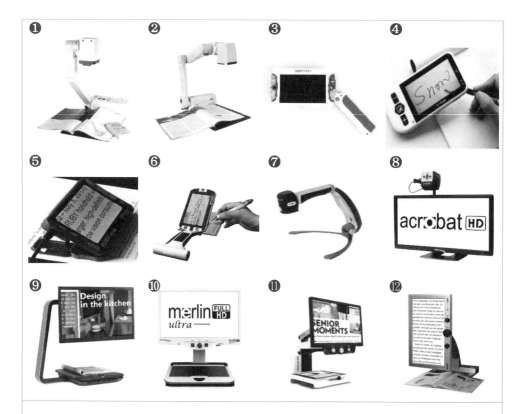

❶ E-bot 어드밴스
  저시력 시각장애인에게 필요한 기능과 최적화된 화질을 구현한 독서확대기로 스마트기기와 화면연결을 지원하 며 잔존
  시력 보호에 필수적인 광학문자판독기를 탑재한 새로운 개념의 독서확대기
❷ E-bot 프로
  저시력 시각장애인에게 최적화된 화질과 무선컨트롤러를 이용한 원거리, 근거리 자동조정이 가능하며, 스마트 기기와
  호환할 수 있고, 잔존시력 보호에 필요한 광학문자판독기를 탑재한 새로운 개념의 독서확대기
❸ 라이프스타일 캔디그립(캔디5 HDⅡ)
  고해상도(HD급) 선명한 화질과 자동으로 초점을 조절해주는 Auto Focus 기능, 사용자의 편의성을 고려한 인체 공학적인
  손잡이 기능을 제공하는 5인치 크기의 휴대용 독서확대기
❹ 스노우
  저시력 시각장애인들이 책이나 신문 등을 확대하기 위해 다양한 기능을 복합적으로 사용할 수 있는 시각장애인 용 보조기기
❺ 루비 XL HD 5

HD 카메라 및 5인치 스크린를 통해 고화질 선명도를 제공하는 휴대형 독서확대기로 자동으로 화면이 초점을 맞 추어 Stand식으로 글을 읽을 수 있게 하였으며, 접이식 손잡이가 있어서 사용에도 더욱 편리함

❻ 페블 HD

저시력자들이 일상생활 혹은 여행시 라벨, 처방전, 메뉴, 지하철노선표 등을 언제 어디서나 쉽게 읽을 수 있게 하여 주는 HD 화질의 초소형 휴대용 독서확대기

❼ 트랜스포머

트랜스포머는 읽기, 거울보기 및 원거리 보기 기능을 지원하는 다기능의 독서확대기로 보관 이동시 접어서, 사 용시 펼쳐서 사용, 컴퓨터 USB 또는 모니터(D-SUB)에 연결하여 사용 가능한 독서확대기

❽ 아크로뱃 LCD HD 24

저시력 시각장애인들이 책이나 신문 등을 확대, 원거리 확대, 거울 기능 등 다양한 기능을 복합적으로 사용할 수 있는 Full HD 화질의 24인치 다목적용 시각장애인용 독서확대기

❾ 클리어뷰 C 24 HD

HD카메라의 고해상도 이미지를 24인치 모니터를 통해서 확대해서 보는 C Type 최신 탁상용 독서확대기

❿ 머린 Ultra

회사나 집에서 책상 위에 설치하여 사용할 수 있는 고화질 Full HD 24인치의 독서확대기로 필요한 문서, 책, 사진 등을 Full HD 화질로 2.3 ~ 105배의 광범위한 배율로 확대하여 볼 수 있으며, 눈에 편안한 LED 램프 장착, 모니터에 컨트롤러를 부착 사용자의 편의성을 높인 표준형 독서확대기

⓫ 라이프스타일 24 HD

HD급 카메라 및 특허기술을 적용한 고화질, 고대비의 혁신적인 독서확대기로 Text/Picture 모드, 위치찾기기능, 자동초점기능 등 다양한 읽기 편의 기능 제공

⓬ 메조

망막색소변성증 등 저시력 시각장애인에게 최적화된 탁상용 독서확대기로 HD 해상도와 19인치의 모니터를 탑재한 Compact size의 이동 가능한 독서확대기

시각장애인 독서확대기 보조공학기기 종류 ⓒ (사) 한국시각장애인연합회

공중이용 보청기기	점자프린터	점자안내책자
8배속 확대경	입수용휠체어	음성지원 컴퓨터

시각 · 청각장애인 보조기구

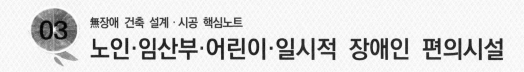

03 無장애 건축 설계 · 시공 핵심노트
노인·임산부·어린이·일시적 장애인 편의시설

☼ 노인을 위한 무장애 주거 건축계획[13]   노인, 임산부, 어린이, 일시적 장애인 편의시설

노인을 위한 주택 설계에서 설계자들이 고려해야 할 중요한 사항은 노인의 독립적인 생활 능력이 그들의 신체적 한계와 건축 환경과의 상호작용에 크게 영향을 받는다는 점이다. 계단의 설계는 노인의 신체 상태에 따라 결정되는데, 적절하게 설치된 양쪽 손잡이는 계단을 오르내릴 때 도움을 줄 수 있다. 화장실이나 좌석의 높이 역시 사용성에 중요한 역할을 하며, 몇 센티미터의 차이가 노인의 자립성에 영향을 줄 수 있다.

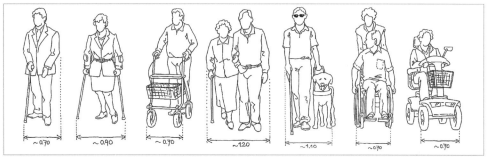

보행하기 어려움이 있는 사람들의 다양한 보조 장치의 활동범위
ⓒ 스위스 연령에 적합한 주거용 건물 계획 지침, p53.

노인이나 장애인을 위한 주택 설계 시, 설계자들은 그들의 일상적인 어려움을 이해하기 위해 노력해야 한다. 노인들은 체력적 제한, 움직임에 따른 통증, 약물의 영향, 과거 낙상 경험 등 다양한 요소로 인해 어려움을 겪을 수 있다. 이러한 요소들을 고려하여 건축 요구사항을 충족시키는 것이 중요하다.

특히, 주택 설계 시 신체적 제약을 고려해야 한다. 문턱 없는 설계, 충분한 이동 공간, 적절한 높이의 조작 요소 및 콘센트, 미끄럼 방지 바닥재, 충분한 조명 등은 노인 및 장애인의 독립적이고 안전한 생활을 지원하는 데 필수적인 요소이다. 이러한 사항들을 고려하여 건축 계획을 수립하면 노인 및 장애인들이 보다 편안하고 안전하게 생활할 수 있는 환경을 조성할 수 있다.

	제약 사항	일상 문제들	건축에서의 영향
무릎 및 고관절 문제	• 걷기 • 계단 오르기 • 문턱 넘기 • 구부리기 • 앉기 • 일어나기	• 화장실 사용하기 • 욕조에 들어가거나 나오기 • 아래쪽 수납장에 닿기	• 문턱 없음 • 충분한 이동 공간 • 통로 너비 (80cm) • 조작 요소 및 콘센트 높이 85-110cm • 화장실 상단 높이 46cm • 계단에 두 개의 손잡이
절단과 반신 마비	• 걷기 • 계단 오르기 • 앉기/일어나기 • 양손을 사용한 작업 수행 • 가능한 인지	• 화장실 사용하기 • 욕조에 들어가거나 나오기 • 빵 자르기, 캔 열기 • 옷 입기, 신발 끈 묶기	• 문턱 없음 • 충분한 이동 공간 • 통로 너비 (80cm) • 화장실 상단 높이 46cm • 계단에 두 개의 손잡이 • 창문 덮개 자동화
균형 장애	• 걷기 • 넘어가기 • 반응하기	• 욕조에 들어가거나 나오기 • 발코니 문턱 넘기	• 양쪽에 손잡이 • 문턱 피하기 • 미끄럼 방지 바닥재 • 위험 지점 완화 • 자동화된 회전문 없음
류마티스 질병	• 잡기 • 도달하기 • 힘 사용하기	• 문손잡이 돌리기 • 수도꼭지 조작하기 • 블라인드 손잡이 돌리기 • 높은 곳에 닿기	• 대형 레버 (창문, 수도꼭지) • 블라인드 자동화 제공 • 화장실 양변기 비대사용 • 전기 안전 차단기 접근성 보장
청각 장애	• 음향 신호 인식 • 의사소통	• 초인종 • 전화 • 라디오 + TV • 언어 이해	• 소음 제거(격리,잔향시간) • 조명(입술 읽기) • 음향 신호에 광학 신호 추가 (예: 승강기 층표시, 화재 경보기)
시각 장애	• 보기 • 구별하기 • 위험 인식	• 방향찾기 • 문턱, 계단 • 머리 높이의 장애물 • 추락 위험 지점 • 대형 유리면 • 표지판 • 조작 요소	• 충분하고 눈부심이 없는 조명 • 조명의 안내기능 • 대비사용 • 위험지역 확보/ 표시 • 음향 신호 • 큰 글씨 • 장애물을 피하기

| 인지 문제 | • 인식
• 분류
• 방향 찾기 | • 길찾기
• 주택 입구 구별 | • 단순한 구조
• 개인 출입구 식별 특징이
   있는 입구
• 색상 및 향기 사용
• 충분한 조명
• 위험 구점 보호 |

신체적 제약에 따른 건축 요구사항

ⓒ 스위스 연령에 적합한 주거용 건물 계획 지침, p38~39p3.

'스위스의 연령에 적합한 주거용 건물 계획지침'은 노인의 신체적 제약을 고려한 주거 공간 설계 방법을 제공하며, 노인이 편안하고 안전하게 생활할 수 있는 설계 요구사항에 초점을 맞추고 있으며, 우리나라의 장애인등편의법의 장애인 편의시설 적합성이나 BF인증과 같은 내용에도 유사한 부분이 포함되어 있다 할 수 있다.

❶ 노인의 독립성과 안전을 위한 설계

① 노년기를 위한 장애물 없는 건축 설계의 중요성

기대 수명 증가로 사람들은 더 긴 장애 없는 생활을 하지만, 노인은 신체적 능력 저하를 겪으며, 이로 인한 불편함이 있을 수 있다. 따라서, 건축 설계 시 노인의 요구를 고려하여 모두가 독립적이고 안전하게 생활할 수 있는 환경을 만들어야 한다.

② 건축 환경의 역할

건축 계획 시 모든 사람이 항상 건강하지 않을 수 있음을 고려해야 하며, 특히 노인의 신체적 제한을 주의해야 한다. 사람들이 독립적이고 안전하게 생활할 수 있도록 사회적 환경과 의료 시스템 등 여러 요소가 중요하지만, 건축 환경의 중요성은 종종 과소 평가된다.

③ 노인들의 일상에 미치는 영향

노인들은 자신의 장애가 실제인지 아니면 환경 때문인지 고민하며, 계단이나 불편한 바닥 같은 환경적 장애물이 이동을 어렵게 하고 위험을 증가시켜, 이러한 요인들이 그들의 일상생활에 큰 제한을 준다.

❷ 그림으로 보는 노인 접근 가능한 주거환경 설계

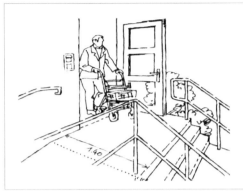

집 입구는 문턱 없이 접근할 수 있으며, 입구 앞에 필요한 경사로의 최대 경사는 6%이다. 또한, 문 앞에는 최소 1.40m 깊이의 평평한 공간이 있어야 한다.

문에는 다가오는 사람을 볼 수 있게 80% 이상 투명한 유리 설치와 바닥에서 1.40m에서 1.60m 사이에 있는 10cm 높이의 어두운색 대비 줄무늬가 필요하다.

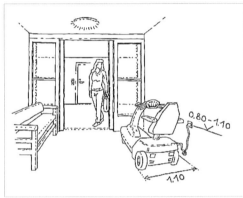

주 출입구에는 휠체어와 스쿠터를 위한 별도 보관 공간이 필요하며, 아파트 5개당 1.10 x 1.40m 크기의 저장 공간과 높이 0.80 – 1.10m에 있는 충전기용 소켓이 필요하다.

우편함의 최대 높이는 1.10m이고, 스피커와 마이크의 최대 높이는 1.40m이다. 또한, 시각장애인이 걸을 때 장애가 되지 않도록, 하부 장애물 부딪침 방지 시설을 최대 높이는 0.30m를 설치한다.

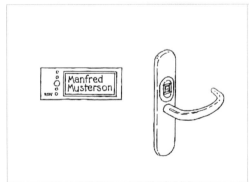

초인종은 넓은 면적의 배경 색상과 구별될 수 있도록 대비가 높아야 한다.

문 옆에 0.50m 높이의 앉을 수 있는 공간이나 문고리를 잡을 때 가지고 있는 물건을 얻을 수 있는 시설을 설치할 수 있다.

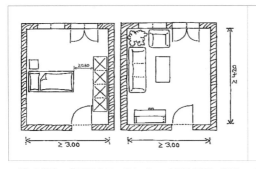

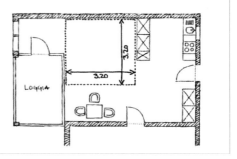

방 너비는 일반적으로 최소 3m 이상이어야 하며, 모든 객실은 라운지를 제외한 각 방은 최소 14㎡ 이상의 크기를 가져야 한다.

불규칙한 평면도를 가진 방의 경우, 문 옆이든 어디든, 3.2 x 3.2m 크기의 개방 공간이 있어야 한다.

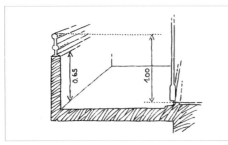

발코니는 0.65m 높이에서 바깥을 볼 수 있도록 부분적으로 투명한 경계를 갖추고, 난간은 안전한 높이를 유지해야 한다.

발코니 난간을 손잡이로 사용할 수 있도록 원형 손잡이를 설치하고, 화분을 놓을 수 있는 시설을 추가할 때는 난간의 기능이 제한되지 않도록 해야 한다.

주방에서 작업대와 상부 캐비닛의 하단 가장자리 사이의 거리는 0.48m에서 0.52m 사이여야 한다.

찬장 내부의 물건에 쉽게 접근하기 위해 밖으로 끌어 당길 수 있는 서랍이나 선반을 갖춘 찬장을 설치하여 공간을 효율적으로 활용한다.

수납장의 손잡이를 설치할 경우 바탕 배경 보다 높은 대비의 색상과 U자형 손잡이를 설치한다.

창문 손잡이의 상단 높이는 최대 1.10m, 손잡이 길이는 최소 0.12m이 적정하다.

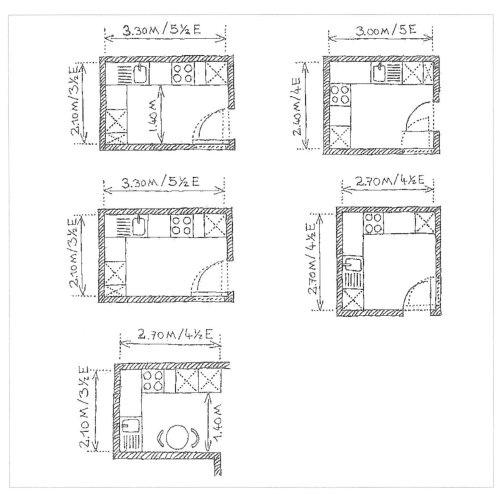

주방설비의 최소 요구사항 구성 (예시)

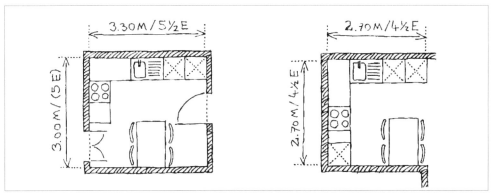

주방설비의 요구사항 증가 (예시)

주방은 노인의 독립적인 생활을 지원하는 핵심 공간이다. 이 공간은 음식 준비와 사회적 모임의 장으로 기능하며, 고정된 설비들로 인해 한 번 배치되면 변경이 어렵다. 노인들이 제한된 움직임으로도 효율적으로 사용할 수 있도록, 작업 흐름을 고려한 짧은 이동 거리와 접근성이 좋은 위치에 주방 요소를 배치하는 것이 중요하다.

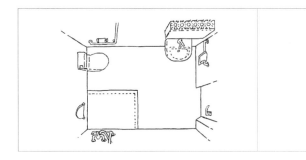

위생시설의 면적은 최소 5m²(욕조, 소형 세탁기를 위한 공간 제외) 화장실과 샤워실 옆에는 보조자가 사용할 수 있는 충분한 공간을 마련 한다.

샤워기의 위치는 사용자의 편의성을 고려하여 결정되며, 특히 도움이 필요한 사람들을 위해 외부 보조자가 쉽게 사용할 수 있도록 고려해야 한다.

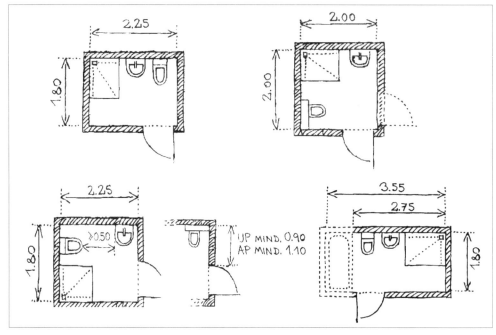

위생설비의 최소 요구사항 구성 (예시)

👆 BF인증, CS업무 관련 웹사이트

스위스, 연령에 적합한 주거용 건물에 대한 지침 : 다운로드

연령에 적합한 주거용 건물을 계획할 때는 계획 지침의 최소 요구 사항과 추가된 요구 사항을 모두 구현해야 하며, 이는 노인들이 독립적이고 안전하게 살 수 있는 환경을 제공하는 것을 목표로 한다.

스위스, 노령 친화적 주거용 건물 체크리스트 : 다운로드

체크리스트는 연령에 적합한 주거용 건물에 대한 지침을 보완하고 계획을 세울 때 장애물을 식별하고 피하는 데 도움 된다.

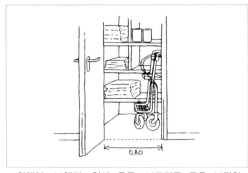

휠체어, 보행기, 일상 용품, 보조기구 등을 보관할 수 있는 공간은 노년층에게 매우 유용하다.

라운지, 공예실, 도서관, 웰니스 공간과 같은 특별한 공간들은 집을 더 매력적으로 만들고 사회적 활동을 장려할 수 있다.

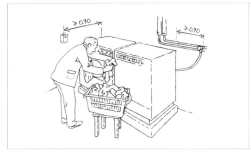

세탁실은 아파트 내에서 장애물 없이 접근할 수 있어야 하며, 모든 장치와 스위치는 휠체어사용자도 쉽게 접근할 수 있도록 해야 한다.

주거용 건물에서 정원은 발코니나 테라스 외에도 이동이 불편한 노년층이 쉽게 접근할 수 있는 가장 가까운 야외 공간으로 적합하다.

❸ 노인을 위한 무장애 바닥재

낙상 사고의 원인은 다양하지만, 구조적인 요소로는 계단 주변과 문턱, 특히 습한 지역에서 바닥의 미끄럼 저항이 중요한 역할을 한다. 이는 욕실, 입구, 계단, 부엌 등 다양한 공간에 적용된다.

따라서, 이러한 바닥 낙상사고 예방을 위해서 바닥재의 미끄럼 저항에 관한 계획 지침과 관련정보를 설명하고 있다. 간단히 정리하면 다음과 같다.

① 이 지침은 사고 예방을 위한 상담 센터인 bfu의 요구 사항을 기반으로 한다.

② 바닥재의 미끄럼 저항을 평가하기 위해, 신발을 신은 상태에서의 사용(신발 영역)에 대해 네 가지 등급(GS1 - GS4)과 맨발 상태에서의 사용(맨발 영역)에 대해 세 가지 등급(GB1 - GB3)이 정의된다.

③ 이 등급은 실험실에서 인공 발을 사용하여 바닥재의 미끄러짐을 시뮬레이션함으로써

결정된다. 이는 R값 또는 ABC값을 결정하는 다른 방법과는 다르다.

④ bfu/EMPA 값은 노인의 일상생활에서의 바닥재 사용을 더 잘 반영하도록 설계되었다.

⑤ bfu/EMPA에 따른 정보는 R값 및 맨발 영역 값 A, B, C와 직접 비교할 수 없지만, 실제 사용에서는 이러한 값들이 서로 비교될 수 있다.

미끄럼 마찰 계수	bfu/ EMPA에 따른 신발 영역	DIN에 따른 작업 영역	bfu/ EMPA에 따른 맨발 영역	DIN에 따른 맨발 영역
> 0.60	GS 4	R 13	GB 3	C
> 0.45 - 0.60	GS 3	R 12	GB 2	B
> 0.30 - 0.45	GS 2	R 11	GB 1	A
> 0.20 - 0.30	GS 1	R 10		

신체적 제약에 따른 건축 요구사항

ⓒ 스위스 연령에 적합한 주거용 건물 계획 지침, p40.

또한, 원하는 바닥재의 미끄럼 저항에 대해 불확실하면, 제조사에게 시험 보고서를 요청하거나 현장에서 미끄럼 저항을 테스트하여(예: bfu – 안전 표시) 미끄럼 마찰 계수를 결정할 수 있다.

❹ 전기 설치

각 방에는 최소 2개의 보호 기능이 있는 소켓을 설치해야 하며, 하나는 스위치 높이 (0.80~1.10m)에 있어야 한다. 이는 진공청소기 사용 등을 용이하게 하며 케이블 걸림을 줄이게 한다. 실내 조명은 밝기 조절 가능해야 하고, 스위치는 넓은 영역을 가지고 있어야 하며, 배경과 높은 대비를 이루어 눈에 띄어야 한다. 로커 스위치는 한쪽을 누르면 반대쪽이 올라오는 형태로, 시각장애인이나 노약자도 켜짐/꺼짐 상태를 시각적 또는 촉각적으로 쉽게 확인할 수 있게 한다. 퓨즈 박스는 1.10m 이하에 설치해 접근성을 높인다. 블라인드는 눈부심 방지와 개방 기능을 통해 노인이 계속해서 경치를 즐길 수 있는 것으로 가능하다면 전동식이어야 하며, 스위치 위치는 접근과 사용이 쉬워야 한다.

❺ 노인을 위한 주방, 욕실의 유니버설 디자인 사례[14]

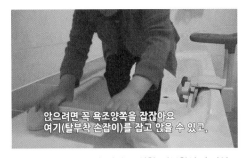

앉으려면 꼭 욕조양쪽을 잡잖아요
여기(탈부착 손잡이)를 잡고 앉을 수 있고,

욕조 전면에 미끄럼 방지를 위한 탈부착식 손잡이

보조손잡이가 있으면 내 중심이 잡히니까
욕조에 들어가서 넘어질 확률이 없을 것 같아요

욕조 측면에 미끄럼 방지를 위한 보조손잡이

뒷꿈치 안들어도 되고
야~ 어머나 진짜 좋네 이거는

상하 높이 조절 세면대

키가 크면 위에, 작으면 밑에
내가 필요한 부분을 잡고 일어나면 쉽게

앉거나 일어서는 공간에 수직 손잡이

지팡이 찾느라고 안 헤매고
넘어지면 주워서 다시 세워봐야 하고

주방 식탁의 유니버설 디자인 (지팡이 걸이대)

바짝 앉으니까 여기 흘릴 염려도 없고
양쪽에 이렇게 힘도 받쳐주고

주방 식탁의 유니버설 디자인 (밀착 공간)

여기서 앉으니까 안전하게
앉아서 신고 나가니까 좋은 것 같아요

신발장 주변 보조의자

그러면 일단 물을 엎잖아요. 밑의 칸 밖에
사용을 못해. 우리키는 여기밖에 못써요

씽크대 높이 조절 수납장

비가 오는 날에 우산을 들고 건물로 들어서면 비닐 덮개로 씌워야 했지만, 최근에는 환경 보호를 위해 비닐 사용을 줄이는 노력으로 빗물 제거기가 등장했다. 이 시설은 건물 입구에서 우산으로 떨어진 빗물로 인해 발생하는 미끄러운 사고를 방지하기 위해 설치되었을 것이다. 또한, 건물주들은 미끄럼 사고로 인한 배상을 피하기 위해 안내 문구와 미끄럼방지 패드를 여러 곳에 설치하는 경향이 있다. 그러나 이 패드는 석재 바닥 위에 깔리면 휠체어, 유모차, 짐수레와 같은 바퀴를 이용하는 사람들의 이동을 어렵게 만들 수 있다.

옥외 화강석 물갈기 위 미끄럼방지 패드

옥외 바닥 석재 미끄럼 경고문

주출입구 바닥 미끄럼방지 패드

화장실 세면대 하부 미끄럼방지 패드

이처럼 건물이 완성된 이후 빗물과 물청소를 자주 하는 장소는 미끄럼 방지를 위한 비품, 기구들이 추가 설치되지 않도록 건물의 디자인과 사용성이 고려된 설계와 시공이 이루어져야 한다.

- 건축물 여러 곳의 미끄러움 취약지역을 살펴보면,
  · 맨발로 보행하는 지역 (욕조, 사우나, 주방, 계단 등)
  · 맨발로 또는 신발로 걸을 수 있는 실내·외 지역(발코니, 테라스, 경사로, 계단 등)

· 특정한 제품(기름 및 그리스 등)을 수리·생산을 만들어내는 공장과 주차장 지역
· 수중 또는 습도가 높은 지역 (수영장 계단, 수영장 바닥)이 있다.

맨발로 보행하는 샤워장 ⓒ GriP AntiSlip ®

신발로 걸을 수 있는 옥외 경사로

특정한 제품을 생산하는 공장 ⓒ GriP AntiSlip ®

습도가 높은 수영장 바닥 ⓒ GriP AntiSlip ®

우리나라는 바닥 마감재에 대한 미끄럼 안전 기준, 법※을 제시하고 있다. 특히, BF 인증의 경우에는 대지경계선에서 출입구까지의 접근로와 내부 복도, 계단, 경사로의 평가에서 미끄럼에 대한 재료와 성능 나타내고 있으나, 바닥 미끄럼에 대한 정량적 수치(미끄럼저항계수)를 요구하고 있지는 않다.

그 내용을 살펴보면 접근로는 '접근로의 마감 정도를 평가하여 장애인과 노약자 등 다양한 사용자가 미끄러지거나 걸려 넘어지지 않고 안전하게 주출입구로 접근이 가능하도록 함', '모든 출입 접근로 중에서 50% 이상이 걸려 넘어지거나 미끄러질 염려가 없는 재질 마감해야 한다.' 등과 같은 정성적 표현만 기술되어 있을 뿐이다. 그러나 정작 BF인증 평가 때에는 심사자의 재량으로 정량적 수치의 시험성적서가 있는 재료의 마감재를 요구하는 때도 있다.

※미끄럼방지를 위한 안전 기준, 법
건축법, 장애인등편의법, 학교안전사고예방 및 보상에관한법률(학교안전법), 녹색건축인증기준, 장애물없는생활환경인증제도, 한국고령친화용품산업협회의 미끄럼방지용품단체 표준, 안전한실내건축지침

부문	평가 항목		배점	평가 및 배점기준
매개 시설	1.1 접근로	1.1.5 바닥마감	3.0	모든 출입 접근로 중에서 50% 이상이 걸려 넘어지거나 미끄러질 염려가 없는 재질, 줄눈이 있는 경우 0.5cm 이하인 경우임
			2.4	모든 출입 접근로 중에서 50% 이상이 걸려 넘어지거나 미끄러질 염려가 없는 재질, 줄눈이 있는 경우 1cm 이하인 경우임
내부 시설	2.2 복도	2.2.3 바닥마감	2	우수의 조건을 만족하며, 충격을 흡수하고 울림이 적은 재료사용
			1.6	일반의 조건을 만족하며, 색상 및 재질 변화로 유도
			1.4	미끄럽지 않으며, 걸려 넘어질 염려 없음
	2.3 계단	2.3.3 바닥마감	2	계단 전체의 바닥 표면이 전혀 미끄럽지 않은 재질로 평탄하게 마감 발 디딤 부분은 촉각 혹은 시각적인 재료를 사용하여 잘 인지될 수 있는 것을 사용
			1.6	계단코에 경질고무로, 줄눈 등의 미끄럼방지설비를 설치하고, 걸려 넘어질 염려 없음
	2.4 경사로	2.4.3 바닥마감	2	우수의 조건을 만족하며, 충격은 흡수하고 울림이 적은 재료 사용
			1.6	미끄럼 방지용 타일을 사용하고, 걸려 넘어질 염려 없음
위생 시설	3.2 화장실 의 접근	3.2.2 바닥마감	4	우수의 조건을 만족하며, 걸려 넘어질 염려가 없는 타일이나 판석 마감인 경우로 줄눈이 0.5cm 이하인 경우
			3.2	물이 묻어도 미끄럽지 않은 타일 혹은 판석 마감인 경우로 줄눈이 1cm 이하인 경우임
	3.6 욕실	3.6.1 구조 및 마감	3	우수의 조건을 만족하며, 탈의실 등의 바닥면 높이와 동일하게 설치
			2.4	내부 욕조 앞면의 휠체어 활동공간을 확보하며, 욕조의 높이는 바닥면으로부터 0.4~0.45m로 설치하고, 바닥표면은 물이 묻어도 미끄럽지 않음
기타 시설	5.1객실 및 침실	5.1.6 객실바닥	2	우수의 조건을 만족하며, 카펫 등 넘어져도 충격이 적은 재료로 마감
			1.6	바닥면에 높이 차이를 두지 않으며, 표면은 미끄럽지 않은 재질로 평탄하게 마감

BF인증 바닥 마감에 대한 평가항목

미끄럼저항계수는 일본 국토교통성의 '건축설계표준'에서 일본건축학회에서 제시한 기준에 따른 근거 하며, BF인증 시 신발을 신고 다니는 바닥 마감은 C.S.R 0.4 이상, 맨발로 다니는 곳은 C.S.R 0.6 이상의 시험성적서를 제출하고 있다.

바닥의 종류	동작의 종류	성능 기준(권장값)
신발을 신고 다니는 바닥, 노면	부지 내의 통로, 건축물의 출입구, 실내의 통로, 계단의 디딤판, 계단참, 화장실, 세면장의 바닥	C.S.R=0.4 이상
	경사로 (경사각 : θ)	C.S.R·$\sin\theta$=0.4 이상
	객실의 바닥	C.S.R=0.3 이상
맨발로 다니는 곳으로, 대량의 물이나 비눗물이 사용되는 바닥	욕실(대욕장), 풀사이드, 샤워실, 탈의실의 바닥	C.S.R=0.7 이상
	객실의 욕실, 샤워실의 바닥	C.S.R=0.6 이상

바닥의 미끄럼저항계수 기준 (일본 국토교통성)[15]

이처럼 우리나라 법에는 일부 소재 및 장소에 국한되어 건축물 바닥 미끄럼 안전과 관련된 미끄럼저항계수 기준의 목표 성능(안전기준)을 설정하고 있으나, 현재 다종다양하게 사용되고 있는 바닥 마감재별, 장소별로 미끄럼저항계수 목표 성능(안전기준)에 대한 언급은 없는 실정이다.

우리나라의 건축물은 바닥 마감재별, 장소별로 미끄럽지 않은 자재를 찾는 것이 한계가 있는 것이다. 안전과 내구성을 고려한다며 주로 시공하는 석재, 타일, 목재 등의 무분별한 시공은 건물 전체의 유지관리 문제가 되고 있다.

미끄러운 방지를 위해 설치한 화강석 버너마감의 유지관리 문제

바닥 미끄럼에 관한 연구는 약 10여 년 전부터 미국, 영국, 일본에서 바닥의 미끄럼 발생 메커니즘을 규명하기 위한 연구, 바닥의 미끄럼에 관한 운동학적 요인을 분석 연구, 미끄럼 시험기 및 시험방법을 개발 연구가 진행되었다.

이러한 연구기반으로 바닥 마감재별, 장소별로 미끄럼 저항계수 목표 성능에 만족하는 기준 정립과 다양한 재료 개발이 이루어야 할 것이다.

❶ 계단 설계

장애인이나 보행에 어려움을 겪는 사람들이 계단을 사용할 때, 계단의 경사도를 결정하는 주요 요소인 디딤판의 크기와 높이는 매우 중요한 고려 사항이다. 이러한 요소들은 계단의 접근성과 사용성에 직접적인 영향을 미치기 때문에, 계단 설계 과정에서 접근성에 관한 규정을 무시하는 것은 큰 오류이다. 실제로, 목발이나 지팡이와 같은 보조 도구를 사용하는 사람들은 계단보다는 경사로나 에스컬레이터를 통한 이동을 선호하는 경향이 있다. 이는 경사로나 에스컬레이터가 이들에게 더 안전하고 편리한 이동수단을 제공하기 때문이다.

　부적절하게 설계된 계단은 실내외를 막론하고 넘어짐 사고를 유발하기 쉽다. 특히 비상 상황에서는 모든 사람이 안전하게 계단을 사용할 수 있어야 한다. 급한 대피 상황에서 안전하지 않은 계단은 위험을 더할 수 있다. 따라서, 계단 설계는 모든 사용자의 안전을 우선시하며, 특히 장애인과 보행 불편자가 안전하게 사용할 수 있도록 디딤판 크기와 높이를 적절히 조정해야 한다.

　이러한 접근은 단순히 특정 사용자 그룹에 대한 배려를 넘어서, 모든 사람이 동등하게 공간을 이용할 수 있는 포용적인 환경을 조성하는 것에 기여한다. 계단 설계에 있어서의 이러한 세심한 주의와 배려는 사고를 예방하고, 모든 사용자가 안전하게 이동할 수 있는 환경을 만드는 데 필수적이다.

❷ 안전한 계단

일반적인 인식과 달리, 생체학적으로 계단을 내려오는 것은 올라가는 것보다 더 복잡한 동작을 요구한다. 올라갈 때는 발 전체가 계단에 닿은 상태에서 몸을 앞으로 기울이며, 때로는 난간의 도움으로 균형을 잡을 수 있다. 하지만 내려올 때는 발의 모든 부분이 계단에 닿아야 하므로, 더 어려운 움직임이 요구된다. 난간은 균형을 잡는 데 필요한 중요한 도움을 제공하여야 한다.

　계단의 안전성을 보장하기 위해서는 디딤판의 크기, 챌면의 높이, 계단코의 형태, 난간의 설치, 조명의 배치, 그리고 표면 재질의 선택 등 여러 요소를 신중하게 고려하고 적절하게 설계해야 한다. 규격에 맞지 않는 계단 구성 요소는 사용자에게 불편함을 초래할 뿐만 아니라, 넘어짐과 같은 사고를 유발할 위험이 있다. 예를 들어, 돌출된 계단코나 뚫린 챌면은 발목이 불편한 사용자가 걸려 넘어질 위험이 있으며, 둥근 계단코는 특히 내려올 때 미끄러짐을 유발할 수 있다. 따라서, 계단의 모든 구성 요소는 사용자가 안전하게 이동할 수 있도록 세심하게 설계되어야 한다.

　적절한 계단 설계는 단순히 사고를 줄이는 것을 넘어서, 모든 사용자가 안전하고 편안하게 이동할 수 있는 환경을 조성하는 데 필수적이다. 이는 건축가와 설계자가 사용자의 다양한 필요와 능력을 고려하여 포괄적인 접근 방식을 취해야 함을 의미한다. 계단 설계에 있어서의 이러한 세심한 주의와 배려는 모든 사람이 동등하게 공간을 이용할 수 있는 포용적인 사회를 만드는 데 기여한다.

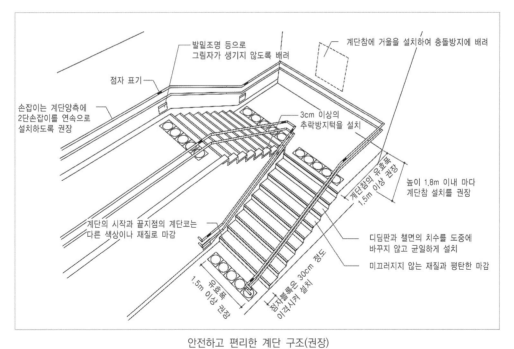

안전하고 편리한 계단 구조(권장)
ⓒ 경기도 건축디자인과, 경기도 유니버설디자인 가이드라인, 2011, p160.

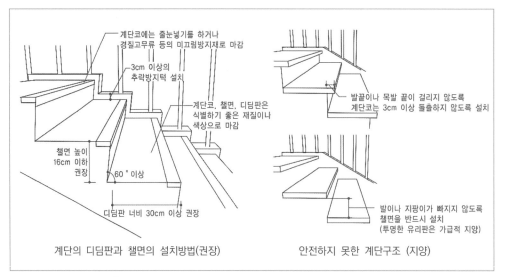

계단코에는 줄눈넣기를 하거나
경질고무류 등의 미끄럼방지재로 마감

3cm 이상의
추락방지턱 설치

계단코, 챌면, 디딤판은
식별하기 좋은 재질이나
색상으로 마감

챌면 높이
16cm 이하
권장

60° 이상

디딤판 너비 30cm 이상 권장

계단의 디딤판과 챌면의 설치방법(권장)

발끝이나 목발 끝이 걸리지 않도록
계단코는 3cm 이상 돌출하지 않도록 설치

발이나 지팡이가 빠지지 않도록
챌면을 반드시 설치
(투명한 유리판은 가급적 지양)

안전하지 못한 계단구조 (지양)

ⓒ 경기도 건축디자인과, 경기도 유니버설디자인 가이드라인, 2011, p159

디자인이 강조된 챌면이 없는 계단 (지양)

균일한 디딤판과 챌면과 인지하기 쉬운 계단 (권장)

계단은 사용자가 지치지 않도록 중간에 층계참을 적절히 설치해야 한다. 이는 층계를 오르는 사람들에게 휴식 공간을 제공하기 위함이다. 가파른 계단은 어지럼증이나 심장 질환, 중풍 증상이 있는 사람들에게 위험할 수 있다.

안전한 계단 사용을 위해, 통행을 방해하지 않는 문이 좋으며, 가능한 경우 유리나 창틀을 추가하거나 측면에 채광창을 설치하여 안전성을 높일 수 있다. 또한, 계단의 디딤판 너비는 일정해야 하며, 원형 계단이나 사선형으로 추가된 계단은 추락 위험이 높아 직선형이나 꺾인 형태의 계단 설치가 권장된다.

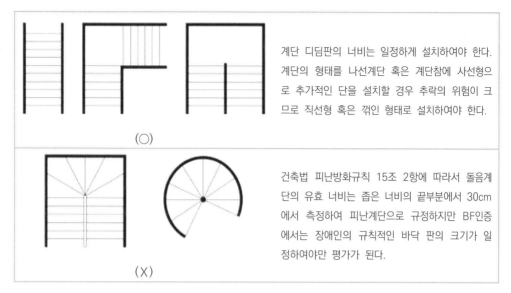

계단 디딤판의 너비는 일정하게 설치하여야 한다. 계단의 형태를 나선계단 혹은 계단참에 사선형으로 추가적인 단을 설치할 경우 추락의 위험이 크므로 직선형 혹은 꺾인 형태로 설치하여야 한다.

건축법 피난방화규칙 15조 2항에 따라서 돌음계단의 유효 너비는 좁은 너비의 끝부분에서 30cm에서 측정하여 피난계단으로 규정하지만 BF인증에서는 장애인의 규칙적인 바닥 판의 크기가 일정하여야만 평가가 된다.

계단의 형태

난간대는 몸이 불편한 사람들이 균형을 잡는 데 도움을 주기 위해 설치된다. 넘어질 위험을 줄이기 위해 계단 양쪽에 난간을 설치하는 것이 좋다. 이는 한쪽 손만 사용할 수 있는 사람들에게 특히 유용하며, 많은 사람이 이용하는 계단에서는 양쪽 난간이 통행을 원활하게 한다. 계단이 넓은 경우, 추가 난간 설치는 필요한 사람들의 원활한 이동을 돕는다. 이러한 이유로, 우리나라는 2018년 8월 10일부터 모든 계단에 양쪽 난간 설치를 의무화하는 장애인등편의법을 개정하였다.

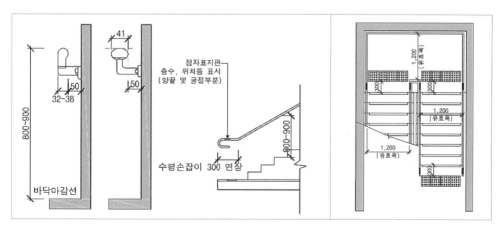

계단의 손잡이와 유효폭 (손잡이 안쪽 치수 : 1.2m 이상)

ⓒ 경기도 장애인편의증진기술지원센터, 경기도 장애인 등의 편의시설 매뉴얼, 2024, p62.

Q1. 경사로에 설치하는 난간의 간살 간격?

- 「장애인등편의법」시행규칙 [별표1] 계단 또는 경사로에 설치하는 난간의 설치기준을 규정하고 있지 않음.
  따라서, 시설주는 다른 법령에 위배되지 않은 범위 내에서 난간을 설치할 수 있음

  참고로 「건축물의 피난·방화구조 등의 기준에 관한 규칙」제15조 제6항은 계단에 관한 규정을 경사로의 설치기준에 관하여 준용한다고 규정하고 있으므로 경사로의 난간은 계단의 난간 기준에 부합하여야 하나 난간의 간살 간격은 규정하고 있지 않음

  한편, 「주택건설기준 등에 관한 규정」제18조 제2항 제2호는 난간의 간살간격을 안목 치수 10cm 이하로 규정하고 있으나, 같은 법 제18조 제3항은 3층 이상인 주택의 창에는 제1항 및 제2항의 규정에 적합한 난간을 설치하여야 한다고 규정하고 있으므로 동 규정에 의한 난간은 계단이나 경사로가 아닌 창에 설치하는 난간으로 보임. 하지만 「주택건설기준 등에 관한 규정」의 적용 범위에 관한 유권해석을 보건복지부가 할 수 없으므로 담당부처인 국토교통부로 문의 바람

Q2. 「장애인등편의법」시행규칙 [별표1]에 따르면 계단 또는 경사로에 설치하는 손잡이의 양끝부분 및 굴절부분에는 점자표지판을 부착하여야 하므로 현행법상 꺾임 계단 참 또는 꺾임 경사로 참의 굴절부분 손잡이에도 점자표지판을 부착하여야 하는지?

- 손잡이의 양끝부분에 설치되는 점자표지판을 통해서 층수와 위치 정보를 제공하므로, 별다른 특이사항이 없을 경우 꺾임 계단참 또는 꺾임 경사로 참의 손잡이 굴절 부분에 점자표지판 설치를 생략할 수 있음
  단, 계단이나 경사로의 참이 새로운 목적지가 발생 되는 분기점에 설치된 경우에 한하여 새로운 목적지 정보를 참에서 제공하여야 하므로 손잡이 굴절지점에 점자표지판을 설치하여야 함

Q3. 장애인등편의법 시행규칙 별표1-7-다-(3) 에서 손잡이의 지름을 3.2~3.8cm로 하고 있고 표시된 도면에서도 손잡이의 형태를 원형으로 하고 있는데, 병원 등에서 범퍼형 손잡이 설치 가능 여부

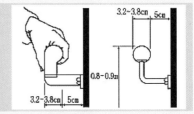

- 손잡이의 형태에 대하여 관련 법규에서 명확하게 규정하고 있는 것은 아니나, 가급적 원형 또는 이와 가까운 형태를 유지하도록 하여 장애인 등의 편리한 이용에 도움을 주는 형태를 유지하여야 함

- 병원 등에서 이동용 침대 등의 벽면 충돌방지를 위하여 범퍼형 손잡이를 설치하는 것은 가능하나, 이 경우에도 장애인 등이 쉽게 잡을 수 있는 형태로 설치하여야 함

- 또한 수평손잡이의 경우에는 형태가 반드시 원형일 필요는 없음. 사각형이라도 모서리 라운딩 처리 장애인 등의 실질적 이용에 불편을 주지 않는다면 가능함. 경사로와 계단에 설치하는 손잡이의 경우에는 올라가거나 내려갈 때 버팀목 역할을 하기 위해서는 균일하게 힘이 분포되어 한 손으로 그립 할 수 있도록 가급적 원형에 가까운 형태로 설치하여야 함.

Q4. BF본인증시 간혹 바닥마감재 문제로 인해 재시공하는 사례가 있다고 하여 품질검사 성적서(KS F 2375를 이용하여 미끄럼저항 B.P.N을 측정한 시험 값)의 마감재를 사용했을시 본인증을 득하는데 문제가 없는지 알고싶습니다.

- 건축물 인증지표 바닥 마감의 산출기준은 미끄럽지 않은 재질로 설치하여야 합니다. 이에 바닥마감의 시험 성적서 KS F 2601, KS M 3510, KS L 1001 등으로 이용하여 미끄럼저항계수(C,S,R)를 측정하며 신발 /습윤(1): C.S.R ≥ 0.4 이거나 KS F 2375를 이용하여 미끄럼저항 B.P.N을 측정한 시험 최소 40BPN 이상 기준으로 미끄럼 유무를 판단하고 있습니다. (BPN : 재료표면의 마찰 특성을 측정한 값, 수치가 클수록 미끄럼에 안전)

Q5. BF인증시 계단실의 핸드레일 및 점자블록 설치에 대하여 문의 드립니다. 옥상 및 지하층은 태양광 패널, 물탱크실, 기계실등 건물 관리자만 이용이 가는 형태이며 옥상 및 지하층까지 승강기는 설치되지 않고 계단만 설치되어 있습니다.
   1. 점자블록을 옥상 및 지하층까지 모두 설치를 하여야하는지 문의드립니다.
   2. 계단 손잡이(핸드레일H800~900) 역시 양측에 핸드레일을 모두 설치해야 하는지 문의드립니다.

- 건축물 인증 2.3항목에 따라, 계단 전체는 기준에 적합하게 설치되어야 합니다. 지하층·옥탑층이 관리자 동선일 경우 일부 항목에 대해서는 심사 및 심의위원회에서 평가 범위가 조정이 될 수 있음을 안내드립니다. 다만 옥상층의 경우 증축 계획을 고려하여 기준에 적합하게 설치하는 것을 권고하고 있습니다.

Q6. BF본인증시 돌음계단 수평 참 구간 수평 손잡이 300mm이 아닌 150mm만 확보해도 되나요?

- 「장애인 · 노인 · 임산부 등의 편의증진 보장에 관한 법률」 시행규칙 별표 1에 따라 계단 및 경사로의 경사면에 설치된 손잡이의 끝부분에는 0.3m 이상의 수평손잡이를 설치하여야 합니다.

Q7. BF본인증시 계단 등 난간이 세로살로 계획되어야 하는걸로 아는데, 근거하는 법률이 있나요?

- 계단 난간 세로살은 「주택건설기준 등에 관한 규정」, 「영유아보육법」 등에서 규정하고 있는 사항을 준용하고 있으며, 이에 따라 추락 등의 안전을 위해 가급적 세로살로 계획할 것을 적극 권장하고 있습니다.

Q8. 계단 점자 블록 중간참에도 시공을 이렇게 붙여서 해도 되나요?
   유효폭이 1200이라 계단 위아래로 300씩 떨어뜨리면 붙게되서 문의드립니다.

- 'Universal Design 적용을 고려한 장애물 없는 생활환경(BF)인증 상세표준도(건축물)'에서는 직선형계단의 중간참 길이가 2m미만인 경우 중간참의 점형블록은 생략 가능함을 안내하고 있습니다.다만 가급적 시각 장애인 등의 이용을 고려하여, 계단 중간참을 2m이상으로 설치하여 점형블록을 기준에 적합하게 설치하는 것이 바람직하다 사료됩니다.

Q9. 계단실 바닥에 러버플로링(CSR 0.4 이상)을 설치하고, 계단코에는 내구성과 탈락 위험으로 인해 일반적으로 인정받지 못하는 논슬립 세라믹테이프를 사용할 계획입니다. 계단코 부위에 홈을 만들어 테이프를 붙이는 방식으로 BF인증을 받을 수 있는지 문의합니다.

- 계단코에 논슬립 테이프를 부착하는 경우에는 인증 사후관리 및 유지관리 측면에서 탈착 가능성이 많아 설치를 지양하고 있는 사항입니다. 이에 따라 해당 제품에도 테이프 보단 다른 고정력이 있는 설비를 검토하여 주시기 바랍니다.

- 건축물 인증지표 바닥 마감의 산출기준은 미끄럽지 않은 재질에 대해서 KS F 2601, KS M 3510 등으로 이용하여 미끄럼저항계수(C,S,R)를 측정하며 (신발/습윤 : C.S.R ≥ 0.4)를 기준으로 적용하고 있습니다. 다만, 러버플로링(러버타일)의 경우에는 전혀 미끄럽지 않은 재질로는 평가하고 있지 않습니다.

Q10. BF인증 기준에서 평가항목 2.3 계단 / 2.3.4손잡이에 관하여 문의 드립니다.

1. '계단 측면에 설치되는 손잡이가 방화문 등의 설치로 연속하여 설치할 수 없는 경우는 방화문 설치에 소요되는 부분에 한하여 손잡이 설치하지 아니할 수 있다'고 알고 있습니다. 사진과 같이 계단 측면(참 부분)에 커튼월 및 커튼월 난간이 설치되어 손잡이를 연속하여 설치 할 수 없는 경우도해당이 되는지?

2. 계단 외측(벽면) 손잡이를 삭제하고, 계단 내측에만 연속하게 손잡이를 설치할 경우 사진과 같은 (표면은 둥글게 마무리 되나, 직경 3.8cm 초과됨) 손잡이도 규정에 적합한 손잡이로 보시는지?

- 계단 측면에 설치되는 손잡이가 방화문 등의 설치로 손잡이를 연속하여 설치할 수 없는 경우에는 방화문 등의 설치에 소요되는 부분에 한하여 손잡이를 설치하지 아니할 수 있습니다. 하지만 창문이 설치된 것은 손잡이를 연속하여 설치할 수 없는 사유로 인정되긴 어려울 것으로 사료됩니다.

- 계단 손잡이를 계단 벽면측이 아닌 내측으로 설치하는 것이 가능하나 내측 난간부분을 손잡이 기준(높이, 두께 등)에 적합하게 설치하여야 함을 알려드립니다.

Q11. 우체국 건축물 BF인증 관련하여 질의합니다.

1. 방풍실의 바닥마감에 대해 석재 시공 시 잔다듬, 버너구이, 혼드 마감 (미끄럼 정도가 각각 400이하, 400이하, 200이하인)의 적용 가능성과 타일마감의 가능성 및 정량적 기준에 대한 질의

2. 1층 방풍실을 통과하는 영업장(고객실)과 2~3층의 일반 사무실에 대해 '건축물 인증지표 및 기준'에서 내부시설에 대한 평가 기준이 명시되어 있지 않으므로, 내부시설 복도 범주의 바닥마감 기준을 적용할 수 있는지에 대한 질의

3. 계단에 대해 '건축물 인증지표 및 기준'에서 "전혀 미끄럽지 않은 재질"의 정량적 거칠기 기준과 일반적인 경우 계단코에 미끄럼방지설비(경질고무류, 줄눈 등) 설치 시 발디딤 부분에 일반적인 마감재(석재 물갈기, 무석면 타일 등) 사용 가능성에 대한 질의

- 방풍실은 외부와 접한 부분으로 눈, 비 등의 유입으로 인해 바닥이 매우 미끄러울 수 있습니다. 따라서 방풍실은 외부 바닥마감과 같이 미끄럽지 않은 재료를 사용하도록 하고 있으며 잔다듬, 버너구이, 고운다듬 등은 시험성적서 없이 사용 가능합니다.

- 영업장 및 일반사무실 등 내부 실에 대한 기준은 없으나, 실 구획이 없어 홀처럼 사용되거나, 유동이 많은 실 등은 심사 및 심의위원회의 판단하에 복도 바닥마감 기준을 적용할 수 있습니다.

- 계단의 바닥마감은 계단코의 경질고무류, 줄눈 등의 미끄럼방지설비를 설치하고, 걸려 넘어질 염려가 없다면 최소 기준(우수등급)을 충족하였으므로 재질에 대한 제한은 없습니다. 계단의 바닥마감 항목에서 최우수 등급으로 평가 받기 위해서는 미끄럽지 않을 재질(미끄럼저항계수(C.S.R.) 0.4이상)로 평탄하게 마감하여야 하며, 발 디딤 부분은 촉각 혹은 시각적인 재료를 사용하여 잘 인지될 수 있는 것을 사용해야 합니다

우리나라의 대부분 화장실은 남녀 구분은 있지만, 어린이와 어른을 구분하지 않아 다양한 높이의 소변기가 설치되어 있다. 이는 어린이나 키가 작은 사람들에게 사용상 불편을 줄 수 있다. 또한, 장애인이나 노인을 위한 손잡이는 잘 설치되어 있지만, 어린이 두 명이 동시에 화장실을 사용해야 할 경우 높은 소변기는 사용하기 어려울 수 있다.

공용화장실에서 소변기를 청소 용이성이나 단순한 디자인을 위해 바닥에서 띄워 설치하는 경우가 있다. 그러나 2015년 7월 개정된 장애인등편의법에 따라 공공건물 및 공중이용시설에서는 BF인증 요건을 충족하기 위해 소변기 하단을 바닥에서 35cm 이하로 설치하거나 바닥에 부착하는 형태로 설치해야 한다.

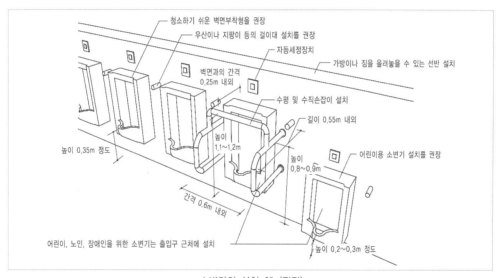

청소하기 쉬운 벽면부착형을 권장
우산이나 지팡이 등의 걸이대 설치를 권장
자동세정장치
가방이나 짐을 올려놓을 수 있는 선반 설치
벽면과의 간격 0.25m 내외
수평 및 수직손잡이 설치
길이 0.55m 내외
높이 0.35m 정도
높이 1.1~1.2m
높이 0.8~0.9m
어린이용 소변기 설치를 권장
간격 0.6m 내외
어린이, 노인, 장애인을 위한 소변기는 출입구 근처에 설치
높이 0.2~0.3m 정도

소변기의 설치 예 (권장)
ⓒ 경기도 건축디자인과, 경기도 유니버설디자인 가이드라인, 2011, p177.

디자인 우선으로 설계한 높은 소변기

어린이를 배려한 대형할인점 소변기 디딤판

BF인증의 위생시설의 소변기의 형태 및 손잡이는 장애인 또는 노약자와 지탱하는 힘이 부족한 다양한 사용자가 소변기를 이용하는 데 불편함이 없도록 적절하게 설치하도록 평가하고 있다.

약국의 진열장 배치 실험

약국에서 진열장의 제품 배치를 좌측에서 우측으로 변경한 실험을 통해, 시각장애인, 노인, 어린이 등 모든 고객이 제품을 쉽게 선택할 수 있게 되었으며, 이로 인해 매우 긍정적인 반응을 얻었다. 이는 제품을 구부리거나 잡아당기지 않고도 접근할 수 있게 한 세심한 배려의 결과이다.

이 사례는 설치 전에 '누가 어떻게 사용하느냐'를 고려하는 것이 얼마나 중요한지 보여 준다. 이러한 접근 방식을 통해 모든 사람이 차별과 소외감 없이 환경, 제품, 서비스를 이용할 수 있는 포용적인 위생시설을 만들 수 있다.

모든 연령사용 가능한 보편적인 소변기

⚙ 장애인 등을 위한 관람석 설계 　노인, 임산부, 어린이, 일시적 장애인 편의시설

❶ 장애인편의법의 무대　(장애인등편의법 개정 2018.1.30.)

장애인 편의시설이 갖춰진 무대는 무대를 이용하는 모든 사람들에게 편의성을 제공하는 중요한 요소이다. 장애인 편의시설이 갖춰진 무대의 설계 및 구성은 다음과 같은 요소를 고려해야 한다.

고려사항	세부내용
휠체어 접근 가능성	무대에는 휠체어사용자가 쉽게 접근할 수 있는 접근 경로와 승강장 또는 경사로가 있어야 한다.
휠체어 전용 구역	휠체어사용자를 위한 전용 구역 또는 플랫폼이 있어야 한다. 이 공간은 휠체어사용자가 다른 관객들과 함께 행사를 즐길 수 있도록 해야 한다.
접근 가능한 화장실	무대 근처에 장애인용 화장실이 위치해야 한다. 이 화장실은 휠체어사용자와 기타 장애를 가진 사람들이 사용할 수 있도록 설계되어야 한다.
낮은 장애물	무대 주변에는 가능한 모든 낮은 장애물이 제거되어야 한다. 이는 장애인의 움직임을 방해하지 않도록 해야 한다.
시각 및 청각 장애인을 위한 지원	필요에 따라 시각 및 청각 장애인을 위한 특별한 지원 시스템을 고려해야 한다. 이는 자막, 수화 통역사, 오디오 설명 등을 포함할 수 있다.
비상 상황 대비	무대에는 비상 상황에 대비한 계획이 있어야 한다. 이는 장애인을 포함한 모든 관객들의 안전을 보장해야 한다.
편의시설에 대한 정보 제공	무대 주변에는 장애인 편의시설에 대한 정보가 명확하게 제공되어야 한다. 이는 안내 표지판, 웹사이트나 프로그램 안내 등을 통해 이루어질 수 있다.

모든 관객들에게 포용력 있는 경험을 제공할 수 있는 무대

　장애인 노인 임산부 등의 편의증진에 관한 법률 시행령 개정에 따라 장애인 등의 공연 무대 접근성 제고를 위해 경사로 등을 설치해야 하며, 기존 시설은 시행일인 2018.5.1.부터 2년 내에 설치해야 한다.

　이것은 현재 사용하고 있는 다목적강당의 공연 무대가 있는 시설은 장애인이 객석에서 직접적으로 올라갈 수 있는 방안을 의무화 한 것이다. 물론, BF 인증에서는 당연히 공연 무대 경사로를 설치하여야 인증이 되지만, 특히 사항은 세부지침이 마련 전까지 일부 사항은 완화된 내용이 있다.

① 공연장, 집회장 및 강당 등에 설치된 무대에 높이 차이가 있는 경우에는 장애인 등이 안전하고 편리하게 이용할 수 있도록 경사로 및 휠체어리프트 등을 설치하되, 입법 취지상 고정식을 원칙으로 함. 다만, 강당의 대부분이 다목적 용도로 사용됨에 따라 고정식으로 설치하기 어려운 옆면이 있어, 구조적으로 어려울 때 또는 장애인 등의 편의를 위하여 필요한 경우에는 이동식으로 설치할 수 있음.

매립식 가변형 경사로 사례 (연극, 영화혼용 무대)　　휠체어 리프트 사례(매립형, 노출형)

② 강당의 무대 등에 설치되는 경사로 및 휠체어리프트에 대한 세부기준은 없으나, 원칙적으로 '장애인등편의법 시행규칙' 〈별표1〉에서 정하고 있는 각각의 시설 설치 기준을 따름
　· 경사로 : 장애인등편의법 시행규칙 〈별표1〉12(경사로)
　· 휠체어리프트 : 장애인등편의법 시행규칙 〈별표1〉11(휠체어리프트)

③ 다만 이를 그대로 적용할 경우 무대라는 특성을 살릴 수 없을 우려가 있고, 별도의 인적 서비스 등이 충분히 제공될 수 있는 상황 등을 고려하여 세부기준이 정해질 때까지 일부 사항에 대한 설치기준을 완화하여 적용함

④ (경사로) 유효폭·손잡이·기울기 등 완화
　· 무대용 경사로의 유효폭은 0.9m 이상으로 함
　· 무대 앞면 등 경사로의 위치에 따라 무대의 시야를 가릴 우려가 있는 경우에는 손잡이를 설치하지 아니할 수 있음(이 경우 경사로의 양옆면에 5cm 이상의 추락방지 턱 등을 설치해야 함)
　· 경사로의 기울기는 12분의1 이하로 함

⑤ (휠체어리프트) 호출벨, 유효폭 등 완화

· 무대용 휠체어리프트는 그 운행 거리가 짧고 특성상 충분한 인적서비스가 제공될 수 있는 여건임을 감안하여 호출벨, 탑승자 자가조작반 등을 설치하지 아니할 수 있음.

· 휠체어리프트의 받침판의 유효폭은, 통상적 휠체어의 규격 및 탑승 후 움직이지 않는다는 점 등을 고려하여 폭 0.8m 길이 1.4m 이상으로 함(의료기기 기준규격 식품의약품안전처고시 제2018-72호 참고)

⑥ (계단 겸용 휠체어리프트) 계단 겸용 리프트도 무대용으로 사용 가능하며, 장애인 등편의법 시행규칙 〈별표1〉 8(장애인 등의 통행이 가능한 계단) 및 11(휠체어 리프트)의 규정을 원칙적으로 적용

· 다만 휠체어리프트로 사용될 경우, 휠체어리프트의 받침판의 유효폭은 0.8m 길이 1.4m 이상으로 함.

· 아울러 충분한 인적서비스가 제공될 수 있는 여건임을 감안하여 호출벨, 탑승자 자가조작반, 손잡이 및 점자표지판 등을 설치하지 아니할 수 있음.(손잡이를 설치하지 아니하는 경우 계단의 양옆면에 5cm 이상의 추락방지턱 등을 설치해야 함)

계단 겸용 휠체어리프트

❷ 관람석의 구조 (장애인등편의법. 별표1)

장애인 편의시설 중 관람석은 장애인들이 이용하기 편리하도록 설계된 공간이다. 이러한 관람석은 극장, 체육관, 공연장, 스타디움 등 다양한 장소에서 제공될 수 있다. 일반적으로 이러한 시설은 다음과 같은 특징을 갖고 있다.

· **접근성** : 장애인들이 쉽게 접근할 수 있는 위치에 위치하며, 휠체어나 기타 이동 보조 도구를 이용하는 사람들에게 적합한 공간으로 설계된다.

· **편의 시설** : 관람석은 보통 장애인용 엘리베이터나 승강기 등과 같은 편의 시설과 함께 제공된다. 또한, 주변에 장애인 화장실과 같은 부가 시설이 제공될 수 있다.

· **적절한 공간** : 관람석은 충분한 공간을 확보하여 휠체어나 이동에 제약이 있는 사람들이 편안하게 이용할 수 있도록 한다.

· **시야** : 가능한 최상의 시야를 제공하여 관람자가 행사나 공연을 최대한 즐길 수 있도록 한다.

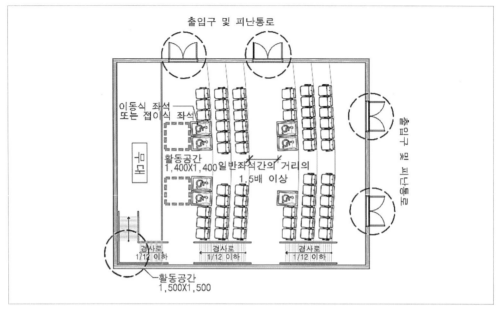

관람석 설치장소

ⓒ 경기도 장애인편의증진기술지원센터, 경기도 장애인 등의 편의시설 매뉴얼, 2024, p94.

· 휠체어사용자를 위한 관람석은 이동식 좌석 또는 접이식 좌석을 사용하여 마련하여야 한다. 이동식 좌석은 한 개씩 이동이 가능하도록 하여 휠체어사용자가 아닌 동행인이 함께 앉을 수 있도록 하여야 한다.

· 휠체어사용자를 위한 관람석의 유효 바닥면적은 1석당 폭 0.9m 이상, 깊이 1.3m 이상으로 하여야 한다.

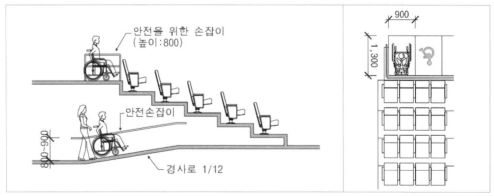

관람석의 구조

ⓒ 경기도 장애인편의증진기술지원센터, 경기도 장애인 등의 편의시설 매뉴얼, 2024, p94.

- 휠체어사용자를 위한 관람석은 시야가 확보될 수 있도록 관람석 앞에 기둥이나 시야를 가리는 장애물 등을 두어서는 아니 되며, 안전을 위한 손잡이는 바닥에서 0.8m 이하의 높이로 설치하여야 한다.
- 휠체어사용자를 위한 관람석이 중간 또는 제일 뒤 줄에 설치되어 있으면 앞 좌석과의 거리는 일반 좌석의 1.5배 이상으로 하여 시야를 가리지 않도록 설치하여야 한다.

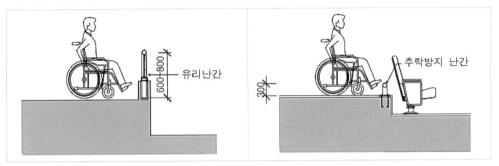

킥 플레이트 설치 (앞에 좌석이 없을 경우)   킥 플레이트 설치 (앞에 좌석이 있을 경우)

ⓒ 경기도 장애인편의증진기술지원센터, 경기도 장애인 등의 편의시설 매뉴얼, 2024, p95.

- 영화관의 휠체어사용자를 위한 관람석은 스크린 기준으로 중간 줄 또는 제일 뒤 줄에 설치하여야 한다. 다만, 휠체어사용자를 위한 좌석과 스크린 사이의 거리가 관람에 불편하지 않은 충분한 거리일 경우에는 스크린 기준으로 제일 앞줄에 설치할 수 있다.

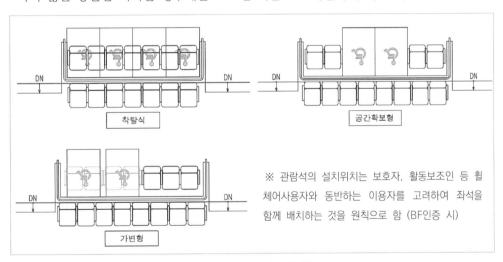

휠체어사용자를 위한 관람석
ⓒ 경기도 장애인편의증진기술지원센터, 경기도 장애인 등의 편의시설 매뉴얼, 2024, p95.

- 공연장의 휠체어사용자를 위한 관람석은 무대 기준으로 중간줄 또는 제일 앞줄 등 무대가 잘 보이는 곳에 설치하여야 한다. 다만, 출입구 및 피난 통로가 무대 기준으로

제일 뒤 줄로만 접근이 가능할 때는 제일 뒤 줄에 설치할 수 있다.

· 난청자를 위하여 자기(磁氣)루프, FM 송수신장치 등 집단보청 장치를 설치할 수 있다.

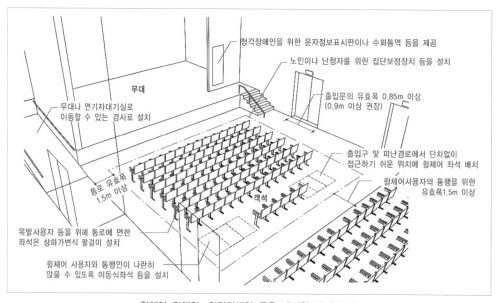

휠체어 장애인, 청각장애인 등을 배려한 객석의 예
ⓒ 경기도 건축디자인과, 경기도 유니버설디자인 가이드라인, 2011, p194.

❸ BF인증 세부평가기준

평가항목			배점	평가 및 배점기준
5.2 관람석	5.2.1 설치율		4.0	전체 관람석 및 열람석의 2% 이상 설치
			3.2	전체 관람석 및 열람석의 1% 이상 설치
	5.2.2 설치위치		3.0	우수의 조건을 만족하며, 2곳 이상 분산 배치를 하여야 함
			2.4	좌석 위치가 출입구 및 피난 통로로 접근하기 쉬운 위치에 설치
	5.2.3 관람석 및 무대의 구조	관람석	2.0	우수의 조건을 만족하며, FM 수신기 또는 자기 루프시스템 등 집단 보청장치 설치
			1.6	일반의 조건을 만족하며, 1.2m 이상의 통로와 구분하여 좌석 설치
			1.4	관람석의 구조는 유효 바닥 면적이 1석당 폭 0.9m 이상, 깊이 1.3m 이상
		무대 혹은 강단	2.0	무대(혹은 강단)에 단차 없이 접근
			1.6	무대(혹은 강단)에 단차가 있는 경우 유효폭 0.9m 이상 기울기 1:12(8.33%/4.76°) 이하의 고정형 경사로를 설치하거나 수직형 리프트를 설치
			1.4	무대(혹은 강단)에 단차가 있는 경우 유효폭 0.9m 이상 기울기 1:12(8.33%/4.76°) 이하의 이동형 경사로를 설치 다만, 구조적으로 설치가 어려운 경우에만 이동식으로 설치할 수 있다
	3.6.1 구조 및 마감		2.0	우수의 조건을 만족하며, 높이 조절형 열람석 설치
			1.6	상단 높이는 바닥 면으로부터 0.7m~0.9m, 하부 공간은 높이 0.65m 이상, 깊이 0.45m 이상 공간확보

● 무대, 공연장, 소변기, 관람장　　■ CS업무 질의　■ BF인증 질의

[CS처리지침 : 보건복지부, 장애인권익지원과. BF인증업무 : 한국장애인개발원]

Q1. 무대에 설치되는 경사로에 손잡이를 설치할 경우 손잡이로 인해 무대의 시야를 방해할 경우 제거여부?

- 무대에 설치되는 경사로 손잡이로 인해 시야를 방해할 경우 손잡이를 제거할 수 있음. 다만, 이 경우 경사로에 추락 방지턱을 설치하여야 함

Q2. 무대 경사로를 직선 또는 참 설치 후 꺾인 형태로 설치하지 않고 굴곡 형태로 설치 시 적정 여부?

- 경사로는 직선으로 설치를 하여야 하며, 굴절 시 1.5×1.5m 이상의 활동공간을 확보하여야 함. 다만, 경사로 기울기가 1:24이하이며 횡경사가 거의 발생 하지 않을 경우 장애인등편의법 제15조에 따라 완화적용이 가능

Q3. 무대 경사로 설치 시 무대 높이가 75cm 이상으로 높을 경우 수평참 설치 여부?

- 바닥으로부터 75cm 이내마다 휴식을 할 수 있도록 수평면으로 된 참을 설치하여야 함

Q4. 공연장의 편의시설 대상 판단을 위한 면적 합산 시 공연장 전체 면적을 기준의 적용 여부?

- 문화 및 집회시설의 공연장의 편의시설 대상 판단을 위한 바닥면적 합계의 기준은 관람석의 바닥 면적 합계로 하여야 함

Q5. 장애인 소변기의 점용폭에 대해 궁금합니다. 일반 소변기의 점용폭이 750mm인 것을 알고 있으나, 장애인 소변기도 이와 같은지, 그리고 손잡이 안쪽 폭이 600mm로 정해져 있는데, 소변기에 칸막이를 설치할 경우 점용폭을 어떻게 설정해야 하는지?

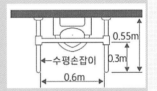

- 소변기 칸막이의 경우 별도의 인증 기준이 정해져 있지는 않습니다. 다만, 손잡이 이용에 불편이 없으므로 손잡이 외측으로 15cm이상 확보 바랍니다.

Q6. 보육시설 내에 위치한 어린이전용화장실(어린이소변기, 어린이대변기 배치)의 경우, 위생시설기준 (주출입구폭, 날개벽, 대변기, 소변기, 세면대)으로 적용되어야만 하는지 또는 예외로 적용할 수 있는지 확인 부탁드립니다.

- BF인증 위생시설 기준은 성인을 기준으로 합니다. 따라서, 보육시설 내에 위치한 어린이 전용화장실은 BF인증 위생시설기준(주출입구폭, 날개벽, 대변기, 소변기, 세면대)에 적용대상이 아닙니다. 다만, 이용의 편의상 주출입구 폭, 단차, 날개벽은 인증기준에 적합하게 설치할 것을 적극 권장합니다.

Q7. 모든 남자화장실의 '소변기 한 대에는 반드시 손잡이'를 설치해야 하는 부분의 근거 서류를 요청 드립니다.

- 소변기 한 대에는 반드시 손잡이를 설치하라는 내용은 BF인증제도의 근거가 되는 장애인, 노인, 임산부 등의

편의증진 보장에 관한 법률에 의하면 대변기의 경우 건축물의 1개소 이상을 설치하도록 명시되어 있으나 소변기는 개수에 대한 기준이 없어 편의증진법에서는 모든 남자화장실에 1개소에 보조 손잡이를 1개소 이상씩 적용하고 있습니다. 이에 BF인증에서는 법에서 적용하는 범위는 반드시 이행하고 있음을 알려 드립니다.

Q8. 2022년 12월 BF본인증 받은 신축 건물(공공기관 소유)로 장애인주차구역에서 1층 내부로 들어올 경우 단차가 있어 경사로가 설치되어 있습니다. 공간이 협소하여 경사로를 계단겸용 리프트(유니버설 디자인 휠체어 리프트/미승강기, 근로복지공단 재활공학연구소 자체성능평가 적합 시험성적서 있음)로 변경하고자 합니다. 이 경우 기 받은 인증기준에 적합한지, 변경해도 BF 인증 유지에 문제가 없는지 문의합니다.

▪ 장애물 없는 생활환경 건축물 인증에서 1.2.1항목에 따라 장애인전용주차구역에서 출입구까지 경로는 경사로를 이용하여 접근하거나 단차 없이 수평으로 접근하도록 하여야 합니다. 장애물 없는 생활환경 인증제도에서 수직형 리프트의 경우 관리상의 문제(사고 위험으로 인하여 운행을 제한하거나 관리자 도움을 받아야만 이용 가능 등)등으로 인하여 설치를 지양하고 있습니다. 해당시설의 인증을 교부한 인증기관과 협의하여 추후 사후관리에서 문제가 없도록 하여 주시기 바랍니다.

Q9. 현재 계획중인 프로젝트의 경우 1층 내부동선 중에서 공연장으로 진입하는 동선이 있는데 경사로 설치 대신 수직형 리프트를 계획(레벨차는 1.6m 입니다.) 할 때 BF인증 기준 상 수직형 리프트 적용할 수 있는지 문의합니다.

▪ 공연장 진입하는 동선에 대해, 복도 2.2.2항목 단차에 대한 규정을 적용한다면 최소 1:12이하의 경사로를 설치하여야 합니다. 공연장 내부 무대의 구조로 인한 단차에 대해 최소 1:12이하 경사로 혹은 수직형 리프트를 설치할 수 있습니다. 그러나 수직형 리프트 설치 관련해서는 심사 및 심의위원회 시 논의가 필요하며, 일반적으로 리프트 설치를 지양함에 따라 가급적 무대 높이차로 인한 단차 제거는 경사로 설치를 적극 권고하고 있습니다.

Q10. 어린이 박물관이나 과학관과 같은 전시 시설에서 체험 테이블의 높이와 하부 공간 설정에 대해 문의하고 싶습니다. 현재 BF인증 상세표준도에는 주로 성인 기준의 높이만 제시되어 있습니다. 어린이를 위해 체험 테이블의 높이를 어린이의 키를 고려하여 0.7~0.9m 이하로 설정하는 것이 '장애인, 노인, 임산부 등의 편의증진보장에 관한 법률' 시행규칙에 부합하는지, 그리고 이러한 설정이 BF 인증에 영향을 미치지 않는지 궁금합니다.

▪ 전시시설 내 체험 공간에 대해서는 평가기준이 별도로 마련되어 있지 않습니다. 다만, 모두가 이용하기 위해 가급적 5.2.4 열람석 기준(상단높이 0.7~0.9m, 하부공간 높이 0.65m이상, 깊이 0.45m이상)을 적용 할 것을 적극 권장 드리고 있습니다.

Q11. 저희 공연장에서 BF인증 규격을 확인하고자 합니다. 특히, 장애인 관람석의 적절한 마련 여부에 대해 알아보고 싶습니다. 공연장에 적용되는 BF인증 규격에 대한 정보가 필요합니다.

▪ 장애물 없는 생활환경 인증의 관람석 및 무대의 구조는 휠체어사용자를 위한 관람석은 비장애인 동행인과 함께 앉을 수 있는 형태로 설치하여야 하며, 관람석의 유효바닥면적은 1석당 폭 0.9m이상, 깊이 1.3m 이상으로 설치하여야 합니다.

❶ 설치 관련 법적 근거[16]

임산부 휴게시설과 수유실 설치는 여러 법률과 규정에 의해 지원되며, 이는 임산부와 수유부의 권리와 복지를 보호하기 위한 목적으로 마련되었다.

① 「모자보건법」 제10조의 3 (모유 수유시설의 설치 등)

> ① 국가와 지방자치단체는 영유아의 건강을 유지·증진하기 위하여 필요한 모유 수유시설의 설치를 지원할 수 있다.
> ② 국가와 지방자치단체는 모유 수유를 권장하는 데 필요한 자료조사·홍보·교육 등을 적극 추진하여야 한다.
> ③ 산후조리원, 의료기관 및 보건소는 모유 수유에 관한 지식과 정보를 임산부에게 충분히 제공하는 등 모유 수유를 적극 권장하여야 하고, 임산부가 영유아에게 모유를 먹일 수 있도록 임산부와 영유아가 함께 있을 수 있는 시설을 설치하기 위하여 노력하여야 한다.

② 「장애인 · 노인 · 임산부 등의 편의증진 보장에 관한 법률 」

> 장애인등편의법 제9조에서는 시설주 등이 대상시설의 설치 등을 할 때에는 편의시설을 같은 법 제8조에 따른 설치기준에 적합하게 설치하고 유지 · 관리해야 한다고 규정하고 있고, 대상시설에 설치해야 하는 편의시설의 종류 및 그 설치기준을 정하고 있는 같은 법 시행령 별표 2 제3호나목에서는 공공건물 및 공중이용시설에 설치해야 하는 편의시설의 종류 중 하나로 "임산부 등을 위한 휴게시설"을 규정하면서 대상시설의 종류에 따라 그 설치기준을 각각 "의무" 또는 "권장" 등으로 구분하여 규정하고 있다.

2018년 1월 30일에 개정된 시행령에 따라, 공공건물과 공중이용시설 중에서 공연장, 관람장, 전시장, 동·식물원, 정부 또는 지방자치단체의 건물, 관광휴게시설의 휴게소 등은 임산부와 영유아를 위한 휴게시설을 반드시 설치해야 한다. 이러한 시설을 새로 설치하거나 주요 부분을 변경할 때는 법에서 정한 기준에 맞게 편의시설을 설치하고 잘 관리해야 한다.

③ 대상시설별 편의시설의 종류 및 설치기준 (제4조 관련)

　3. 공공건물 및 공중이용시설

　　가. 일반사항

　　(17) 임산부 등을 위한 휴게시설 등

　　　임산부와 영유아가 편리하고 안전하게 휴식을 취할 수 있도록 구조와 재질 등을 고려하여 휴게시설을 설치하고, 휴게시설 내에는 모유 수유를 위한 별도의 장소를 마련하여야 한다. 다만, 「문화재보호법」 제2조에 따른 지정 문화재(보호구역을 포함한다)에 설치하는 시설물은 제외한다.

　　나. 대상시설별로 설치하여야 하는 편의시설의 종류

　　　– 임산부 등을 위한 휴게시설

※ 파란색 부분은 의무, 그 외 시설은 권장

제2종 근린생활시설(의무)	공연장
문화 및 집회시설(의무)	**공연장 및 관람장, 전시장, 동·식물원**
종교시설 (권장)	종교집회장(교회·성당·사찰·기도원, 그 밖에 이와 유사한 용도의 시설을 말하며, 500m² 이상만 해당한다)
판매시설 (권장)	도매시장·소매시장·상점(1,000m² 이상만 해당한다)
교육연구 시설 (권장)	학교(특수학교를 포함하며, 유치원은 제외한다), 유치원, 교육원·직업훈련소·학원, 그 밖에 이와 유사한 용도의 시설 (500m² 이상만 해당한다), 도서관 (1,000m² 이상만 해당한다)
노유자시설 (권장)	아동 관련 시설(어린이집·아동복지시설)
운동시설 (권장) 500m² 이상만 해당한다	
업무시설 (권장 / 의무)	**국가 또는 지방자치단체의 청사 (의무)** 금융업소, 사무소, 신문사, 오피스텔, 그 밖에 이와 유사한 용도의 시설 (500m² 이상만 해당한다) 국민건강보험공단·국민연금공단·한국장애인고용공단·근로 복지공단 및 그 지사(1000m² 이상만 해당한다)
숙박시설 (권장)	관광숙박시설
공장(권장)	
방송통신시설 (권장)	방송국, 그 밖에 이와 유사한 용도의 시설(1,000m² 이상만 해당한다) 전신전화국, 그 밖에 이와 유사한 용도의 시설(1,000m² 이상만 해당한다)
교정시설 (권장)	교도소·구치소
관광휴게시설 (권장 / 의무)	야외음악당, 야외극장, 어린이회관, 그 밖에 이와 유사한 용도의 시설(권장) **휴게소(의무)**
장례식장(권장)	

모유 수유시설 ⓒ wellnessroomsite.wordpress.com

❷ 수유실의 공간구성

임산부를 위한 휴계시설인 수유실은 다음과 같은 기준을 따르는 것이 일반적이다.

고려사항	세부내용
위치	수유실은 임산부들이 편리하게 이용할 수 있는 장소에 위치해야 한다. 주로 공공시설이나 회사 내에 별도의 공간으로 마련된다.
안락성	편안한 의자나 소파, 테이블 등을 비롯한 편의시설이 제공되어야 한다. 임산부가 편안하게 휴식을 취하고 수유를 할 수 있도록 배려되어야 한다.
개인 정보 보호	개인 정보 보호를 위해 충분한 공간과 프라이버시를 보장해야 한다. 충분한 프라이버시를 제공하기 위해 잠금장치가 있는 문이나 커튼 등이 있어야 한다.
청결과 위생	수유실은 청결하고 위생적이어야 하며, 사용 후에는 항상 청소 및 소독이 이루어져야 한다.
환기	쾌적한 환경을 위해 충분한 환기가 필요하다.
보조 시설	필요에 따라 기저귀 교체대, 세면대, 물 공급 등의 보조 시설이 제공되어야 한다.
접근성	장애인이나 이동이 불편한 사람들도 이용할 수 있도록 접근성이 보장되어야 한다.
안전	안전을 위해 적절한 조명 및 비상 시 대피 경로가 마련되어야 한다.

임산부를 위한 휴계시설(수유실) 기준

① 설치 위치

임산부를 위한 수유실 및 휴게시설을 설치하는 데 있어서, 편의성을 고려하여 수유장소나 기저귀교환 장소를 1개 이상 설치하는 것을 권장한다. 또한, 유모차 뿐만 아니라 휠체어사용자 등 모든 이용자들이 쉽게 접근할 수 있는 위치에 유모차를 배치하는 것이 중요하다.

수유실은 최대한 독립된 공간으로 설치하여 사용자의 편의를 고려하며, 로비나 민원실과 같은 주요 시설과 가까운 위치에 설치하는 것이 좋다.

② 출입문

임산부를 위한 수유실 및 휴게시설을 설치할 때, 영유아 동반이나 유모차의 출입을 고려하여 자동문 또는 개폐가 쉬운 미닫이문을 권장한다. 출입문의 유효폭은 최소 0.85m 이상으로 설정해야 하며, 유모차나 휠체어의 원활한 통행을 위해서는 최소 0.9m 이상의 유효폭을 확보하는 것이 바람직하다.

③ 구조 및 형태

임산부를 위한 수유실 및 휴게시설은 수유공간과 분리된 휴게공간을 마련해야 한다. 수유실은 남성도 이용할 수 있도록 설계되어야 하며, 모유를 주는 공간은 프라이버시를 보장하기 위해 독립된 실이나 커튼 등을 사용하여 확보되어야 한다.

기저귀교환대와 세면대는 휠체어사용자도 편리하게 이용할 수 있도록 설치되어야 한다. 이를 위해 1.5m × 1.5m 이상의 공간을 확보해야 하며, 법적 기준치인 1.4m × 1.4m 이상을 준수해야 한다. 기저귀교환대와 세면대의 상단 높이는 바닥면으로부터 0.85m 이하로 설치되어야 하며, 하단 높이는 최소 0.65m 이상이 되도록 해야 한다. 또한, 하부에는 휠체어의 발판이 들어갈 수 있도록 공간을 마련해야 한다.

④ 기타시설

임산부를 위한 수유실과 휴게시설은 아기침대와 영유아 거치대를 설치해야 한다. 기저귀교환대는 접이식으로 설치하여 공간을 효율적으로 활용할 수 있어야 한다. 물을 끓일 수 있는 탕비실, 순간온수기, 전기포트, 개수대 등을 인접하게 배치하여 사용자의 편의를 높여야 한다. 또한, 분유병 소독이 가능한 설비를 구비하여 영유아의 위생을 유지할 수 있도록 해야 한다.

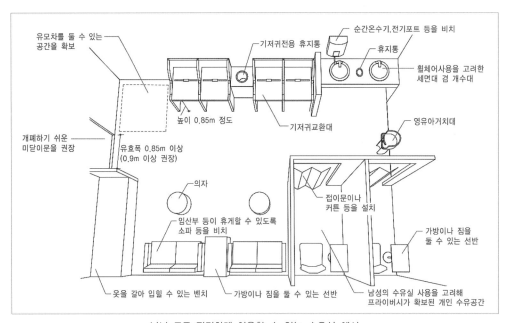

남녀 모두 편리하게 이용할 수 있는 수유실 예시
ⓒ 경기도 건축디자인과, 경기도 유니버설디자인 가이드라인, 2011, p181.

아래는 장애인등편의법에 의한 설계를 BF인증 평가항목에 맞게 검토한 예시이다.

구분	내부설비 및 활동공간	평가항목점수
최우수	우수의 조건을 만족하며, 수유에 편리하도록 전기 콘센트와 포트 등을 설치	3.0
우수	일반의 조건을 만족하며, 수유할 수 있는 공간에는 의자 등이 설치되어 있으며 의자 주변에는 휠체어사용자가 접근 가능하도록 앞면 혹은 옆면에 활동공간이 1.4m×1.4m 이상 확보	2.4
일반	휴게시설 내부 공간에 수유할 수 있는 공간 마련 및 상단 높이는 바닥 면으로 0.85m 이하 하단 높이는 0.65m 이상인 기저귀 교환대와 세면대를 설치	2.1

임산부 휴게실(수유실) BF인증 평가내용

⑤ BF인증 평가항목에 맞게 평면 구성변경 예시

변경전 (장애인등편의법 기준)

·휠체어사용자도 쉽게 접근할 수 있는 활동공간 (문 옆 0.6m)의 날개벽이 없다.
·모유 수유공간의 프라이버시를 위한 가림막이 없으며, 휠체어사용자가 접근할 수 있도록 앞면 활동공간이 없다.
·기저귀 갈이대의 휠체어사용자가 쉽게 접근할 수 있는 활동공간과 세면대가 없다.

변경후 (BF인증 최우수등급)

·휠체어사용자도 쉽게 접근할 수 있는 활동공간 (문 옆 0.6m) 확보를 하였다.
·모유 수유공간의 프라이버시를 위한 가림막이 설치와 휠체어사용자가 접근할 수 있도록 앞면 활동공간이 확보하였다.
·기저귀 갈이대의 휠체어사용자가 쉽게 접근할 수 있는 활동공간 확보와 세면대를 설치하였다.
·수유에 편리하도록 전기 콘센트와 포트 등을 설치하였다.

⑥ 기저귀교환대 도면 및 설치 사진

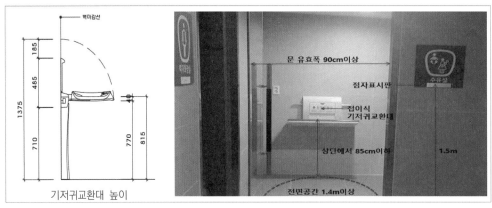

휠체어 장애인을 위한 수유실 통로 확보와 내부 기저귀교환대 설치 예시

⑦ 세면대 및 전기 콘센트 및 포트 설치 사진

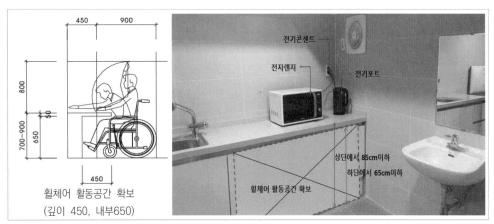

분유를 데울 수 있는 장치 및 소독 가능한 설비 예시

❸ 수유/ 웰빙룸 디자인 (외국사례)[17]

1960년대 분유의 발달로 여성들이 출산 후 직장으로 복귀할 수 있게 되었으나,
최근 연구에 따르면 모유 수유가 분유보다 선호되고 있다. 이에 따라 많은 어머니
들이 아기에게 1년 이상 모유를 먹이기로 하면서, 모유를 짜내고 보관할 수 있는
전용 공간인 수유실의 필요성이 증가하고 있다. 수유실은 모유 수유뿐만 아니라
광선 요법, 약물 투여, 명상 등 다양한 의료적 요구를 충족할 수 있는 공간으로,
출산 후 직장으로 복귀한 어머니들이 업무와 모유 수유를 병행할 수 있도록 지원한다.
이에 따라 공공시설에서도 수유실 수요가 증가하고 있으며, 사용이 쉽고, 편안하며 어머니를 존중하는 수유실 배치가 목표이다.

① 수유실 요구사항

수유부는 하루에 여러 번 조용하고 개인적인 공간에서 모유를 짜고 저장해야 한다. 이 공간은 휴식과 옷 갈아입기에 적합하며, 하루 2~3회, 15~30분 동안 사용된다. 수유실은 소음으로부터 보호되고 안전해야 하며, 필수적으로 작업대, 의자, 싱크대, 청소용품, 적절한 환기 및 난방, 전기 콘센트, 냉장고를 갖추어야 한다.

② 수유실 권장사항

구분	세부내용
크기	7피트×7피트의 최소 설치 공간이 권장된다. 5피트×10피트, 10피트×12피트와 같은 다른 구성은 다음에서 잘 활용한다.
위치	각 건물에는 최소 하나의 웰니스 룸이 있어야 하며, 일반적으로 여성 100명당 1실의 비율 입주자를 추천한다. 모두가 접근할 수 있는 안전한 지역에 있어야 한다.
보안	개인정보 보호 표시가 있는 사용자 작동 잠금장치를 설치하며, 자물쇠에는 '사용 중'을 표시하는 표시기가 있어야 한다.
음향 프라이버시	소리 전달을 최소화하기 위한 방음벽을 하여야 하며, 바닥은 양탄자 재료 또는 소음을 최소화하기 위한 재료를 사용하여야 한다.
테이블/ 카운터	최소 깊이 18인치×너비 32인치의 레미네이트를 제공하거나 견고한 카운터이어야 한다. 또한 휠체어사용자가 사용 가능한 무릎 공간과 높이를 유지하여야 하며, 테이블 주변에는 전기 콘센트가 있어야 한다.
싱크대	충분히 씻을 수 있는 깊이의 세면대와 주방형 수도꼭지가 있어야 한다.
조명 및 HVAC	균일한 주변광을 사용하여 편안한 환경의 작업 조명을 제공한다. 탈의실, 방의 온도 조절기를 제공한다.
우유 저장고	우유 저장을 위해 중형 또는 소형 냉장고를 설치한다. 많은 인원을 수용할 수 있는 크기와 사용자가 이용 빈도에 따른 중·대형 냉장고를 설치한다.

🖱 BF인증, CS업무 관련 웹사이트

미국건축가협회(American Institute of Architects) 모범 사례 지침 간행물
www.wellnessroomsite.wordpress.com

Workplace Sample Layout
7'x7' Wellness Room Unit

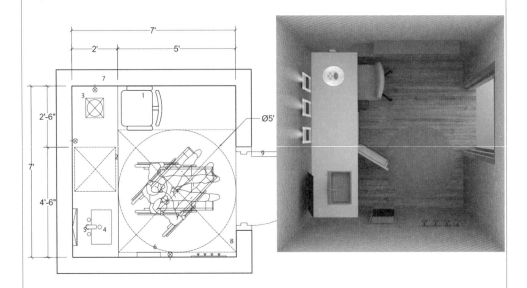

1. 작업의자 2. 카운터(하단냉장고) 3. 펌프용 카운터 4. 씽크대(냉온수기) 5. 경사거울
6. 페이퍼타올 디스펜서 7. 콘텐트(카운터위)8.옷걸이   9. 사생활 보호를 위한 문

Workplace Sample Layout © insight.gbig.org

Public Facility Sample Layout
10'x5' Wellness Room Unit

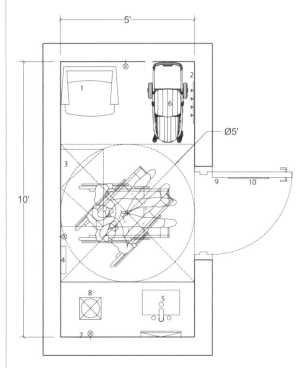

1. 작업의자   2. 옷걸이   3. 기저귀교환대   4. 페이퍼타올 디스펜서   5. 씽크대(냉온수기)
6. 유모차보관   7. 콘텐트(카운터위)   8.펌프용 카운터   9. 사생활 보호를 위한 문
10. 전신거울(문 뒤편)

Public Facility Sample Layout © insight.gbig.org

Double Sample Layout
10'x12' Wellness Room Unit

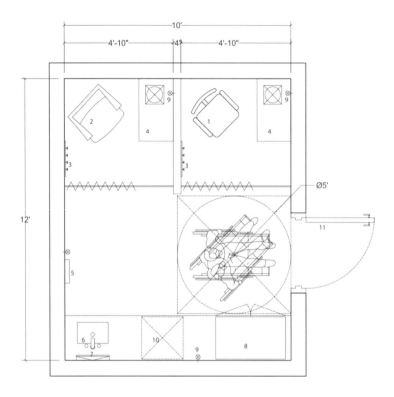

1. 작업의자   2. 수유의자   3. 옷걸이   4. 펌프용 카운터   5. 페이퍼타올 디스펜서
6. 씽크대(냉온수기)   7. 경사거울   8. 캐비닛   9. 콘텐트(카운터위)   10. 카운터(아래 냉장고)
11. 사생활 보호를 위한 문

Double Sample Layout ⓒ insight.gbig.org

● 임산부, 휴게시설, 수유실 ■ CS업무 질의 ■ BF인증 질의

[CS처리지침 : 보건복지부, 장애인권익지원과. BF인증업무 : 한국장애인개발원]

Q1. 공공건물 및 공중이용시설 중 "임산부 등을 위한 휴게시설"란에 "의무"로 규정된 대상시설을 설치해야 하는 대상에 모든 사람을 대상으로 하는 휴게시설(일반 휴게시설)이 없거나 일반 휴게시설을 설치하지 않으려는 경우라면 "임산부 등을 위한 휴게시설"을 설치해야 할 의무가 없는지?

▪ 장애인등편의법 시행령 별표 2 제3호나목 에서는 "임산부 등을 위한 휴게시설"의 설치가 "의무"로 규정된 대상시설을 규정하면서 일반 휴게시설이 없거나 일반 휴게시설을 설치하지 않으려는 경우에는 "임산부 등을 위한 휴게시설"의 설치 의무를 면제하도록 하는 별도의 규정을 두고 있지 않다.

▪ 그리고 장애인등편의법은 장애인 · 노인 · 임산부 등이 일상생활에서 안전하고 편리하게 시설과 설비를 이용하고 정보에 접근할 수 있도록 보장함으로써 이들의 참여와 복지증진에 이바지함을 목적(제1조)으로 하고, 같은 법 시행령 별표 2에서 대상시설에 설치해야 하는 편의시설의 종류 및 그 설치기준을 정한 취지는 장애인등편의법의 목적을 달성하기 위한 것인데, 만약 일반 휴게시설이 있거나 일반 휴게시설을 설치하려는 경우에만 편의시설 설치 의무가 있다고 볼 경우 시설주등이 편의시설 설치 의무를 회피하기 위한 수단으로 이를 악용하여 장애인등편의법령의 입법취지 및 목적이 훼손되는 결과를 초래할 수 있다.

▪ 그렇다면 장애인등편의법 시행령 별표 2 제3호나목의 "임산부 등을 위한 휴게시설"란에서 "의무"라고 규정하고 있는 경우 그 의미는 문언대로 해당 대상시설에 "임산부 등을 위한 휴게시설"을 의무적으로 설치해야 한다는 의미로 해석해야 하고, 명문의 규정 없이 그 범위를 축소하여 일반 휴게시설이 없거나 일반 휴게시설을 설치하지 않으려는 경우에는 "임산부 등을 위한 휴게시설"의 설치 의무가 면제된다고 해석하는 것은 타당하지 않다.

Q2. 저희는 환경미화원 전용 휴게실을 신축 계획 중인데, 부지 여건상 진출입 경사로 설치가 불가능합니다. 이 경우 BF인증에서 경사로 설치 의무를 면제받을 수 있는 방법이 있는지 문의드립니다.

▪ 공공 건축물의 의무인증시설은 장애인등편의법 제10조의2제3항제3호에 따라 국가, 지방자치단체 또는 「공공기관의 운영에 관한 법률」에 따른 공공기관이 신축 · 증축(건축물이 있는 대지에 별개의 건축물로 증축하는 경우에 한정한다. 이하 같다) · 개축(전부를 개축하는 경우에 한정한다. 이하 같다) 또는 재축하는 공공건물 및 공중이용시설로서 시설의 규모, 용도 등을 고려하여 대통령령으로 정하는 시설(시행령 별표2의2)로 명시되어 있습니다.

▪ 위에 해당하지 않는 경우 대상이 아닙니다. 또한 위에 해당하여 지형상의 문제로 접근로 기준을 충족하기 어려울 경우에는 「장애물 없는 생활환경 인증에 관한 규칙」에 따라 인증 신청 후 인증 심사 및 심의위원회 결과를 통해 인증 의무 시설에서 제외될 수 있음을 알려드립니다.

Q3. 여객시설 BF인증 자체평가기준 02.내부시설내에는 출입문의 대한 규정이 없습니다. 여객시설 대합실 내에 수유실 및 상업시설 (편의점, 매점등)의 출입문 통과유효폭을 규정이 어떻게 평가 되는지 문의드립니다.

▪ 「교통약자의 이동편의 증진법(이하 교통약자법)」과 장애물 없는 생활환경 인증제도 여객시설 인증 지표에서는 1.3 주출입구(문)의 유효폭은 0.9m이나, 나머지 화장실 출입문 및 칸막이 출입문은 유효폭을 0.8m 명시하고 있습니다.
그러나 「장애인 · 노인 · 임산부 등의 편의증진 보장에 관한 법률」 및 장애물 없는 생활환경 인증제도 건축물, 공원 인증에서는 출입문의 유효폭은 0.9m으로 개정(2018. 8. 10.)됨에 따라, 여객시설 인증에서도 장애인등의 출입문 이용 및 편리성을 고려하여 넓게 설치하도록 적극 권고하고 있습니다.

▪ 또한, 여객시설 내 시설(수유실 및 상업시설 등)은 「교통약자법」 제10조의 제3항에 따라 건축물 내부시설 항목으로 평가하여 의견을 제시하고 있음을 안내해 드립니다.

모든 어린이를 위한 무장애 놀이 공간[18] 노인, 임산부, 어린이, 일시적 장애인 편의시설

놀이터는 단순히 놀이기구만 갖춘 공간이 아니다. 주변 환경과의 조화로운 관계를 고려한 놀이터 디자인은 높은 수준의 숙박 시설을 조성하는 데 도움이 된다. 이상적이고 구조적인 요구 사항을 충족하고 표준을 준수하기 위해서는 기획 과정 초기에 기획자와 전문가들(조경사, 놀이터 기획 전문가, 무장애 건설 컨설턴트 등)의 적극적인 참여가 필수적이다. 계획부터 구현까지 유능한 지원을 통해 모든 어린이에게 친근하고 무장애적인 놀이 환경을 조성할 수 있다.

© hindernisfreie-architektur.ch

❶ 계획 원칙

어린이를 위한 무장애 놀이공간을 설계할 때는 놀이의 본질과 아이들의 상상력을 최우선으로 고려해야 한다. 놀이는 단순한 활동이 아니라, 아이들이 자유롭게 탐구하고 창의적으로 상상하는 공간이다. 따라서 놀이터는 자유로움과 열림을 갖추어야 한다.

어린이들은 항상 움직이고 탐험하고 싶어하는 충동을 느끼며, 놀이는 그들의 호기심과 탐구심을 자극하고 발전시키는 과정이다. 또한, 아이들은 서로와 소통하고 교류하며,

자연과의 상호작용을 통해 세상을 이해하고 배운다. 이러한 특성들을 고려하여 놀이터는 다양성과 역동성을 지닌 환경을 제공해야 한다.

생태학적 측면에서도 놀이터는 지속 가능하게 설계되어야 한다. 자연 친화적인 재료와 자생식물을 활용하고, 환경을 보호하며 생태계에 도움이 되는 요소를 고려하여 구성해야 한다. 이를 통해 놀이터는 자연과 조화를 이루며, 아이들에게 환경 보호에 대한 가치를 심어줄 수 있다.

따라서 모든 어린이를 위한 무장애 놀이공간을 디자인할 때는 아이들의 상상력과 탐구 정신을 존중하고, 다양성과 지속 가능성을 고려한 품격 있는 디자인이 필요하다. 이는 아이들의 성장과 발전을 지원하며, 건강하고 긍정적인 놀이 경험을 제공할 수 있는 최상의 환경을 조성할 수 있다.

❷ 연령대별 디자인 요구사항

① 6세 이하의 유아

6세 이하 어린이를 위한 놀이 공간은 가족 아파트에서 모니터할 수 있고 눈에 보이는 거리 내에 위치해야 하며 4세 이상의 어린이가 혼자 접근하기에 안전해야 한다. 오늘날에는 이러한 요구 사항이 더 이상 충족되지 않는 경우가 많으며 어린이는 대개 성인과 동행한다. 이러한 이유로 이러한 시설에는 동반자를 위한 좌석과 테이블이 있는 그늘진 라운지 공간도 포함되어 있어야 한다.

모래, 물과 같은 놀이 요소는 나무, 자갈, 돌과 결합되어 어린이들이 다양한 창조물을 통해 상상력을 발휘할 수 있게 해 준다. 극장이나 고리버들 집, 벽감은 휴양의 기회를 제공하고, 작은 놀이터와 아스팔트 지역은 점프, 잡기, 숨바꼭질 놀이에 이상적이며, 놀이터 장비에서 오르기, 미끄러지기, 그네타기 등의 움직임을 결합한 추가 경험을 얻을 수 있다.

이 연령대의 장애 아동의 요구 사항은 같은 연령의 비장애 아동의 요구 사항과 거의 다르지 않다.

어린이 굴착기 놀이기구

아이들은 어른만이 할 수 있는 장비 운전을 매우 흥미롭고 호기심을 가지고 있다. 이 기구는 모형 굴착기의 움직임으로 땅을 파헤치거나 운전할 수 있는 즐거운 놀이이다.

4세부터 공공 놀이터, 유치원, 보육 센터, 어린이집, 초등학교에 적합하다.

요람 그네

그네와 요람은 다양한 방식으로 어린이의 경험 세계와 연결되며 아이들은 항상 이러한 활동적이고 전율이 있는 동작을 경험할 수 있다.

4세 이상의 어린이, 유치원, 탁아소, 공공 놀이터, 집 근처의 놀이방에 적합하다.

목재 물놀이 테이블

조향 장치가 있는 목재 물놀이와 넓은 나뭇결의 목재 탁자로 다양한 어린이에게 흥미를 느끼는 놀이시설이다. 디자인에 따라 목재 채널과 테이블을 개별적으로 설치할 수 있으며 휠체어 장애 어린이도 같이 놀 수 있다.

놀이방과 모험방의 모든 물놀이 공간에서 3세 이상 어린이에게 적합하다.

모험 종합 놀이대

이런 종류의 놀이대는 다양한 활동을 제공하여 어린이들이 즐겁게 시간을 보낼 수 있도록 설계된다.

모험 종합 놀이대는 등반 벽, 장애물 코스, 탐험 미로, 승마 체험, 물 속 활동, 서바이벌 트레이닝 등이 있다.

이러한 종합 놀이대는 가족이나 친구들과 함께 즐길 수 있는 활동의 장으로 인기가 높다.

② 6~12세 어린이

6세에서 12세 사이의 어린이들은 이미 독립적으로 주변 환경을 탐색한다. 놀이터는 사용하고 경험할 수 있는 다양한 틈새와 구역으로 설계되어야 하며, 이는 다양한 휴양 기회를 제공하고 다양한 형태와 이동 조합에 대한 인센티브를 생성해야 한다. 언덕, 울타리, 나무, 빈 공간은 중요한 디자인 요소이다.

모래 움푹 들어간 곳, 물, 나무 또는 돌을 통해 아이들은 스스로 건물을 지을 수 있다. 다양한 놀이 요소는 보다 복잡한 움직임과 일련의 움직임에 대한 경험을 얻는 것에 도움이 된다. 모든 일반적인 유형의 놀이가 가능하도록 넓은 놀이터와 극도로 집중하거나 열정적으로 놀이할 수 있는 충분한 개방 공간도 제공되어야 한다.

이 연령대의 장애아동의 놀이 요구는 같은 연령의 비장애 아동의 요구와 약간만 다르다. 장애물 없이 이 연령층이 접근할 수 있어야 하며, 놀이 요소는 아이들이 최소한 부분적으로라도 사용할 수 있어야 한다.

장애 아동은 또래와 함께 놀이 친구이다. 제한이 없으면 운동 능력이 떨어지는 경우가 많다. 그러나 운동 능력이 저하되어 유아 놀이 공간에 배정하는 것은 바람직하지도 합리적이지도 않기 때문에 연령 그룹에 통합하는 것이 중요하다. 놀이 공간에는 더 쉽게 접근할 수 있는 부분이 있다는 점에 유의해야 한다. 이를 통해 장애 아동은 모든 어려움을 극복할 능력이 없어도 해당 연령대의 놀이에 참여할 수 있다.

회전 원판

낮은 높이와 최소한의 경사로 회전하는 원판에서 부드럽게 또는 강력하게 회전하는 것은 특별한 즐거움이다. 원심력 현상이 경험되고 균형을 잡는 놀이기구이다. 또한, 함께 누워서 휴식을 취하고 서로 대화할 수도 있다.
6세 이상의 어린이, 공용 놀이터, 레저 시설, 야외 수영장에 적합하다.

구슬 미로 테이블

팔로 게임 탁자를 움직이면 제공된 움푹 들어간 곳으로 구슬을 가라앉힐 수 있는 놀이시설이다. 특히 이 게임을 여러 사람이 플레이할 때는 재미가 배가 된다.
공용 놀이터에서 6세 이상의 어린이에게 적합하다.

휠체어 접근 가능한 회전목마

휠체어사용자도 쉽게 이용할 수 있는 이 회전목마는 어린이들에게 큰 인기를 끌고 있다. 사용자는 다중 난간을 통해 자신의 속도로 회전목마를 추진할 수 있고, 회전 중에도 안전하게 붙잡을 수 있다. 특별히 설계된 스윙 게이트를 통해 휠체어사용자가 빠르고 편리하게 접근할 수 있다.

③ 12~16세 어린이

지역 전체, 마을, 심지어 도시까지 모두 젊은이들을 위한 지역이다. 레저 공간. 그들의 활동은 스포츠 활동과 그룹 게임에서부터 함께 "놀기"까지 다양하다. 넓은 놀이터, 단단하고 플라스틱으로 된 표면이 있는 공간, 물, 놀이 및 스포츠 장비는 또래 그룹을 위한 휴양지와 사회적 접촉을 가능하게 하는 장소만큼 이 대상 그룹에게 중요하다.

나무, 벤치, 테이블 또는 지붕이 있는 좌석을 갖춘 단순하고 기능적인 디자인이면 필요에 충분할 수 있다. 최근 연구 결과에 따르면 오늘날 젊은이들이 여가 시간을 보낼 수 있는 방법은 성인의 여가 활동과 명확하게 구분될 수 없다. 여가시간은 젊은이들이 부모와 교육기관의 통제를 피하기 위해 이용되기도 한다.

나이 때문에 장애가 있는 어린이와 청소년이 또래 그룹 모임 장소에 독립적으로 가는 것이 중요하다.

휠체어 친화적 인터랙티브 놀이판

이 놀이시설은 휠체어사용자와 비장애 어린이들이 함께 플레이트 위에 올라가 움직임이나 행동에 반응하여 변화하는 기능을 가진 놀이기구이며, 휠체어 장애 어린이가 미끄럼 방지된 바닥이 움직이며 게임을 하듯 재미있게 놀이를 즐길 수 있다.

휠체어 접근 가능한 그네

휠체어를 사용하는 장애인도 그네를 탈 수 있으며, 처음엔 어지럽지만, 그네가 움직이기 시작하면 즐거움이 커진다. 이동성에 제한이 있는 사람들은 그네를 타기 위해 도우미의 도움과 접근을 용이하게 하는 경사로가 필요하다.

④ 동행인

놀이터에 동행하는 사람은 주로 어린 아이들과 장애가 있는 아이들이다. 어떤 경우에는 동행하는 사람들의 지원을 원하지만 다른 경우에는 그것에 의존하기도 한다. 동행하는 사람이 있다는 것만으로도 아이가 도전에 직면하도록 격려한다.

동행하는 사람들 중에는 장애가 있거나 일시적인 제한이 있는 사람, 지팡이나 보행기를 가진 노인, 마지막으로 유모차를 가진 부모도 있다.

동반인에게는 어린이가 놀고 있는 근처에 그늘진 벤치와 테이블이 있는 숙박 장소를 제공해야 한다. 이러한 시설은 장벽이 없도록 설계되어야 하며 장애인이 접근할 수 있도록 시설을 갖추어야 하며, 어린이가 보호자의 도움을 원하거나 필요로하는 미끄럼틀, 그네 등과 같은 놀이 요소 영역에도 장애물 없이 접근할 수 있어야 한다.

회전 원판 미술 설치물

원판를 쉽게 회전시키고 조금 뒤로 물러나서 보면 생소하고 신비스러운 이미지를 보여준다. 이 놀이시설은 원판의 느린 회전은 공간적으로 회전하는 원뿔과 깔때기 분화구의 느낌을 준다.
공공건물, 대표 구역, 회사의 훈련 및 휴식 구역, 병원, 치료 정원, 동물원 및 식물원에 적합하다.

멜로디 울타리

이 놀이시설은 코러스와 함께 멜로디를 자유롭게 만들 수 있으며 역방향으로 연주할 수 있는 음향 울타리이다. 울타리를 여러 가지 멜로디로 조정하지만, 옥타브 범위의 다른 멜로디도 가능하다.
노인 또는 장애인의 감각을 자극하는 통합 공공 놀이터, 공원에 적합하다.

🖱 BF인증, CS업무 관련 웹사이트

모두를 위한 놀이터 스위스 가이드(www.denkanmich.ch)

생활 공간의 밀도가 증가하면서 열린 공간에 대한 압력이 높아지고 있는데, 이에 따라 놀이터의 중요성이 부각되고 있다. 놀이터는 누구나 이용할 수 있는 공간이어야 하는데, 특히 장애 유무와 관계없이 모두가 편리하게 이용할 수 있는 무장애 놀이터의 필요성이 강조되고 있다.

무장애 놀이터는 모든 이용자가 편리하게 이용할 수 있도록 설계되어야 하며, 다양한 장애를 고려한 특별한 장비가 필요하다.

모두를 위한 놀이터

놀이터는 아이들에게 운동, 새로운 경험, 사회적 접촉을 위한 공간을 제공합니다. 작은 오아시스는 일상적인 가족 생활에서 없어서는 안될 부분입니다. 따라서 놀이터가 어린이와 장애가 있는 동반인에게도 열려 있다는 것이 더욱 중요해졌습니다.

● 근린공원, 어린이 놀이시설 ■ CS업무 질의 ■ BF인증 질의

[CS처리지침 : 보건복지부, 장애인권익지원과. BF인증업무 : 한국장애인개발원]

Q1. 근린공원의 (경미한) 변경 시 BF인증 의무대상에 해당되는지 문의드립니다.

- 공원조성계획 최초: 2020년 6월, 변경: 2022년 5월
 공원조성 계획 입안일이 21년12월4일 이후인 공원이 인증 대상으로 알고 있는데, 계획변경 일자가
 21년 12월 이후인 공원은 인증의무대상에 포함되는지 질의드립니다.

- 공원에 대한 의무인증시설은 「장애인·노인·임산부 등의 편의증진 보장에 관한 법률(이하 장애인등편의 법)」 제10조의2제3항제1호에 따라 국가나 지방자치단체가 지정·인증 또는 설치하는 공원 중 「도시공원 및 녹지 등에 관한 법률」 제2조제3호가목의 도시공원 및 같은 법 제2조제4호의 공원시설로 개정 2019. 12. 3. 시행 2021. 12. 4.되었습니다.

- 이에 대해 「장애인등편의법」 부칙〈법률 제16739호, 2019. 12. 3.〉제2조제1항에서 제10조의2제3항제1 호의 개정규정은 이 법 시행 후 최초로 「도시공원 및 녹지 등에 관한 법률」 제16조에 따른 공원조성계획 을 입안하는 경우부터 적용한다고 명시되어 있습니다.

- 해당규정은 이 법 시행(2021.12.4.) 후 최초로 「도시공원 및 녹지 등에 관한 법률」 제16조에 따른 공원조 성계획을 입안한 경우에만 적용되므로 이미 계획 입안되었으나 이 법 시행 이후 공원 조성계획을 변경하는 경우라도 공원은 BF인증 대상에 해당 하지 않습니다. 다만, 이후 사정변경으로 공원조성계획이 전부 변경 되는 경우 변경된 공원조성계획을 인증을 받아야 함을 안내 드립니다.(보건복지부 2023년 장애인복지사업 안내 2권, 2023. 5. 2.)

Q2. 도시계획위원회심의의견을 받아 인도 3m 추가 확보하라는 의견이 있었습니다. 따라서 의견을 반영에 아래와 같이 계획했을시, +84.30 ~ +68.80 까지 15.5m의 높이 차이가 발생하며 경사로가 17.3%로 지형상 기울기 1:12도 확보하기 어려운 상황입니다. 이럴 경우, 공원형성이 불가능한 것 일까요?

- BF인증 공원 지표 1.1.4항목에 따르면 접근로 전체구간의 기울기는 1:18이하로 확보하여야 합니다. 이에 따라 공원인증을 진행하고자 하는 경우 대지 내 기준에 적합한 경사로를 설치하거나 혹은 승강기를 설치하 여 접근로를 해결하는 방법으로 인증을 진행하는 것이 바람직하다 판단됩니다.

- 다만, 지형 등 주변 여건으로 인하여 인증을 받기 어려운 시설의 경우에는 「장애물 없는 생활환경 인증에 관한 규칙」제3조 및 제4조에 따라 인증 신청 후 인증 심사 및 심의위원회 결과를 통해 인증 의무 시설에 서 제외될 수 있음을 알려드립니다.

Q3. 설계 계획중인 놀이시설 및 바닥재료 등에 대한 질의 드립니다.

- 공원 왼쪽편에 설치 계획중인 어린이용 미끄럼틀 및 암벽등반 시설 등의 놀이기구에 대한 BF인증 기준 내용 확인 요청 드립니다.
- 공원 우측에 파고라 옆 공간은 잔디를 식재할 계획입니다. 잔디에 사람들이 들어가서 놀 수 있게 계획 중에 잔디 식재는 BF인증 기준에 적합한지 확인 요청 드립니다.

- 장애물없는 생활환경 인증의 공원시설은 장애인을 배려한 공원(놀이공간)을 통합시설*로 설치 하여야 합니다. (통합시설이라함은 장애인, 비장애인의 구분 없이 모두가 이용하는데 차별이 없는 시설을 말합니다.) 이에 장애인 등이 접근하기 쉬우며, 이용에 있어 어려움이 없어야 함으로 부분적인 통합시설에 대한 적용 범위를 제시하여 인증기관과 협의 바랍니다.

- 공원 내 휴식공간은 휠체어가 진입이 가능하고, 휴식공간 내부에서 휠체어가 회전할 수 있는 공간을 확보 하여야 합니다. 이에 바닥재질의 잔디블록은 휠체어 접근이 어려움으로 인증에 적합하지 않음을 알려드립니다.

나는 쉬운 것이 필요하지 않습니다. 난 가능하면 돼.
I don't need anything easy. I just need to be able.
· Bethany Hamilton ·

BF인증 최우수등급 사례

BF인증 최우수등급 사례

노유자시설 BF인증의 설계단계(예비인증), 시공단계(본인증)
절차에 따른 구체적인 실무사례를 보여준다.

🔧 사업현황

- 발 주 명 : 세종시 제3생활권 광역복지지원센터(보람종합복지센터) 신축공사
- 발 주 자 : 행정중심복합도시건설청
- 주　　소 : 세종특별자치시 한누리대로 2107
- 대지면적 : 13,289.00m²
- 건축면적 : 4,423.28m²
- 연 면 적 : 14,931.00㎡
- 규　　모 : 지하1층, 지상3층
- 시　　설 : 아동보육정보센터, 요양서비스센터, 점자도서관, 장애인정보센터 등 보건복지시설
- 설 계 사 : 엘탑디자인건축사사무소㈜, ㈜종합건축사사무소 경암,

　　　　　　㈜단우에이앤에이건축사사무소 (2016. 07.~2018. 01.)
- 시 공 사 : 학림종합건설㈜, 만훈㈜, ㈜서한기술공사 (2018. 05.~2020. 05.)
- 건설사업관리 : ㈜건축사사무소건원엔지니어링, ㈜목양종합건축사사무소,

　　　　　　㈜유선엔지니어링건축사사무소 (2016. 12.~2020. 05.)
- BF인증 컨설팅 : 베르데코㈜ verdeco.co.kr
- BF인증 교부 일자 : 2020.10.15.

☼ 건립목적 및 시설별 현황

❶ 건립목적

· 행복 도시 건립 방향에 맞으면서 이용자의 만족도를 높이고, 시설 이용인 아동·여성·청소년·노인·장애인 등에게 필요한 복지기능을 발굴하고 이를 계획하므로써 특화된 복지정보기능을 포함한 복합복지시설 건립을 목표로 한다.

· 한글 등 한국적 문화 요소를 현대적 관점에서 재해석하여 독특한 형식의 한국적 '한류 건축'의 새로운 모델을 만들고, 이용자 위주의 편의 극대화 및 양성평등 실현을 위한 '유니버설디자인'으로 계획한다.

· 가족과 이웃, 어린이에서부터 노인에 이르는 연령계층이 자연스럽게 어울릴 수 있는 만남의 장을 마련하여 친환경적인 교류공간이 되도록 계획한다.

❷ 시설별 현황

No	관련 시설	시설 용도
1	종합사회복지시설	• 사회 취약 계층에 대한 체계적 복지서비스 제공
2	노인복지시설	• 보호 노인과 일반 노인 이용 공간
3	장애인복지시설	• 신체적 장애가 많은 이용자를 위한 장애인 생활 시설 무장애 공간 Barrier Free로 계획
4	아동복지시설	• 아동복지지원을 위한 시설 (어린이집 형태의 시설은 아님)
5	청소년복지시설	• 청소년들의 실내집회, 자치활동이 가능한 공간
6	보건의료시설	• 지역사회 중심의 통합적인 정신질환자 관리체계 구축
7	지원시설	• 복지서비스 이용자 간 교류 증진 및 공간 이용의 효율적 활용 지원 (문화복지 서비스/ 정신복지 서비스)

❸ 설계 Concept : 한류 건축

자연을 그대로 둔 채로 어울림의 건축을 하는 것. 전통건축의 가장 큰 정신이다. 하늘과의 어울림은 하늘을 원으로 생각하는 사상과 함께 그 경계면은 항상 곡선으로 표현한다. 사람이 서 있는 공간은 수직으로 땅은 수평으로 해석한다.

한국적 공간이란 자연과 어울림이다. 어울림은 자연과 사람이 이어지는 전이 공간인 마루라는 빈 곳으로 표현되었다. 그 비어있는 공간은 서양의 효율성을 중시하는 집약적 공간과는 달리 불편함이 있더라도 여정과 자연이 흐르는 공간으로써 자연과 대화하고 사람 간의 소통이 이루어지는 공간이다. 풍경 회랑은 내부의 길이며 여정이다. 걷는 동안 쉬기도 하고 사색에 잠기며 열린 풍경이 우리의 마음을 위로할 것이다.

한국의 선은 내부에서 출입이 가능한 툇마루로 연장된다. 센터의 주진입구에서 바라본 천정은 원형 서까래의 전통적 처마를 고려한다. 옥상 마루에서 내부로 내려앉은 기와 잇기는 옥상 마루의 고즈넉한 한국 정원을 꾸미며 바닥과의 공간은 건물 외부의 단열과 축열을 강화한다. 수직 루버 하부와 수평 루버를 사용하여 향별 환경에 대응한다.

한국의 전통적인 공간에 대한 이해는 자연의 다섯 요소의 상호작용이 우주의 원리 근본이라는 것으로부터 시작한다. 이는 '오방색'이란 개념으로 다섯 방위를 상징하며 색으로 동쪽은 청색, 서쪽은 흰색, 남쪽은 적색, 북쪽은 흑색, 가운데는 황색이다. 이는 곧 목, 화, 금, 수의 의미, 바로 나무, 불, 흙, 금, 물을 뜻한다. 이를 기본으로 하여 공간마다 의미를 부여하며 그에 맞는 색과 재료를 사용함으로 공간을 구분하기도 하고 상호 관계를 맺으며 조화를 이루어 왔다. 이에 한국 전통의 오방색 의미를 현대적으로 재해석하고 그에 따른 재료와 공간의 의미를 부여하여 실내공간에 적용하고자 한다. 각각의 색이 켜를 가지며 조화를 이루듯 켜가 이루어내는 확장과 조화의 의미를 실내공간 속에 담아내고자 한다.

- 설계공모 설계설명서, 엘탑디자인건축사사무소(주) -

인증은 공적 기관이 어떤 문서나 행위가 적법한 절차에 따라 이루어졌음을 증명하는 과정이다. BF인증을 위해 설계 단계에서부터 시작하여, 자체평가서 분석, 설계도서 업데이트 등을 통해 예비인증을 획득했다. 이후, 설계가 완료되면 시공단계에서 본인증을 위한 준비로 시공사 교육을 정기적으로 실시했다.

준공 시, BF인증 시설별 평가항목을 준공 사진을 통해 설명하고, 인증기관의 현장 심사 지적사항을 보완한 결과를 전후 사진으로 비교했다. 설계단계에서는 BF 예비인증 자체평가서의 평가지표를 바탕으로 사업관리자 의견과 인증기관의 사전 검토 및 심의 의견을 요약하고, 점수평가의 특이사항과 사유를 사례에 상세히 설명했다.

예비인증은 설계도서를 기반으로 하여 평가 미충족 사항이 거의 발생하지 않는다. 그러나 본인증 과정에서는 예비인증 단계의 도면과 평가 점수대로 시공되지 않는 경우가 있을 수 있으며, 때로는 인증기관이 더 나은 시설을 위해 추가 의견을 제시할 수 있다. 이는 BF인증에 대한 사전 지식과 준비가 부족할 때 발생할 수 있다.

자체평가서에는 모든 항목이 인증 기준에 맞게 표기되어 있지만, 도면이 기준에 부합하지 않는 경우 평가 미충족 사항이 될 수 있다. 따라서, 도면과 자체평가서의 일치 여부를 시공 시 확인하고, 필요한 경우 시공 상세도와 검측 요청서를 통해 재확인 후 공사를 진행해야 한다.

설계 단계에서는 예비인증 내용을 사인물 설치 계획, VE 제안, 시방서에 구체적으로 정리하여 시공 시 BF인증의 의도를 명확히 할 수 있도록 했다. 또한, 시공단계에서는 적절한 BF인증 전문 컨설팅사 선정을 위한 과업지시서를 작성하여 컨설팅 업무 내용과 업무 성과 달성 목표를 명시했다.

☼ 매개시설

① 접근로

모든 출입구의 50% 이상은 차도로부터 완전히 분리된 접근로를 통해 장애인, 노약자 등이 차량 간섭 없이 안전하게 주출입구로 이동할 수 있다.

휠체어사용자를 위해 접근로의 유효폭은 최소 1.8m 이상 확보하여 휠체어 회전 및 교행이 가능하도록 설계했다.

접근로는 단차가 2cm 이하, 기울기가 1:24 이하로 되어 있어 휠체어사용자와 노인, 임산부 등이 넘어질 위험이 없다.

모든 출입 접근로의 바닥 재료는 넘어지거나 미끄러질 염려가 없는 재질로 되어 있으며, 배수로 뚜껑 틈은 양방향 모두 2cm 이하로 설치하여 안전한 접근을 보장한다.

① 접근로　보도에서 주출입구까지 접근, 바닥마감, 보행 장애물, 덮개

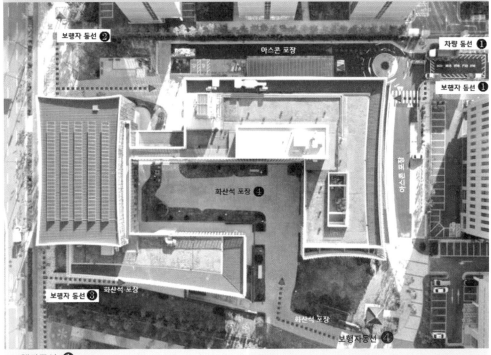

보행자동선 ❶

보행자동선 ❷

보행자동선 ❸

보행자동선 ❹

접근로는 보행 장애물(가로등, 간판, 이동식 화분, 야외의자 등)이 없어 안전한 보행이 가능하며, 보행통로와 차도 사이에는 재질과 색상이 구분된 경계석이 설치되어 있다.

장애인전용주차구역은 건축물의 출입구나 장애인용 승강설비에 가까운 곳에 배치되었으며, 경사로는 1:12 이하의 기울기를 가지고 주차 면수는 규정 비율보다 100% 초과하여 확보되었다.

주차면의 규격은 폭 3.5m, 길이 5.0m로 설정되었고, 휠체어 활동공간은 노면에 표시되어 있다. 또한, 보행 안전을 위한 통로는 폭 1.2m 이상으로 연속적으로 설치되었다.

주차장 입구에는 장애인전용주차구역을 쉽게 식별할 수 있는 안내표지가 설치되어 있으며, 주차구역까지의 유도표시는 연속성을 가지고 바닥 색상을 통해 장애인전용주차장을 명확히 표시하고 있다.

② 장애인전용 주차구역
주차장에서 출입구까지의 경로, 주차면수 확보, 주차구역 크기, 보행안전통로, 안내 및 유도표시

③ 주출입구

주출입구는 모든 이용자가 안전하고 편리하게 이용할 수 있도록 설계되었다. 바닥에는 단차가 없으며, 자동으로 닫히는 기능이 있는 여닫이문을 설치하여 접근성을 높였다

문의 유효폭은 최소 1.0m 이상이며, 문 앞면의 유효거리는 1.8m 이상으로 넉넉하게 확보하여 장애인과 노약자 등이 출입에 어려움이 없도록 하였다.

문의 손잡이는 수직 막대형으로 설치되어 있으며, 휠체어사용자와 어린이도 쉽게 잡을 수 있도록 0.8m~0.9m 높이에 배치되었다.

주출입구 주변에는 시각장애인과 시력이 약한 사용자들이 문의 위치를 쉽게 인지할 수 있도록 0.3m 전후면에 표준형 점형블록을 설치하였고, 손끼임 방지 설비도 갖추어져 있다.

③ 주출입구 높이차이, 단차, 주출입문의 형태, 유효폭, 앞면 유효거리, 손잡이, 경고블록

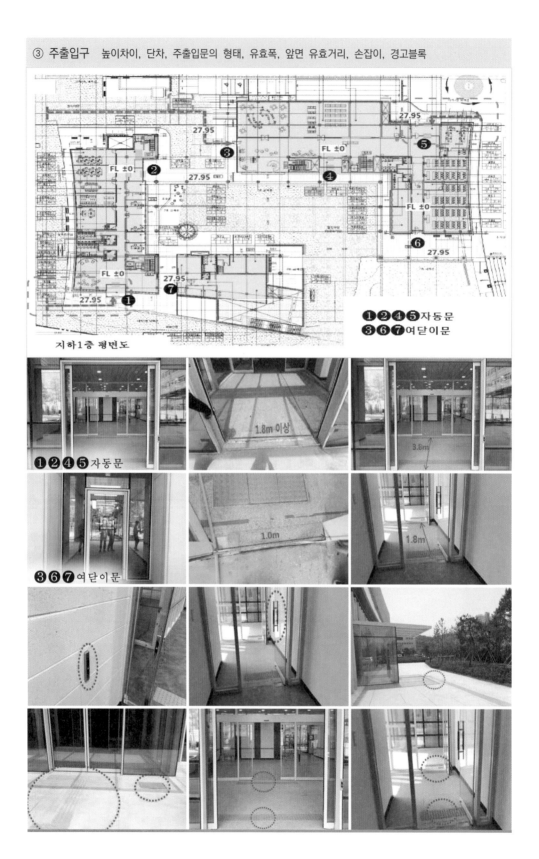

① 접근로 보완

- 평가항목 : 매개시설〉 접근로〉 보도에서 주출입구까지 보행로
  주출입구로 이어지는 보행로의 시작 부분에는 나팔구측 점형블록을 보행로로부터 300mm 떨어진 곳에
  보도 방향과 일치하도록 직선 형태로 설치하였다.

- 평가항목 : 매개시설〉 접근로〉 보행장애물
  보행로에 있는 하부기둥은 450mm 폭으로 색상과 재질을 달리하여 처리하였고, 휴게의자는 보행에 방해가
  되지 않는 위치로 옮겼다.

- 평가항목 : 매개시설〉 접근로〉 보행장애물
  썬큰 계단의 하부는 시각장애인의 머리 높이(바닥으로부터 2.1m) 이상의 유효 높이를 확보하지 못해, 계단
  하부에는 0.6m 이하의 높이로 접근 방지용 난간을 추가로 설치하였다.

② 접근로 · 주출입구 보완

• 평가항목 : 매개시설〉장애인전용주차구역〉주차장에서 주출입구까지 경로
  장애인전용주차장에서 주출입구까지 이어지는 경사로에는 바닥으로부터 0.8~0.9m 높이에 양쪽 면에
  손잡이를 설치하여 접근성을 높였다.

• 평가항목 : 매개시설〉장애인전용주차구역〉보행장애물
  지상에 위치한 주차구역을 안내하는 표지판은 장애인 주차구역을 명확히 표시하며, 시인성을 확보하기 위한
  조치가 취해졌다.

• 평가항목 : 매개시설〉주출입구(문)〉손잡이
  주출입구의 방풍실 자동문 버튼은 문 모퉁이로부터 500mm 떨어진 곳에 추가로 설치되어, 사용자가 쉽게
  접근하고 사용할 수 있도록 하였다.

① 일반출입문 · 복도

일반 출입문은 휠체어사용자와 다양한 이용자들이 안전하게 출입할 수 있도록 단차가 없고, 유효폭은 0.8m 이상, 전후면 유효거리는 1.8m 이상으로 설계되었다.

출입구 옆 벽면에는 1.5m 높이에 점자 표지판을 부착하고, 손잡이는 레버형으로 바닥으로부터 0.8m~0.9m 높이에 설치하여 접근성을 높였다. 또한, 출입문 옆에는 0.6m 이상의 활동 공간을 확보하여 이동의 편의성을 제공한다.

복도는 유효폭이 1.5m 이상으로 넓게 설계되었으며, 바닥에는 단차가 없어 미끄러지거나 걸려 넘어질 위험이 없다.

벽면에는 돌출물이나 충돌 위험이 있는 설치물이 전혀 없어, 장애인과 노약자 등 모든 이용자가 안전하게 이동할 수 있다. 복도의 마감재는 미끄럽지 않은 재질을 사용하여 걸려 넘어질 염려가 없도록 하였다.

모든 계단과 참은 사용자의 안전과 접근성을 고려하여 유효폭을 1.2m 이상 확보하였고, 이용자의 편의를 위해 2단 연속 손잡이를 설치했다. 시각장애인의 이동을 돕기 위해 손잡이에는 점자 표지판을 부착하고, 계단 시작과 끝에는 표준형 점형블록을 설치했다.

계단의 안전성을 높이기 위해 챌면은 0.18m 이하, 디딤판은 0.28m 이상으로 설계하였으며, 계단코는 3cm 미만으로 유지하고 미끄럼 방지를 위한 줄눈 설비를 추가했다.

승강기 앞에는 1.5m×1.5m 이상의 활동 공간을 확보하여 휠체어사용자가 편리하게 이용할 수 있도록 하였고, 승강기의 유효폭은 0.9m 이상이다. 승강기 바닥의 틈은 3cm 이하로 제한하고, 문이 되열릴 수 있는 장치를 설치하여 안전을 강화했다. 또한, 도착 여부를 알리는 점멸등과 음향 신호장치를 설치하여 이용자가 승강기의 상태를 쉽게 인지할 수 있도록 했다.

승강기 내부에는 휠체어사용자가 회전할 수 있는 충분한 바닥 면적(1.6m×1.4m 이상)을 확보하였고, 차갑거나 미끄럽지 않은 수평 손잡이를 설치하여 지탱하는 힘이 부족한 장애인도 편리하게 이용할 수 있도록 설계했다.

③ 일반출입문   단차, 유효폭, 전·후면 유효거리, 손잡이 및 점자표지판

· 복도   유효폭, 단차, 바닥마감, 보행장애물, 연속손잡이

④ 계단   유효폭, 단차, 바닥마감, 보행장애물, 연속손잡이

· 승강기
    앞면활동공간, 통과유효폭, 유효바닥면적, 유효바닥면적, 이용자 조작설비, 시각 및 청각 장애인 안내장치,
    수평손잡이, 점자블록

① 일반출입문 보완

- **평가항목 : 내부시설〉일반출입문〉단차**
  2층의 세대교류 휴게홀과 3층의 휴게실 및 강의실에 설치된 폴딩도어 하부에는 모깎기 처리를 적용하여 단차를 제거하였으며, 이는 이동의 편의성을 높이고 안전을 확보하기 위함이다.

  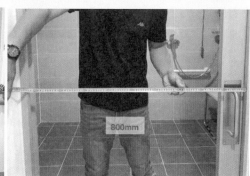

- **평가항목 : 내부시설〉일반출입문〉유효폭**
  2층 샤워실의 미닫이 출입문 손잡이는 손끼임 방지를 위해 5cm의 공간을 확보하였으며, 이를 통해 출입문이 열리고 닫힌 모든 상태에서 유효폭 0.9m를 확보하였다.

- **평가항목 : 내부시설〉일반출입문〉손잡이 및 점자표지판**
  각 층의 외부 테라스 출입문 근처에는 손잡이 쪽으로 폭 0.6m의 콩자갈이 깔린 날개벽 구간이 있으며, 이는 안전과 편의를 위한 조치이다. 또한, 날개벽에 돌출된 창호는 고정형으로 설치되어 안전성을 높였다.

① 일반출입문 보완

- 평가항목 : 내부시설〉 일반출입문〉 손잡이 및 점자표지판
  2층 요리실습실 데크 출입문에 막대형 손잡이를 설치하고, 유효폭 확보를 위해 방충망을 제거했다. 내외부에
  손잡이를 달고, 외부에서는 손잡이 주변 콩자갈을 제거해 접근성을 향상시켰다.

- 평가항목 : 내부시설〉 손잡이 및 점자표지판
  211호 숙면실, 212호 거실, 215호 집단활동실의 내부 출입문 근처에 설치된 난방 분배기 커버를 최대한
  제거하여 날개벽 공간을 확보했다.

- 평가항목 : 내부시설〉 손잡이 및 점자표지판
  지하 1층 여자 탈의실 출입문을 외부 방향으로만 열리게 조정하고 안내판을 설치했다.

② 보행장애물 보완

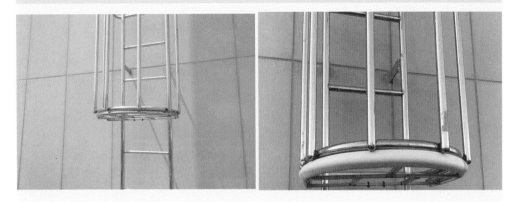

- 평가항목 : 내부시설〉일반출입문〉보행장애물
  지붕 층 점검 사다리 주변에는 시인성이 높은 쿠션형 보호대를 설치했다.

- 평가항목 : 내부시설〉일반출입문〉보행장애물
  3층 방화셔터 기둥 하부 바닥을 40cm 폭의 다른 색상과 재질로 변경했다.

- 평가항목 : 내부시설〉일반출입문〉보행장애물
  1층 계단-2와 지하 1층 계단-1 하부 2.1m 구간에 접근 방지 조치를 적용했다.

③ 계단 보완

- 평가항목 : 내부시설〉계단〉챌면 및 디딤판
  지하 1층 선큰 계단의 첫 단을 모든 측면의 높이와 일치하도록 조정했다.

- 평가항목 : 내부시설〉계단〉바닥마감
  내부 목재 계단의 코에 시인성을 높이기 위한 조치를 적용했다.

- 평가항목 : 내부시설〉계단〉손잡이
  2층 계단실-2 벽면의 손잡이를 수평으로 30cm 연장하여 옆면 접근으로 인한 추락을 방지했다.

① 장애인 등이 이용 가능한 화장실 · 대변기

1층에 다양한 장애 유형을 고려한 다목적 화장실을 설치하고, 전체 층의 50% 이상에 남녀 각각 최소 1개 이상의 장애인 화장실을 설치했다.

화장실 내부의 위치와 기능을 안내하기 위해 출입구 옆에 점자 표지판을 설치하고, 화장실 접근을 위한 통로는 단차 없이 최소 1.2m 폭을 확보했다.

대변기 출입문에는 유효폭 0.8m 이상의 자동문과 불이 켜지는 문자 시각 버튼식 잠금장치를 설치하여 다양한 사용자가 쉽게 접근할 수 있도록 했다.

대변기의 유효 바닥 면적을 1.4m×1.8m 이상, 옆면 활동 공간을 0.75m 이상, 앞면 활동 공간을 1.4m×1.4m 이상 확보하여 다양한 사용자가 불편 없이 이용할 수 있도록 조치했다.

② 소변기 · 세면대 · 샤워실 및 탈의실

바닥부착형 소변기와 재질이 차갑지 않은 손잡이를 설치하여 편의성을 높였다. 손잡이는 높이 0.8m~0.9m, 길이 약 0.55m, 좌우 간격 약 0.6m, 벽면으로부터의 돌출폭은 약 0.25m이다.

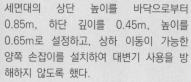

세면대의 상단 높이를 바닥으로부터 0.85m, 하단 깊이를 0.45m, 높이를 0.65m로 설정하고, 상하 이동이 가능한 양쪽 손잡이를 설치하여 대변기 사용을 방해하지 않도록 했다.

세면대 거울은 바닥으로부터 하단 높이 약 0.9m에 설치되며, 상단 부분이 약 15° 앞으로 경사지도록 설치했다. 또한, 누름/레버식 수도꼭지에는 냉수와 온수를 구분할 수 있는 점자 표시를 적용했다.

샤워실은 단차 없이 설계되었고, 바닥 면적은 최소 0.75m×1.3m이다. 바닥은 미끄럼 방지 처리되었으며, 레버식 수도꼭지와 샤워기, 접이식 의자를 설치해 사용자 편의를 고려했다.

③ 위생시설   장애인 등이 이용 가능한 화장실, 화장실 접근, 대변기

지하1층 평면도   지상1층 평면도

지상2층 평면도   지상3층 평면도

❶ 일반화장실 ❷ 장애인화장실 ❸ 가족화장실 ❹ 샤워실

- 장애인 등이 이용 가능한 화장실   장애유형별 대응 방법, 안내표지판

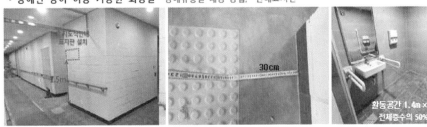

- 화장실의 접근   유효폭 및 단차, 바닥 마감, 출입구(문)

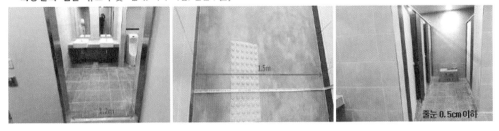

- 대변기   칸막이 출입문, 활동공간, 형태, 손잡이, 기타설비

③ 위생시설 장애인 등이 이용 가능한 화장실, 화장실 접근, 대변기

· **소변기** 칸막이 출입문, 활동공간, 형태, 손잡이, 기타설비

수평손잡이
높이 0.8m~0.9m
길이 0.55m 내외

0.6m 내외

수직손잡이
높이 1.1m~1.2m
돌출 0.25m 내외

· **세면대** 형태, 거울, 수도꼭지

레버식 수도꼭지
냉온수 점자표시

상단높이 0.85m
하단깊이 0.45m
하단높이 0.65m

경사거울
세로길이 0.65m 이상
하단높이 0.9m 내외

· **샤워실 및 탈의실** 구조 및 마감, 기타설비

샤워실입구
단차없음

0.9m

접이식의자 높이
0.4~0.45m

① 안내표지판 · 대변기 보완

- 평가항목 : 위생시설〉 장애인이 이용 가능한 화장실〉 안내표지판
  화장실 내 촉지도식 안내판은 바닥으로부터 중심 높이가 1.5m에 위치하도록 설치되었으며, 모든 장애인
  화장실은 표준 점자 표지판으로 수정하였다.

- 평가항목 : 위생시설〉 장애인이 이용 가능한 화장실〉 안내표지판
  3층 우측 화장실 중정 방면 입구와 1층 놀이치료실 옆면에 있는 촉지도식 안내판 앞 바닥에 각각 점형블록
  2장을 부착하여 접근성을 향상시켰다.

- 평가항목 : 위생시설〉 대변기〉 화장실 출입문, 손잡이
  장애인 화장실의 내외부 자동문 버튼은 휠체어사용자의 편의를 고려하여 450mm 이격되어 설치되었고, 일
  부 대변기의 양측 손잡이 높이가 다른 구간은 동일한 높이로 조정되었다.

② 대변기 · 소변기 · 세면대 보완

- 평가항목 : 위생시설〉대변기〉기타설비
  장애인 화장실 내 영유아용 의자는 대변기와 최대한 가까운 곳으로 이동되었으며, 모든 기저귀 교환대의
  높이는 0.8m로 설정되었다. 세면대가 아닌 화장실 입구에 배치되어 사용이 불가능한 기저귀 교환대는 제거
  되고, 내부 선반 근처로 재배치되었다.

- 평가항목 : 위생시설〉소변기〉소변기 형태 및 손잡이
  미설치된 소변기 손잡이를 모두 설치하고, 입구에 가까운 위치에 적용했다. 또한, 측벽과 간벽 사이에는
  최소 15cm 이상의 공간을 확보했다.

- 평가항목 내부시설〉위생시설〉샤워실 및 탈의실
  벽면에 설치된 'L' 자형 손잡이의 높이를 조정하고, 샤워 수전을 냉·온수 구분이 가능한 점자가 적용된 레버
  형으로 수정했다. 또한, 샤워 홀더를 0.9m에서 1.2m 사이의 높이에 추가로 설치했다.

① 안내표시판 · 점자블록 · 시각, 청각장애인 안내설비

장애인이 쉽게 인지할 수 있는 안내판을 이동 동선을 고려하여 연속적으로 설치함으로써, 건축물 내부의 위치와 실의 기능에 대한 적절한 정보를 제공하도록 했다.

건축물 접근 및 이동을 위해 시각장애인을 돕기 위한 점자블록을 설치했다. 이 점자블록은 시각적으로 구별하기 쉬운 황색을 사용하였으며, 반사되지 않고 미끄럽지 않은 재질로 제작되어 감지하기 용이한 형태로 설치되었다.

비상 상황 시 시각 및 청각장애인의 대피를 돕기 위해, 시각경보 시스템(경광등 또는 문자 안내)과 청각경보 시스템(비상벨 또는 음성안내)을 연속적으로 설치하였다.

청각장애인을 위한 안내 설비를 승강기, 화장실, 주차장, 경사로, 계단, 접수대 등 청각장애인과 다른 시설 이용자들이 주로 이용하는 장소에 설치하여, 이들이 필요한 정보를 쉽게 얻을 수 있도록 하였다.

① 안내시설 · 기타시설 보완

- 평가항목 : 기타시설〉 접수대 및 안내 데스크〉 설치 높이 및 하부공간
  각 층에 위치한 안내 데스크는 휠체어 이용자들도 편리하게 이용할 수 있도록 하였다.

- 평가항목 : 기타시설〉 관람석 및 열람석〉 열람석의 구조
  2층 요리실습실 내 조리대와 싱크대 중 최소 1개소는 휠체어 이용자들이 접근하고 사용할 수 있도록 반영하였다.

🖱 BF인증, CS업무 관련 웹사이트

nullbarriere.de (독일어권 장벽 없는 건설을 위한 전문 포털)

Nullbarriere는 독일에서 운영되는 장애인 및 노인을 위한 접근 가능한 환경에 관한 정보를 제공하는 웹사이트이다. 독일은 무장애 건축 및 포용적인 디자인에 대한 높은 인식과 관심을 갖고 있으며, 이를 통해 장애인과 노인의 편의를 증진시키는 것에 많은 노력을 기울이고 있다.

Nullbarriere는 독일의 무장애 건축 정책과 관련된 최신 정보를 제공하여 이 분야에 관심 있는 사람들에게 유용한 리소스를 제공하고 있다.

매개시설

① 접근로

(범례 : ▷ CM사전검토, ▶ BF인증원 사전검토 ▶심의의견)

▷ 차량과 보행자 동선계획 표기
▶ 진·출입이 많은 보행 진입구 방면에서 점자도서관 좌측 입문까지 동선은 시각장애인과 이용자가 부출입구로 직접 접근 가능 점자블록 설치할 것

▶ 외부 벤치 옆면에 휠체어 접근공간 1.2m 확보
▶ 조경에 면한 벤치는 조경 면 (알코브 형태로 벤치 옆면 휠체어 활동공간 확보)으로 보행 걸림돌 되지 않도록 수정

▷ 옥외 출입구(옥탑, 각층 발코니)와 계단 앞면 바닥의 단차가 없어 장마철 폭우 대비 배수계획 필요
▷ 접근로 상 모든 단차표기
▶ 팔각정자 마루 설계된 부분을 휠체어 이동할 수 있도록 수정

평가항목	평가등급	평가 및 배점기준
1.1.1 보도에서 주출입구까지 접근	최우수	모든 출입구 중에서 50%이상 차도와 완전히 분리된 접근로
	우수	모든 출입구 중에서 50% 이상 보행자와 차량의 교행이 포함된 전용 접근로
	일반	주출입구 접근로만 보행자와 차량의 교행이 포함된 전용 접근로
1.1.2 유효폭	최우수	전체구간의 접근로 유효폭이 1.8m 이상
	우수	전체구간의 접근로 유효폭이 1.5m 이상
	일반	전체구간의 접근로 유효폭이 1.2m 이상
1.1.3 단차	최우수	전체구간에 단차 없음
	우수	전체구간 중 일부에 단차 2cm 이하
1.1.4 기울기	최우수	접근로 전체구간 기울기가 1:24(4.17%/2.39°)이하
	우수	접근로 전체구간 기울기가 1:18(5.56%/3.18°)이하
1.1.5 바닥마감	최우수	모든 출입 접근로 중에서 50%이상이 걸려 넘어지거나 미끄러질 염려가 없는 재질, 줄눈이 있는 경우 0.5cm 이하인 경우임
	우수	모든 출입 접근로 중에서 50%이상이 걸려 넘어지거나 미끄러질 염려가 없는 재질, 줄눈이 있는 경우 1cm 이하인 경우임
1.1.6 보행 장애물	보행 장애물 최우수	접근로에 가로등, 간판, 이동식 화분 등의 장애물이 전혀 설치되어 있지 않음
	보행 장애물 우수	접근로에 가로등, 간판 등이 설치되어 있으나 접근방지용난간 또는 보호벽을 설치하여 보행자의 안전한 접근이 연속적으로 가능함
	접근로와 차도의 경계 최우수	차도와 구분되는 울타리 등 공작물을 설치하거나 차량과 보도가 완전히 분리된 접근로 확보
	접근로와 차도의 경계 우수	보행통로와 차도에 경계석이 설치되고, 재질과 색상 모두 구분됨
	접근로와 차도의 경계 일반	보행통로와 차도에 경계석이 설치되지 않고, 색상으로만 구분됨
1.1.7 덮개	최우수	높이차 전혀 없으며, 구멍이 없는 덮개를 사용
	우수	높이차 전혀 없으며, 격자구멍(틈새) 등이 양방향 모두 2cm 이하

▷ 접근로 기울기 표기
▶ 옥상구간에 발생하는 경사로의 경사 각도 확인할 수 있는 도서를 첨부
▶ 제시한 화산석의 모르타르 충전의 경우 판석 간의 단차가 발생하며, 높이가 불균등하여 명확한 방식 도면 제시

▶ 접근로구간 조명등, 보안등, CCTV 위치 표기
▶ 독립 기둥은 이색·이질로 계획(외부 45cm의 이질 마감제시)
▶ 조경 및 분수대 방면으로 계획된 열주 선상 구간 바닥면을 이색 처리하여 시각장애인 등 시설이용자들의 충돌방지 계획

▶ 우·오수 맨홀의 구멍 크기 확인가능 도서와 집수정 및 배수구와 트렌치의 모든 설치 구간 확인할 수 있는 도서를 첨부 필요로 함
▶ 집수정 및 배수구 등 트렌치 구멍 확인 가능한 상세서도 첨부
▶ 무소음 트렌치 설치구간 확인 가능한 도서를 첨부

(범례 : ▷ CM사전검토, ▶ BF인증원 사전검토 ▶심의의견)

▷ 장애인 주차면에서 출입구까지의 경로 표기 ▶ 장애인전용 주차구역에서 시설물 접근 시 그 앞면에 발생하는 기둥 2개소의 통과 유효폭 확인할 수 있는 도서 첨부 ▶ 승강기-2 방향의 출입문 부분에도 장애인전용 주차구역 분산배치 요구됨	▷ 장애인전용 주차면 수, 크기 확보 표기 ▶ 지하주차장 기둥 사이에 계획된 주차구역은 3.5m 확보가 불가능할 것으로 예상되어 수정 필요로 함 ▶ 승강기-2 방향의 출입문 부분에 장애인전용주차구역 설치에 따른 차량 회차 등의 동선 간섭 등 확인과 문제 요소가 없을 시 반영 내용에 따라 주차구역 앞면에서 출입구까지 보행 안전 통로를 구획할 것. 또한, 출입구 앞면 바닥 유형의 용도 및 재질 등을 표기 필요로 함

평가항목	평가등급	평가 및 배점기준
1.2.1 주차장에서 출입구까지의 경로	최우수	외부주차장의 경우 지붕이 설치되거나, 실내주차장의 경우 승강설비와 가장 가까운 장소에서 수평접근이 가능
	우수	경사로 없이 접근 가능
	일반	경사로를 이용하여 접근 가능하며, 기울기가 1:12(8.33%/4.76°) 이하로 설치
1.2.2 주차면수확보	최우수	규정비율의 100%초과 확보
	우수	규정비율의100%확보(최소 1면 이상 의무 설치)
1.2.3 주차구역 크기	최우수	폭 3.5m, 길이 5.0m, 휠체어 활동공간 노면표시
	우수	폭 3.3m, 길이 5.0m, 휠체어 활동공간 노면표시
1.2.4 보행안전통로	최우수	모든 구간에 보행안전통로(폭 1.8m 이상)가 연속적으로 설치
	우수	모든 구간에 보행안전통로(폭 1.5m 이상)가 연속적으로 설치
	일반	모든 구간에 보행안전통로(폭 1.2m 이상)가 연속적으로 설치
1.2.5 안내 및 유도표시	최우수	우수의 기준을 만족하며, 연속적인 유도표시 설치
	우수	일반의 기준을 만족하며, 바닥 색상 등을 통한 식별성 확보
	일반	주차장입구에서 장애인전용주차구역이 바로 보이며(별도표시 없음) 바닥 및 입식 안내표시 설치

▷ 주출입구까지의 차량간섭이 전혀 없이 보행안전 통로 확보 필요로 함 ▶ 입식안내판의 계도문구가 작성된 안내표지는 휠체어 픽토그램을 ISA 표준형으로 적용하며 계도문구의 10만원 이하의 '10만원'으로 변경하기 바라며, 50만원 과태료 부과에 대한 내용 추가	▷ 장애인 주차 안내표지판, 장애인주차장까지의 안내 표시 ▶ 차량 출입구에서부터 지상 및 지하 장애인전용 주차 구역의 위치 확인할 수 있도록 연속적인 유도 표지판 설치 및 도면 표기

※ 안내 및 유도표시는 설계 시 사인계획에 옥외장애인 주차 유도안내와 지하주차장 입구 장애인 주차표시, 계도문구 설치를 계획하였으며, 지하 연속 유도판(천정 행거형)은 주차 관제 관급자 설치 관급자재로 발주하였다.

③ 주출입구

(범례 : ▷ CM사전검토, ▶ BF인증원 사전검토, ▶심의의견)

▷ 주/부출입구와 접근로의 레벨 표기와 경사로 설치시 휠체어 활동공간과 기울기 표기
▶ 외부와 시설 내부의 고저차 확인이 가능하도록 레벨을 표기하고, 그와 함께 건물 외벽 면에서 바깥 방향으로 표기된 경사에 대한 각도 확인이 가능하도록 상세도서 첨부

▷ 양여닫이문/ 자동문/ 여닫이문의 유효폭 표기
▷ 문틀 포함 유효폭과 주출입문, 부출입문의 형태 표기
▶ 양개형 출입문인 경우 한 짝 문에 대해 통과 유효폭 확보
▶ 지하 장애인전용주차구역에서 진입하는 출입문과 시니어동 주출입구 방풍실의 내·외부 출입문은 모두 자동문 반영할 것

평가항목		평가등급	평가 및 배점기준
1.3.1 주출입구 (문)의 높이차이	주출입구(문)의 높이차이	최우수	단차없이 수평접근
		우수	0.75m 이하 단차(1.2m 이상 유효폭의 경사로 설치)
		일반	0.75m 이상 단차(1.2m 이상 유효폭의 경사로 설치)
	주출입구(문)의 경사로 기울기	최우수	단차없이 수평접근
		우수	기울기 1:18(5.56%/3.18°)이하
		일반	일반 : 기울기 1:12(8.33%/4.76°)이하
1.3.2 주출입문의 형태		최우수	자동문 설치
		우수	자동 닫힘 기능이 있는(도어체크 등) 여닫이문 설치
		일반	회전문이 아닌 문 설치
1.3.3 유효폭		최우수	주출입구(문)의 유효폭 1.2m 이상
		우수	주출입구(문)의 유효폭 1.0m 이상
		일반	주출입구(문)의 유효폭 0.8m 이상
1.3.4 단차		최우수	주출입구(문) 단차 전혀 없음
		우수	주출입구(문) 단차 2cm 이하
1.3.5 앞면 유효거리		최우수	주출입문의 앞면 유효거리 1.8m 이상
		우수	주출입문의 앞면 유효거리 1.5m 이상
		일반	주출입문의 앞면 유효거리 1.2m 이상
1.3.6 손잡이		최우수	자동문
		우수	손잡이는 0.8m~0.9m에 위치, 수평 및 수직막대형
		일반	손잡이는 0.8m~0.9m에 위치, 레버형, 수평 또는 수직막대형 중 한 종류
1.3.7 경고블록		최우수	우수의 조건을 만족하며, 손끼임 방지설비 설치
		우수	주출입구(문) 0.3m 전후면에 표준형 점형블록 설치
		일반	주출입구(문) 0.3m 전후면에 바닥 색상 및 재질의 변화를 통하여 경고 표시

▶ 출입문의 치수 기입은 문틀이 아닌 순수 통과 유효폭 (문틀의 두께, 힌지의 내민 거리 등)을 평면도와 창호 일람표에 표기할 것
▷ 주출입문, 부출입구의 단차 표기
▷ 주/부 출입구 전후면 활동 거리 표기

▷ 주/부출입구의 손잡이 형태 표기 및 손잡이 중심높이 표기
▷ 접근로부터 주/부출입구까지의 연속적인 선형/ 점형블록 설치 표기

※ 본 건물의 노유자시설 특징을 감안하여 당초 여닫이 주출입구를 계획하였으나 휠체어 장애인이 자주 이용하는 지하주차장과 1층 노인시설, 점자도서관의 사용성을 고려하여 심의 시 자동문 설치를 권고하여 설계에 반영하였다.

내부시설

① 일반출입문　　　　(범례 : ▷ CM사전검토, ▶ BF인증원 사전검토 ▷심의의견)

▷ 장애인의 출입이 가능한 모든 출입 문의 단차가 있는지 표기 ▶ 일부 실에 대해 바닥 난방의 패널 난방으로 인해 단차 발생이 우려 되므로 해당 실에 대한 단차 제거 확인할 수 있는 도서 첨부 요함	▷ 층별 평면도, 창호일람표 상에 실 별 유효폭 및 문틀을 포함한 유효 폭 표기 ▶ 미닫이 형태의 출입문은 개폐 시 손끼임 방지를 위해 손잡이와 문 틀의 이격 거리를 5cm 이상 확보할 것	▷ 출입문 전 후면에 휠체어 회전 반경 표기 ▶ 탈의실, 샤워실 출입문의 날개벽 확보 할 수 있는 도서를 첨부 (일부 구간은 가구 등으로 인해 날 개벽 미확보 상태이므로 활동공간을 확보)

평가항목	평가등급	평가 및 배점기준
2.1.1 단차	최우수	모든 문에 단차 전혀 없음
	우수	모든 문에 단차 2cm 이하
2.1.2 유효폭	최우수	모든 문의 유효폭 1.0m 이상
	우수	모든 문의 유효폭 0.8m 이상
2.1.3 전·후면 유효거리	최우수	모든 문의 전·후면 유효거리 1.8m 이상
	우수	모든 문의 전·후면 유효거리 1.5m 이상
	일반	모든 문의 전·후면 유효거리 1.2m 이상
2.1.4 손잡이 및 점자표지판	최우수	우수의 조건을 만족하며, 미닫이문 또는 자동문
	우수	출입구 옆벽면의 1.5m 높이에 점자표지판 부착 손잡이 높이는 중앙지점이 바닥 면으로부터 0.8m~0.9m에 위치하도록 설치 손잡이의 형태는 레버형이나 수평 또는 수직막대형 출입문은 여닫이 형태로 옆에 0.6m 이상의 활동공간을 확보

▷ 창호일람표 손잡이 형태 표기 (레버/수직 형/수평형 손잡이) ▷ 손잡이 중심 높이 표기 ▶ 관리 목적실을 제외한 공용부분의 모든실 출입문의 손잡이는 레버식으로 설치	▷ 사인물 계획에 벽부착형 표지판(각실, 화장실)에 점자표시를 추가 ▷ 층별 평면도 및 창호 일람표 상 점자안내판 위치 표기 ▶ 지하층과 체육실내 탈의실 여닫이문 옆의 0.6m 이상의 활동공간을 확보 ▶ 미닫이(미서기)문의 경우 출입구 방면을 표기하기 바라며, 그 해당구역 날개벽 확보 도서 필요

> ※ 일반출입문의 단차를 없애려고 발코니와 옥상 출입문은 설계 시 폭우를 대비하여 목재 데크 설치와 트랜치를 적극적으로
> 검토를 하였으며, 특히 지하 썬큰 바닥 화강석 마감의 출입구 앞면에는 우수량 계산과 갑작스러운 폭우를 배수할 수 있게
> 트랜치와 집수정 크기를 확대하여 건물 내부로 빗물이 들어가지 않도록 계획하였다.

② 복도

(범례 : ▷ CM사전검토, ▶ BF인증원 사전검토 ▶심의의견)

▶ 휴게실의 침대 옆면은 휠체어 활동공간 1.4m 이상 확보
▶ 실내 판넬 난방 구간의 단차 확인이 가능하도록 관련
상세도서(평면 레벨 표기와 단면상세)를 첨부 필요로 함
▶ 옥상의 경사로 발생 구간에 대해 경사각도 확인이 가능
하도록 모두 표기

▷ 복도 바닥 마감 재료표기
▷ 바닥 석재 및 타일을 고려할 때 충격을 흡수하고 울림
이 작은 재료는 곤란. 하향조정
▶ 1층 방풍실 바닥은 버너구이 또는 잔다듬 이상의 수준
으로 계획할 것

평가항목	평가등급	평가 및 배점기준
2.2.1 유효폭	최우수	모든 복도의 유효폭 1.5m 이상
	우수	모든 복도의 유효폭 1.2m 이상
2.2.2 단차	최우수	복도에 단차가 전혀 없음
	우수	부분적으로 단차가 있으며, 기울기 1:18(5.56%/3.18°) 이하의 경사로 설치)
	일반	부분적으로 단차가 있으며, 기울기 1:12(8.33%/4.76°) 이하의 경사로 설치)
2.2.3 바닥마감	최우수	우수의 조건을 만족하며, 충격을 흡수하고 울림이 적은재료 사용
	우수	일반의 조건을 만족하며, 색상 및 재질 변화로 유도
	일반	미끄럽지 않으며, 걸려 넘어질 염려 없음
2.2.4 보행장애물	최우수	우수의 기준을 만족하며, 휠체어사용자의 안전을 위하여 복도의 벽면에는 바닥 면으로부터 0.15m에서 0.35m까지 킥플레이트를 설치하고 복도의 모서리 부분은 둥글게 마감
	우수	일반의 기준을 만족하며, 벽면에 부적절한 돌출물 및 충돌 위험이 있는 설치물이 전혀 없고 바닥면에 이동장애물이 전혀 없음
	일반	벽면에 돌출물이 있으나 0.1m이내로 설치
2.2.5 연속손잡이	최우수	우수의 기준을 만족하며 차갑거나 미끄럽지 않은 재질 사용
	우수	연속손잡이 설치(1단 설치 및 손잡이 끝부분에 점자 표기)
	일반	연속손잡이 설치(1단 설치)

▷ 복도 설치된 장애물 표기
▷ 복도의 벽면 킥 플레이트 설치와 모서리 부분을 둥글
게 처리하는 마감은 많은 휠체어이용자가 사용하는
건물이 아니므로 미고려할 것

▷ 복도 손잡이 표기
▶ 복도의 연속손잡이 설치확인 및 위치 확인 가능하도록
표기 바라며, 최우수 수준으로 평가한 관련 도서를 첨부
필요로 함 (최우수-차갑거나 미끄럽지 않은 재질로 손잡이
끝부분에 점자표기)

※ 복도의 바닥 마감은 본 사업은 설계 공모작으로 한류 컨셉을 위한 목재 마루 모양 타일로 디자인되어 있어서 미끄럽지
않은 재질로만 점수를 취득하였으며, 색상 및 재질의 변화는 설계 컨셉이 맞지 않아서 하향배점 되었다. 또한, 휠체어가
많이 출입하는 노유자시설이 아니라 어린이, 노인, 여성시설이 있어 복도면 킥플레이트 설치를 고려하지 않았다.

(범례 : ▷ CM사전검토, ▶ BF인증원 사전검토 ▶심의의견)

▷ 계단 형태 및 계단실 유효폭 표기 ▶ 내부 계단 5개소의 디딤판, 챌면 높이, 오름 및 내림 구간 표시 등 확인할 수 있는 도서를 첨부	▷ 계단 챌면/디딤판 길이 및 미끄럼 방지 표기 ▷ 계단/ 휴식참 바닥마감 표기

▶ 점자표지판은 방향(화살표), 진행 방향의 층수, 진행 방향 해당 층수의 주요실 내용을 포함하여 점자표지판을 적용하여 고정할 것.

평가항목	평가등급	평가 및 배점기준
2.3.1 형태 및 유효폭	최우수	우수의 기준을 만족하며, 계단 및 참의 유효폭 1.5m 이상 확보
	우수	일반의 기준을 만족하며, 계단은 직선 또는 꺾임형태로 설치하고, 2cm 이상의 추락방지턱 설치
	일반	모든 계단 및 참의 유효폭 1.2m 이상 확보
2.3.2 챌면 및 디딤판	최우수	우수의 기준을 만족하며, 조명 및 색상을 달리하여 챌면과 디딤판의 명확한 식별 가능
	우수	일반의 기준을 만족하며, 1.8m이내마다 휴식참 설치
	일반	모든 계단에 챌면 설치 챌면 0.18m 이하, 디딤판 0.28m 이상, 챌면의 기울기는 디딤판의 수평면으로부터 60°이상으로 설치 계단코는 3cm미만으로 설치
2.3.3 바닥마감	최우수	계단 전체의 바닥표면이 전혀 미끄럽지 않은 재질로 평탄하게 마감 발디딤 부분은 촉각 혹은 시각적인 재료를 사용하여 잘 인지될 수 있는 것을 사용
	우수	계단코에 경질고무류, 줄눈 등의 미끄럼방지설비를 설치하고, 걸려 넘어질 염려 없음
2.3.4 손잡이	최우수	우수의 조건을 만족하며, 차갑지 않고 미끄럽지 않은 재질 사용
	우수	연속손잡이 1단 설치 주변으로부터 쉽게 구분 가능 손잡이의 양끝부분 및 굴절부분에는 층수·위치 등을 나타내는 점자표지판을 부착
2.3.5 점형블록	최우수	계단참을 포함하여 계단의 시작과 끝지점에 표준형 점형블록 설치
	우수	계단참을 포함하여 계단의 시작과 끝지점에 바닥 재질 변화를 통한 경고표시 설치

▷ 손잡이 높이, 두께, 형태 표기 ▶ 점자표지판의 제작 주문 시 해당 점자 내용에 대해 한글로도 표기 (도면 노트에 표기)	▷ 계단 시종점/휴식참에 설치 및 표기(계단 끝에서 30cm 이격)

▶ 대상시설의 용도 및 사용자를 고려하여 2중 손잡이 설치하고 손잡이 재질은 최우수 조건으로 할 것

※ 계단 챌면과 디딤판의 색상을 달리하여 챌면과 디딤판의 명확한 식별을 하지 못한 것은 실내 주계단은 설계 VE 시 석재에서 테라조판으로 변경하여 색상의 한계가 있다. 다만, 썬큰 외부계단과 로비 목재 계단코에 시인성 확보된 논스립을 설치하였다.

④ 승강기　　　　　　　　　　(범례 : ▷ CM사전검토, ▶ BF인증원 사전검토 ▶심의의견)

▷승강기 앞면 휠체어 활동 반경 표기	▷승강기 실제 통과 유효폭 표기 ▷승강기 문은 방화시험 확인제품	▷승강기 내부 실제 바닥면적 표기

평가항목	평가등급	평가 및 배점기준
2.5.1 앞면 활동공간	최우수	앞면에 1.5m×1.5m 이상의 활동공간 확보
	우수	앞면에 1.4m×1.4m 이상의 활동공간 확보)
2.5.2 통과 유효폭	최우수	우수의 조건을 만족하며, 통과 유효폭 1.2m 이상
	우수	일반의 조건을 만족하며, 통과 유효폭 1.0m 이상
	일반	통과 유효폭 0.8m 이상, 승강장바닥과 승강기바닥의 틈은 3cm 이하, 되열림장치를 설치
2.5.3 유효바닥면적	최우수	폭 1.6m 이상, 깊이 1.4m 이상
	우수	폭 1.6m 이상, 깊이 1.35m 이상
2.5.4 이용자 조작 설비	외부 조작설비 / 최우수	우수의 조건을 만족하며, 성인 및 시각장애인용(1.5m,점자표시 포함), 어린이 및 휠체어사용자용(0.85m±5cm)으로 구분하여 설치하고, 버튼의 크기는 최소 2cm 이상으로 함
	외부 조작설비 / 우수	일반의 조건을 만족하며, 양각형태의 버튼식을 설치하고, 버튼을 누르면 표시등이 켜짐
	외부 조작설비 / 일반	설치 높이 0.8m~1.2m, 점자표지판 부착, 조작버튼앞면 0.3m전방에 점형블록 설치
	내부 가로 조작설비 / 최우수	우수의 조건을 만족하며, 밑면이 25°정도 들어올려지거나 손잡이에 연결하여 설치된 형태
	내부 가로 조작설비 / 우수	양각형태의 버튼식을 설치하고, 버튼을 누르면 점멸등이 켜지고 음성으로 층수를 안내함. 버튼 크기는 최소2cm 이상으로 함 설치높이 0.85m 내외로 점자표지판 부착하고 내부 모서리로부터 최소0.4m 떨어져서 설치
	내부 세로 조작설비 / 최우수	우수의 조건을 만족하며, 버튼의 크기는 최소 2cm 이상으로 함
	내부 세로 조작설비 / 우수	양각형태의 버튼식을 설치하고, 버튼을 누르면 점멸등이 켜지고 음성으로 층수를 안내함. 버튼 크기는 최소2cm 이상으로 함 설치높이 1.5m의 범위 내 설치, 점자표지판 부착
2.5.5 시각 및 청각장애인 안내장치	최우수	승강장에 승강기 도착여부를 점멸등과 음성으로 안내하고, 승강기의 내부에는 승강기의 운행상황, 도착층을 표시하는 표시등 및 음성으로 안내
	우수	승강장에 승강기 도착여부를 점멸등과 음향으로 안내하고, 승강기의 내부에는 승강기의 운행상황, 도착층을 표시하는 표시등 및 음성으로 안내
2.5.6 수평손잡이	최우수	우수의 조건을 만족하며, 차갑거나 미끄럽지 않은 재질을 사용
	우수	수평손잡이가 높이 0.85m±5cm, 지름 3.2cm~3.8cm로 벽과 손잡이 간격 5cm내외로 설치
2.5.7 점형블록	최우수	승강기 버튼앞 바닥에 표준형 점형블록 설치
	우수	승강기 버튼앞 바닥 재질 변화를 통한 경고표시 설치

▷ 외부 조작설비 표기 : 설치 높이, 점자표지판, 점형 블록, 버튼 형태, 표시등 ▷ 내부 조작설비(가로/세로) 표기 : 양각버튼, 점멸등, 음성기능, 조작설비 설치높이	▷ 점멸등/음향 or 음성안내 표기 ▷ 승강기 외부 조작버튼 앞면 설치된 점형블록 표기

※ 본시설은 공공시설물로서 승강기는 '중소기업제품 구매촉진 및 판로지원에 관한 법률'에 의거 중소기업제품을 구매하여 관급자설치 관급자재로 'BF 승강기 인증조건 특약사항을 포함하여 관급업체를 선정하여 진행하였다.

위생시설

① 장애인 이용 가능화장실 · 화장실접근　　　(범례 : ▷ CM사전검토, ▶ BF인증원 사전검토, ▶심의의견)

▷ 층별 화장실 이동동선, 화장실 위치 표기	▷ 일반화장실 점자안내판, 점형블록 표기 ▷ 장애인화장실 점자안내판 표기	▶ 장애인용 화장실과 일반화장실 안내 표지판 명확하게 할 것

평가항목	평가등급	평가 및 배점기준
3.1.1 장애유형별 대응 방법	최우수	장애인 등이 이용 가능한 화장실이 1층에 설치되고 전체층수의 50%이상 설치(장애인 대변기는 남자용 및 여자용 각1개 이상 설치)
	우수	장애인 등이 이용 가능한 화장실이 1층에 설치되고 전체층수의 30%이상 설치(장애인 대변기는 남자용 및 여자용 각1개 이상 설치)
	일반	최소 1개 이상의 장애인 등이 이용 가능한 화장실(장애인대변기는 남자용 및 여자용 각1개 이상 설치)
3.1.2 안내표지판	최우수	우수의 기준을 만족하며, 화장실 내부의 위치 및 기능을 안내할 수 있는 촉지도식 안내표지가 있음
	우수	일반의 기준을 만족하며, 점자표지 0.3m 앞면에 표준형 점형블록 설치
	일반	화장실 출입구(문) 옆벽면의 1.5m 높이에 점자표기를 포함한 남·여 구분 안내표지 있음 점자표지 0.3m 앞면에 바닥재질 변화를 통한 경고표시 설치
3.2.1 유효폭 및 단차	유효폭	
	최우수	1.5m 이상 통로폭 확보
	우수	1.2m 이상 통로폭 확보
	일반	0.9m 이상 통로폭 확보
	단차	
	최우수	전혀 단차 없음
	우수	단차가 있으며, 기울기 1:18(5.56%/3.18°) 이하의 경사로 설치
	일반	단차가 있으며, 기울기 1:12(8.33%/4.76°) 이하의 경사로 설치
3.2.2 바닥마감	최우수	우수의 조건을 만족하며, 걸려 넘어질 염려가 없는 타일이나 판석마감 인 경우로 줄눈이 0.5cm 이하인 경우
	우수	물이 묻어도 미끄럽지 않은 타일 혹은 판석마감인 경우로 줄눈이 1cm 이하인 경우임
3.2.3 출입구(문)	최우수	우수의 조건을 만족하며, 출입구(문) 유효폭을 1.2m 이상 확보
	우수	일반의 조건을 만족하며, 출입구(문) 유효폭을 1.0m 이상 확보
	일반	유효폭 0.8m 이상의 여닫이, 미닫이 등의 출입문 형태로 설치

▷ 화장실 접근로 유효폭, 레벨, 기울기 표기	▷ 화장실 접근로 실내재료 마감 상세도 표기	▷ 화장실 출입문 유효폭 표기 (출입문 없을 시 자동문으로 표기)

※ 본시설은 노유자시설의 특수성으로 장애인이 이용 가능한 화장실이 각층에 설치되었으며, 심의과정에서 1층 가족 화장실을 추가 설치하였다.

② 대변기   (범례 : ▷ CM사전검토, ▶ BF인증원 사전검토 ▶심의의견)

▷ 칸막이 출입문 유효폭, 형태표기 ▷ 사용설비, 잠금장치(큐비클) 표기	▷ 장애인화장실 자동문설치(유효폭, 불이 켜지는 문자 시각설비, 버튼 식 잠금장치)로 점수 상향	▷ 대변기 내부 휠체어 활동공간 표기

평가항목		평가등급	평가 및 배점기준
3.3.1 칸막이 출입문	유효폭	최우수	유효폭 1.0m 이상
		우수	유효폭 0.9m 이상
		일반	유효폭 0.8m 이상
	형태	최우수	자동문
		우수	내부공간이 확보된 밖여닫이 또는 미닫이 형태
	사용여부 설비	최우수	불이 켜지는 문자 시각설비 설치
		우수	색상과 문자로 사용여부 알 수 있음
		일반	색상으로 사용 여부를 알 수 있음
	잠금장치	최우수	누구나 사용이 편리한 버튼식 형태의 잠금장치를 설치함
		우수	잠금장치를 설치함
3.3.2 활동공간		최우수	우수의 조건을 만족하며, 대변기 유효바닥면적이 폭2.0m 이상, 깊이2.1m 이상이 되도록 설치
		우수	일반의 조건을 만족하며, 대변기 앞면 활동공간 1.4m×1.4m 이상 확보
		일반	대변기 유효바닥 면적이 폭1.4m 이상, 깊이1.8m 이상이 되도록 설치하여야 하며, 대변기 옆면 활동공간 0.75m 이상 확보
3.3.3 형태		최우수	우수의 조건을 만족하며, 비데설치
		우수	일반의 조건을 만족하며, 대변기는 벽걸이형으로 설치
		일반	대변기는 양변기로 설치하고, 좌대의 높이는 바닥면으로 부터 0.4m~0.45m
3.3.4 손잡이		최우수	우수의 조건을 만족하며, 손잡이는 차갑거나 미끄럽지 않은 재질의 손잡이 설치
		우수	대변기 양옆에 수평손잡이는 높이 0.6m~0.7m위치에 설치 변기 중심에서 0.4m이내의 지점에 고정하여 설치 다른쪽 손잡이는0.6m 내외의 길이로 회전식으로 설치하여야 하며 손잡이 간격은 0.7m 내외로 설치할 수 있음 수직손잡이는 수평손잡이와 연설하여 0.9m 이상의 길이로 설치 손잡이 두께는 지름 3.2cm~3.8cm가 되도록 설치
3.3.5 기타설비		최우수	우수의 조건을 만족하며, 비상호출벨 및 등받이 설치
		우수	광감지식 및 누름 버튼 세정장치 설치
		일반	대변기에 앉은 상태에서 화장지걸이 등의 기타설비가 이용 가능하도록 설치. 세정장치는 바닥 및 벽면 누름 버튼장치 설치

▷ 대변기 형태 및 설치 높이 표기	▷ 손잡이 높이/굵기/간격/재질 표기	▷ 휴지걸이, 세정장치 표기 (광감지식 은 사양서 제출) ▷ 등받이 표기

※ 본시설은 BF 최우수 등급을 위하여 누구나 자주 사용하는 위생시설의 대변기는 최상으로 설계 계획 (자동문 설치, 화장실
내부의 앞면 활동공간의 넓은 면적확보, 양변기 광감지식 비대 설치 등) 하였으며, 예비인증을 위한 컨설팅 회의 시 위생
시설의 세부항목을 중점적으로 논의했다.

③ 소변기 · 세면대 · 욕실 · 샤워실, 탈의실　　(범례 : ▷ CM사전검토, ▶ BF인증원 사전검토 ▶심의의견)

▷ 소변기 형태 표기	▷ 세면대 높이/깊이/형태 표기	▷ 휠체어 활동공간 표기
▷ 손잡이 간격/높이/굵기표기	▶ 거울은 600×900크기의 앞면 거울 적용할 것	▷ 바닥 마감 재료표기
	▷ 수도꼭지 형태, 점자안내판 OR 광감지식 표기	▷ 욕조 높이 표기
	▶ 장애인화장실내 세면대는 300×300 또는 400×	
	400 소형으로 적용하여 활동공간 확보	

평가항목		평가등급	평가 및 배점기준
3.4 소변기	3.4.1 소변기 형태 및 손잡이	최우수	우수의 기준을 만족하며, 손잡이의 재질이 차갑지 않은 손잡이 설치
		우수	일반의 기준을 만족하며, 바닥부착형의 소변기 설치
		일반	수평손잡이는 높이 0.8m~0.9m, 길이는 벽면으로부터 0.55m내외로 설치 좌우 손잡이 간격은 0.6m 내외로 설치 수직손잡이는 높이 1.1m~1.2m, 돌출폭 벽면으로부터 0.25m 내외, 하단부가 휠체어의 이동에 방해가 되지 않도록 설치 손잡이 두께는 지름 3.2cm~3.8cm가 되도록 설치
3.5 세면대	3.5.1 형태	최우수	우수의 조건을 만족하며, 대변기 칸막이 내부에 대변기 사용에 전혀 방해가 되지 않는 세면대 설치
		우수	일반의 조건을 만족하며, 카운터형 혹은 단독형 세면대 설치
		일반	세면대의 상단높이는 바닥 면으로부터 0.85m, 하단은 깊이 0.45m, 높이 0.65m 이상 확보
	3.5.2 거울	최우수	우수의 조건을 만족하며, 앞면 거울 설치
		우수	세로길이 0.65m 이상, 하단높이가 바닥 면으로부터 0.9m내외, 거울상단부분이 15°정도 앞으로 경사진 경사형 거울 설치
	3.5.3 수도꼭지	최우수	광감지식 설치
		우수	누름버튼식·레버식 등 사용하기 쉬운 형태로 설치하며, 냉수·온수 점자표시
3.6 욕실	3.6.1 구조 및 마감	최우수	우수의 조건을 만족하며, 탈의실 등의 바닥면 높이와 동일하게 설치
		우수	내부 욕조앞면의 휠체어 활동공간을 확보하며, 욕조의 높이는 바닥 면으로부터 0.4~0.45m로 설치하고, 바닥표면은 물이 묻어도 미끄럽지 않음
	3.6.2 기타설비	최우수	우수의 조건을 만족하며, 휠체어에서 옮겨 앉을 수 있는 좌대를 욕조와 같은 높이로 설치
		우수	일반의 조건을 만족하며, 욕조주위에 수평·수직손잡이를 설치
		일반	수도꼭지와 샤워기는 레버식 등 사용하기 쉬운 형태로 설치하며, 비상용 벨을 욕조로부터 손이 쉽게 닿는 위치에 설치
3.7 샤워실 및 탈의실	3.7.1 구조 및 마감	최우수	우수의 조건을 만족하되 샤워실 입구에 단차없고, 걸려 넘어질 염려가 없음
		우수	샤워실 입구에 단차 2cm 이하이면서 샤워실 유효바닥면적은 0.9m×0.9m 또는 0.75m×1.3m 이상이며, 물이 묻어도 미끄럽지 않음
	3.7.2 기타설비	최우수	우수의 조건을 만족하며, 샤워수전을 높낮이 조절형으로 설치, 비상호출벨 설치
		우수	일반의 조건을 만족하며, 샤워실에 수평·수직손잡이를 설치
		일반	수도꼭지와 샤워기는 레버식 등 사용하기 쉬운 형태로 설치하며, 샤워용 접이식의자를 설치

▷ 수도꼭지 형태 표기	▷ 샤워실 레벨, 유효면적 표기	▷ 수도꼭지 형태 표기
▷ 점자안내판 표기	▷ 실내 재료 마감 표기	▷ 접이식 의자, 수평/ 수직손잡이표기
▷ 손잡이 높이/ 굵기 표기		▷ 샤워수전 높낮이 조절 가능 여부 표기
▷ 접이식 의자 높이 표기		

⚙ 안내 · 기타시설

① 안내시설

(범례 : ▷ CM사전검토, ▶ BF인증원 사전검토 ▶심의의견)

▷ 안내판 위치 표기(배치도)와 촉지도 상세도 첨부 (음성 안내표기) 할 것 ▶ 대지경계선부터 점자블록이 연계되는 출입문 3개소는 벽부형 (고정식) 촉지도식 안내판 및 음성 유도기를 설치 할 것
▷ 점자블록 규격/색상/재질 표기 ▶ 주변현황 중 대중교통과 가까운 방향의 접근로에서 주출입구까지 점자블록 추가설치 할 것 ▷ 점자블록 설치 위치 표기 (주출입구까지) ▷ 촉지도 음성안내 설비 표기

평가항목		평가등급	평가 및 배점기준
4.1 안내설비	4.1.1 안내판	최우수	우수 조건을 만족하며 음성 안내장치를 함께 설치
		우수	일반 조건을 만족하며 촉지도식 안내판을 함께 설치
		일반	장애인 등이 쉽게 인지가능한 안내판은 이동 동선을 고려하여 연속적으로 설치
	4.1.2 점자블록	최우수	점자블록 기능이상의 수준인 경우
		우수	점자블록의 크기는 (0.3m×0.3m)로 하며, 색상은 황색이나 바닥재의 색상과 구별하기 쉬운색으로 하며, 재질은 반사되지 않고 미끄럽지 않은 재질을 사용
	4.1.3 시각장애인 안내설비	최우수	우수의 조건을 만족하며, 대지경계선에 접근 시 시각장애인이 소지한 리모콘에 의해 작동되는 음성안내장치 설치
		우수	재질과 마감을 달리하고, 색 대비를 통해 점자블록의 기능을 확보
		일반	점자블록을 연속 설치
	4.1.4 청각장애인 안내설비	최우수	우수의 조건을 만족하며, 외국어를 병용하여 표시
		우수	일반의 조건을 만족하며, 그림을 병용하여 표시
		일반	안내표시를 읽기 좋은 글자체(고딕체 또는 이와 유사한 글자체)를 사용하였으며, 주변과 명확히 대조되는 색상을 이용하여 문자 표시
4.2 경보 및 피난설비	4.2.1 시각청각장애인용 경보 및 피난 설비	최우수	시각장애인 대피용 청각경보시스템으로 비상벨 및 음성안내 시스템을 연속적으로 설치 청각장애인 대피용 시각경보시스템(경광등)과 조명이 포함된 문자 안내설비를 연속적으로 설치
		우수	시각장애인 대피용 청각경보시스템(비상벨)을 연속적으로 설치 청각장애인 대피용 시각경보시스템(경광등)을 연속적으로 설치

▷ 주변과 명확히 대조되는 색상 문자, 그림병행 표시	▷ 점자안내판/안내판 글자체 표기 ▷ 픽토그램 표기	▷ 시각경보기 설치 위치 표기

※ 주출입구에 근접한 안내판은 커튼월 벽체로 콘센트 인입으로 음성안내 장치를 작동하게 하여야하나 태양광을 이용한 안내 판을 설치하였으며, 일반화장실과 탈의실의 청각장애인 경보 및 피난을 위하여 사전에 소방공사 도면의 위치를 재확인 시공 하였다.

- ▷ 전체 관람석의 2%이상으로 설치요함
- ▷ 장애인 용 관람석 및 열람석 개요 표시

- ▷ 관람석 및 열람석 위치 표기
- ▷ 출입구 및 피난통로 동선 표기
- ▷ 다목적강단은 반지하 구조로 무대 앞면부에 비상구 설치요함

- ▷ 바닥면적 치수, 앞면 통로 치수 표기
- ▷ 수신기 및 집단보청장치 상세도 표기

평가항목			평가등급	평가 및 배점기준
5.2 관람석 및 열람석	5.2.1 설치율		최우수	전체 관람석 및 열람석의 2%이상 설치
			우 수	전체 관람석 및 열람석의 1%이상 설치
	5.2.2 설치위치		최우수	우수의 조건을 만족하며, 2곳 이상 분산배치를 하여야함
			우 수	좌석 위치가 출입구 및 피난통로로 접근하기 쉬운 위치에 설치
	5.2.3 관람석 및 무대의 구조	관람석	최우수	우수의 조건을 만족하며, FM수신기 또는 자기루프시스템 등 집단보청장치 설치
			우 수	일반의 조건을 만족하며, 1.2m 이상의 통로와 구분하여 좌석설치
			일 반	관람석의 구조는 유효바닥면적이 1석당 폭0.9m 이상, 깊이1.3m 이상
		무대 혹은 강단	최우수	무대(혹은 강단)에 단차없이 접근
			우 수	무대(혹은 강단)에 단차가 있는 경우 유효폭 0.9m 이상 기울기 1:12 (8.33%/4.76°) 이하의 고정형 경사로를 설치하거나 수직형 리프트를 설치
			일 반	무대(혹은 강단)에 단차가 있는 경우 유효폭 0.9m 이상 기울기 1:12(8.33%/4.76°)이하의 이동형 경사로를 설치
	5.2.4 열람석의 구조		최우수	우수의 조건을 만족하며, 높이 조절형 열람석 설치
			우 수	상단높이는 바닥 면으로부터 0.7m~0.9m, 하부공간은 높이 0.65m 이상, 깊이 0.45m 이상 공간 확보
5.3 접수대 및 안내데스크	5.3.1 설치 위치		최우수	접수대는 출입문 옆 혹은 앞면에 설치, 접근로상 단차 없음
			우 수	접수대는 출입문에서 보이는 곳에 설치, 접근로상 단차가 없으며 안내표시가 되어 있어야함
	5.3.2 설치 높이 및 하부공간		최우수	우수의 조건을 만족하며, 높이가 자유롭게 조절 가능한 형태나 서서 이용하는 사용자 및 휠체어사용자를 고려한 접수대 등을 모두 설치
			우 수	높이 0.8m~0.9m, 하부 높이 0.65m 이상, 깊이 0.45m 이상 공간 확보

- ▷ 경사로 기울기 표기 (경사로 설치 시 에만 해당)
- ▷ 경사로 단차 표기
- ▷ 경사로 난간은 벽부형 설치할 것

- ▷ 열람석 높이, 하부공간, 깊이 표기
- ▷ 높이 조절형 표기
- ▷ 안내데스크는 필히 실내장식 도면 에 상세도 표기하고, 비품 가구도 면에 노트 할 것

- ▷ 장애인 접수대 높이, 하부높이, 깊 이 치수 표기
- ▷ 요리 실습실의 싱크대와 개수대 하부 공간이 있는 제품설명 도면에 노트 할 것

③ 기타시설   (범례 : ▷ CM사전검토, ▶ BF인증원 사전검토 ▶심의의견)

▷ 피난 방법 : 소방서와 연계하여 시행하는 계획의 매뉴얼
▷ 피난구 위치 : 층별 평면도에 피난구 위치 표기
▷ 피난구까지 안내시설 : 피난구까지 안내해주는 동선 표기, 안내 유도등 위치 표기

▷ 휠체어 이용자가 사용 가능한 피난 시설의 구조 표기
▶ 지상3층 발코니 부분으로 통하는 외부 출입구는 휠체어 사용자 등이 신속히 피난할 수 있는 유효폭 1.0m 이상으로 할 것

평가항목			구분	평가 및 배점기준
5.5 피난구 설치	5.5.1 피난방법 및 설치위치	피난 방법	최우수	우수조건을 만족하고 피난훈련시행을 위한 매뉴얼 구비
			우 수	정기적인 피난 훈련에 대한 시행 계획 구비
		피난구의 위치	최우수	각 실에 대피가 가능한 피난구를 각각 설치
			우 수	공용공간에 피난구 설치
		피난구까 지의 안내시설	최우수	연기 등에도 확인이 가능한 안내시설 설치
			우 수	피난구까지 안내시설 연속 설치
	5.5.2 피난의 구조	피난 시설의 구조	최우수	우수 기준을 만족하며 모든 층의 피난이 직접 지상까지 피난이 가능한 구조임
			우수	피난층을 제외한 층 중에서 장애인 및 노약자 등이 주로 이용하는 실이 있는 해당 층에는 주요실별로 외부 피난이 가능한 발코니 등이 휠체어 사용자 등의 이용이 가능한 구조로 설치되어 있음
			일반	피난층을 제외한 층 중에서 장애인 및 노약자 등이 주로 이용하는 실이 있는 해당 층에는 층별로 외부 피난이 가능한 옥외 공간이 휠체어사용자 등의 이용이 가능한 구조로 설치되어 있음
5.6 임산부 휴게시설	5.6.1 접근 유효폭 및 단차	유효폭	최우수	1.5m 이상 통로폭 확보
			우 수	1.2m 이상 통로폭 확보
		단차	최우수	전혀 단차 없음
			우 수	단차가 있으며, 기울기 1:18(5.56%/3.18°) 이하의 경사로 설치
			일 반	단차가 있으며, 기울기 1:12(8.33%/4.76°) 이하의 경사로 설치
	5.6.2 내부 구조		최우수	우수의 조건을 만족하며, 수유에 편리하도록 전기 콘센트와 포트 등을 설치
			우 수	일반의 조건을 만족하며, 수유할 수 있는 공간에는 의자 등이 설치되어 있으며 의자 주변에는 휠체어사용자가 접근 가능하도록 앞면 혹은 옆면에 활동공간이 1.4m×1.4m 이상 확보
			일 반	휴게시설 내부 공간에 수유할 수 있는 공간 마련 및 상단 높이는 바닥면으로 0.85m 이하 하단 높이는 0.65m 이상인 기저귀교환대와 세면대를 설치

▷ 유효폭 : 출입문 유효폭 표기(문틀 포함),
▷ 단차 : 출입문 단차 표기(단면도), 경사로 설치 시 기울기 표기, 재료분리대 단면 상세도 표기

▷ 수유시설 상단 높이/하부높이 표기
▷ 기저귀교환대/ 세면대 설치 표기
▷ 휠체어 활동공간 표기
▷ 전기콘센트 및 포트 위치 표기

① 옥외간판

북측방향 옥외간판   서측방향 옥외간판

보람종합복지센터

80
510   490
4560*300   600
4560

② 외부 사인

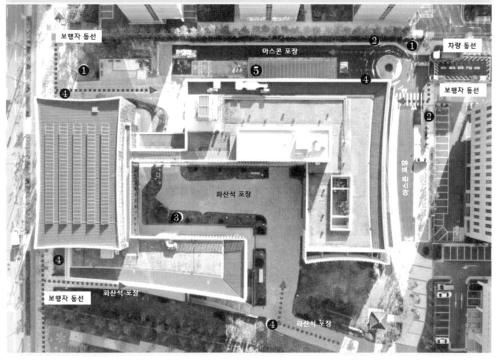

- 보행자 동선
- 차량 동선
- 보행자 동선
- 아스콘 포장
- 화산석 포장
- 화산석 포장

❺ 주차입구 입체문자

⊖ 출구　　PARKING　　입구 ⬆

❶ 지주사인 550*2700

보람종합복지센터

보람종합복지센터

❸ 외부게시판 750*1700

❹ 외부종합안내사인 750*1700

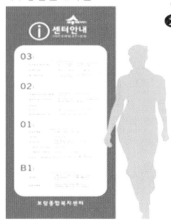

ⓘ 센터안내

03
02
01
B1

❷ 주차유도사인 400*1950

③ 외부 사인 전경

④ 내부 사인

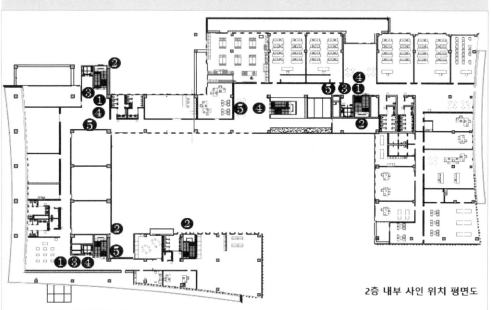

2층 내부 사인 위치 평면도

❹ 층별 안내사인

❺ 각층 실별사인

❶ 층 구분 안내사인

2F

❸ 층별 안내사인 (행거형)

❷ 층 표시 안내사인

⑤ 기타 사인

장애인 주차안내사인(지상) 700*600*2ea

※입식형

1500

장애인 주차안내사인(지하) 700*600*4ea / 700*400*4ea

※천정형

주차시설 안내판(벽부형) 400*600*2ea(캡지+포맥스3T)   700*600*3ea(벽부형)포맥스3T-캡지

실명사인 300*150*10t 돌출(양면)

실명사인 200*200*10t 단면(※하단 점자-스티커부착)

층구분 안내사인 18각(8T)*26ea

2F ⌐ 180

실명사인 300*150*10t 돌출

세계유산 해식센터

층표시 안내사인 200*200*5t(198*198) 단면*15ea

3ea   4ea   4ea   2ea

200*200*5t(198*198) 단면 각 1EA씩

240*240

기계실 및 실명사인 100*100*5t(98*98) 단면*41ea

6EA   10EA   9EA   1EA   15EA

300*150*5t(출력 298*148) / 돌출(양면) 각1EA씩

건물인지 입체문자-LED모듈내장

지하1층 다목적강당 갈바 1500*150

250

지상3층 체육관(상부벽) 갈바 1500*150

체 육 관
250

제안 1 : 썬큰바닥 소규모 집수정을 대형 집수정으로 변경한다.

당 초 안	변 경 안
장마철 폭우, 지하층 침수 신문기사	대형 집수정 설치

개선안 장점

- 여름철 집중 호우 시에는 비상 우수조를 활용하며, 옥외 썬큰 바닥은 BF인증을 받기 위해 배수로 덮개를 설치하고 낮은 경사도를 유지하여 우수가 잘 유도되도록 할 수 있다.

개선안 단점

- 공사비 일부 추가가 된다.

검토내용

- 지하 썬큰 바닥은 BF인증을 받기 위해 배수로 덮개를 설치하고 낮은 경사도를 유지하는 것이 필요하다. 또한, 여름철 집중 호우에 대비하여 집수정의 크기를 확대하고, 넘치는 물을 2차 집수정으로 유도함으로써 하자를 예방할 수 있다.

비용 & 가치분석 단위 : 원, (-) : 증액

구 분		기 존 안	개 선 안
비용분석	초기투자비	0	5,577,641
	유지관리비	-	-
	총계		5,577,641
	절감율/감액	-%	-5,577,641
가치분석	기능점수	5	6.4
	상대 LCC	1	2
	가치점수	5	3.2
	가치향상도		64%

성능평가 - 평가항목에 대한 만족도 배점(가중값은 쌍대비교)

구 분	가중값	초기값		결과값	
		기존안	개선안	기존안	개선안
경제성	22	5	5	0	110
기능성	20	5	8	0	160
편의성	17	5	5	0	85
안전성	21	5	5	0	105
유지관리	20	5	9	0	180
총계	100	25	32	500	

가치분석결과

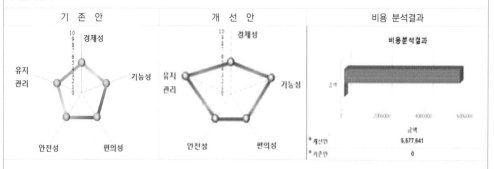

기 존 안	개 선 안	비용 분석결과

- 총 LCC -5,577,641원 절감, 절감율 0.0%
- 개선안의 가치점수는 3.28점으로 기존안에 비하여 64% 향상됨

스케치

당 초 안

화장실
복도
❷
요가실
체력단련실
방풍실
ⓘ
폭우 유입
썬큰
공조실
❷
계단
집수정
펌핑

← 1/24경사   --- 배수로

변 경 안

대형 집수정 펌핑

샤워실
화장실
요가실
체력단련실
방풍실
❶ 방풍실 전면부 배수로 하부에
   드레인 직접 집수정에 연결
배수로 집수 방향
썬큰
공조실
대형집수정
펌핑
계단
❸ 집수정에서 넘치는 우수량을
   공조실 집수정에서 2차 펌핑
❷ 소형집수정을 대형 집수정으로
   변경

← 1/24경사   --- 배수로

- **바닥 배수 계획 문제점**

지하 썬큰 바닥은 BF인증을 위해 배수로 덮개 설치와 낮은 경사도 유지가 필요하지만, 여름철 집중 호우로 인해 내부로 흘러들어오는 빗물로 침수가 예상된다. 또한, 폭우 시 썬큰으로 직접 내려오는 비와 건물 벽에서 내려오는 빗물의 양을 감당하기에 소형 집수정의 용량이 부족하다.

- **바닥 배수 계획 제안**

방풍실 앞 배수로 하부에 드레인을 설치하여 빗물을 직접 집수정으로 유도하고, 소형 집수정을 대형 집수정으로 교체하여 우수 용량을 확보하였다. 또한, 1차 썬큰 집수정에서 넘치는 물은 지하 공조실 집수정으로 연결된 배수관을 통해 2차 집수정으로 유도하는 방안을 제안한다.

⚙ 제안 2 : 지하층 다목적강당 층고를 줄여 장애인 이동이 원활하게 한다.

당 초 안	변 경 안

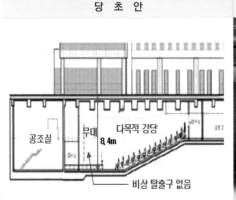

단면상세도 (계단과 리프트 이용 이동)

단면상세도 (경사로 이동)

개선안 장점

• 장애인이 무대에 쉽게 접근하고 신속하게 피난할 수 있도록 경사로를 설치하며, 토공량 및 기타 공사량 감소를 통해 공사비를 절감한다.

개선안 단점

• 강당의 천정 높이가 낮아져 무대 시야가 불편해졌다.

검토내용

• 장애인과 노약자의 접근을 용이하게 하기 위해 리프트 사용을 고려하여 비효율적인 공간을 조정하고, 다목적 강당 무대 앞면 부분에는 피난 및 탈출이 용이하도록 출입구를 설치했다.

비용 & 가치분석 단위 : 원, (-) : 증액

구 분		기 존 안	개 선 안
비용분석	초기투자비	34,191,271	1,634,824
	유지관리비	–	–
	총계	34,191,271	1,634,824
	절감율/감액	95.2%	32,556,447
가치분석	기능점수	5	6.79
	상대 LCC	1	0.05
	가치점수	5	135.8
	가치향상도		2,716%

성능평가 – 평가항목에 대한 만족도 배점(가중값은 쌍대비교)

구 분	가중값	초기값		결과값	
		기존안	개선안	기존안	개선안
경제성	21	5	8	105	168
기능성	19	5	9	95	171
편의성	20	5	6	100	120
안전성	20	5	5	100	100
유지관리	20	5	6	100	120
총계	100	25	34	500	679

가치분석결과

기 존 안	개 선 안	비용 분석결과

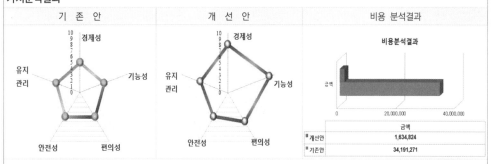

• 총 LCC 32,556,4470원 절감, 절감율 95.2%

• 개선안의 가치점수는 135.8점으로 기존안에 비하여 2,716% 향상됨

SECTION 5   BF인증 설계 VE제안   **281**

당 초 안 / 변 경 안

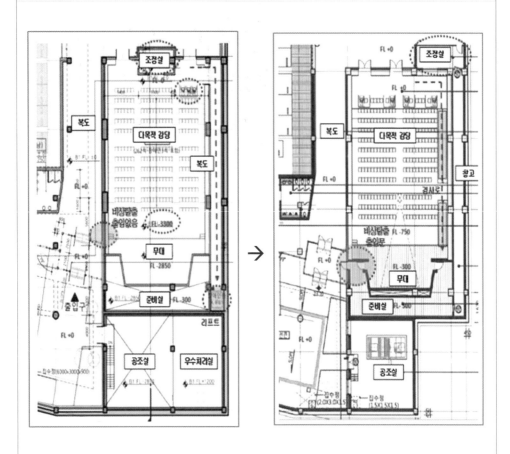

- **다목적강당 계획 문제점**
  - 조정실이 중앙에 위치해 외부 로비 활용에 불리함.
  - 후면부 장애인석의 한쪽 면 배치로 보호자와 함께 앉을 좌석 재분배 필요.
  - 기계식 장애인 리프트 설치로 무대 후면 대기실에서 무대로의 이동 가능하나, 단차가 3.3m로 높음.
  - 반지하 설계로 인해 무대 가까운 객석에서 비상 탈출이 어려움.

- **다목적강당 계획 제안**
  - 조정실을 우 옆면으로 이동하여 외부 로비 활용성 향상.
  - 후면부 장애인석 옆에 보호자석 배치로 좌석 분산 변경.
  - 층고를 3.3m에서 0.7m로 낮추고, 낮은 경사로 설계로 장애인 및 노약자의 무대 접근 용이성 개선 (BF인증 필수).
  - 무대 높이를 0.6m에서 0.3m로 낮추고, 무대 앞면에 비상구 설치로 긴급 시 신속한 대피 가능하게 조정 (BF인증 필수).

⚙ 제안 3 : 지하주차장부터 실내로 진입되는 사용자(장애인 등) 동선의 편의성을 높인다.

당 초 안	변 경 안
막힌 벽체	시인성 있는 유리창 설치

개선안 장점

• 지하주차장에서 주출입구 위치는 원거리에서도 식별하기 쉽게 설정되었으며, 승강기 대기공간은 넓게 제안하였다.

개선안 단점

• 전용면적이 일부 작아진다.

검토내용

• 지하주차장에서 실내로의 진입 부분은 사용자(장애인 등)가 쉽게 인지할 수 있도록 제안 되었으며, 주차장 내 여유 공간 부족으로 차량 퇴거 시 필요한 회차 공간의 확보를 고려하였다. 또한, 항상 이용되는 승강기 앞의 공간을 충분한 공간 확보하였다.

비용 & 가치분석 단위 : 원, (−) : 증액

구 분		기 존 안	개 선 안
비용분석	초기투자비	1,181,939	3,586,876
	유지관리비	−	−
	총계	1,181,939	3,586,876
	절감율/감액	−203.5%	−2,404,937
가치분석	기능점수	5	8.57
	상대 LCC	1	0.8
	가치점수	5	10.7
	가치향상도		214%

성능평가 − 평가항목에 대한 만족도 배점(가중값은 쌍대비교)

구 분	가중값	초기값		결과값	
		기존안	개선안	기존안	개선안
경제성	21	5	6	105	126
기능성	19	5	9	95	171
편의성	20	5	10	100	200
안전성	20	5	9	100	180
유지관리	20	5	9	100	180
총계	100	25	43	500	857

가치분석결과

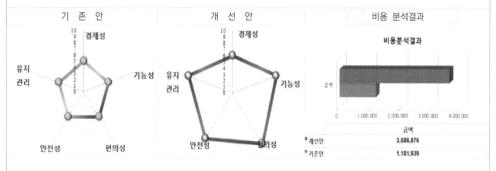

기 존 안 개 선 안 비용 분석결과

금액	
개선안	3,586,876
기존안	1,181,939

• 총 LCC −2,404,937원 절감, 절감율 −203.5%

• 개선안의 가치점수는 10.7점으로 기존안에 비하여 214% 향상됨

스케치

당 초 안

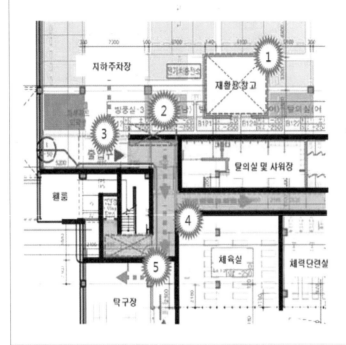

■ **지하층 진입로 동선 문제점**

1. 재활용창고는 주차계획 시 복잡한 동선과 진입구 시안성이 없다.
2. 주차장에서 진입 동선이 막혀 있어서 진입 위치를 신속히 찾을 수 없다.
3. 주차회차 공간이 좁다.
4. 복잡한 입구의 승강기, 화장실 방향을 찾기 어렵다.
5. 승강장 앞의 앞면의 대기자, 장애인 활동공간이 비좁다.

변 경 안

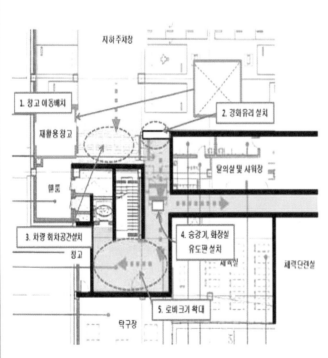

로비 크기 확대

■ **지하층 진입로 동선 개선**

1. 재활용 창고를 주차계획에 문제가 없는 곳으로 이동 배치
2. 주차장에서 진입 동선을 신속히 찾을 수 있게 앞면 강화유리 설치
3. 주차 회차 공간 확보.
4. 복잡한 입구의 승강기, 화장실 방향을 유도판 설치
5. 승강장 앞 로비를 확대하여 승강기 대기자 활동공간을 확보

⚙️ 제안 4 : 미서기문의 재질을 철재에서 목재로 변경한다.

당 초 안	변 경 안
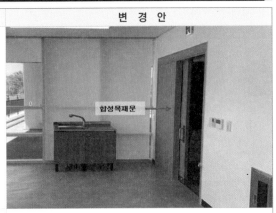	
창호 상세도	창호 상세도

개선안 장점

• 공사비를 절감하면서도 노약자가 사용하기 편리한 설계를 제안하였다.

개선안 단점

• 철제문보다 내구성이 다소 떨어진다.

검토내용

• 문의 재질을 지나치게 무겁지 않게 하여 노유자와 휠체어사용자에게 편의를 제공하는 방안을 검토하였다. 또한, 출입문에 설치된 투시창이 바닥으로부터 0.6m에서 1.5m 사이에 위치하는지 확인하고, 출입문을 여닫을 때 어린이와 노인 등의 손끼임 방지를 위한 조치가 적절히 이루어졌는지 검토하였다.

비용 & 가치분석 단위 : 원, (-) : 증액

구 분		기 존 안	개 선 안
비용분석	초기투자비	46,919,030	14,051,498
	유지관리비	–	–
	총계	46,919,030	14,051,498
	절감율/감액	70.1%	32,867,532
가치분석	기능점수		7.23
	상대 LCC		0.30
	가치점수		24.1
	가치향상도		482%

성능평가 – 평가항목에 대한 만족도 배점(가중값은 쌍대비교)

구 분	가중값	초기값		결과값	
		기존안	개선안	기존안	개선안
경제성	21	5	9	105	189
기능성	19	5	6	95	114
편의성	20	5	9	100	180
안전성	20	5	6	100	120
유지관리	20	5	6	100	120
총계	100	25	36	500	723

가치분석결과

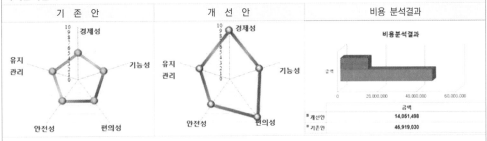

기 존 안	개 선 안	비용 분석결과

• 총 LCC 32,867,532원 절감, 절감율 70.1%

• 개선안의 가치점수는 24.1점으로 기존안에 비하여 482% 향상됨

스케치

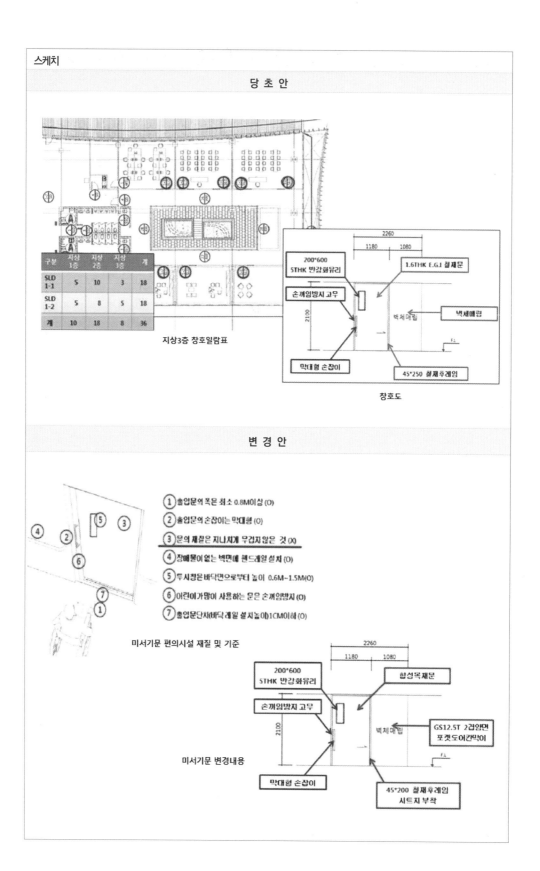

당 초 안

지상3층 창호일람표

구분	지상 1층	지상 2층	지상 3층	계
SLD 1-1	5	10	3	18
SLD 1-2	5	8	5	18
계	10	18	8	36

창호도

- 200*600 5THK 반강화유리
- 손끼임방지 고무
- 막대형 손잡이
- 1.6THK E.G.I 철제문
- 벽체매립
- 45*250 철제후레임

2260 / 1180 / 1080 / 2100

변 경 안

미서기문 편의시설 재질 및 기준

① 출입문의 폭은 최소 0.8M이상 (O)
② 출입문의 손잡이는 막대형 (O)
③ 문의 재질은 지나치게 무겁지않은 것 (X)
④ 장배물이 없는 벽면에 핸드레일 설치 (O)
⑤ 투시창은 바닥면으로부터 높이 0.6M~1.5M(O)
⑥ 어린이가많이 사용하는 문은 손끼임방지 (O)
⑦ 출입문단차(바닥 레일 설치높이)1CM이하 (O)

미서기문 변경내용

- 200*600 5THK 반강화유리
- 손끼임방지 고무
- 막대형 손잡이
- 합성목재문
- 벽체매립
- GS12.5T 2겹양면 포켓도어칸막이
- 45*200 철제후레임 시트지 부착

2260 / 1180 / 1080 / 2100

① 목 적

본 과업은 장애물 없는 생활환경(Barrier Free) 인증 본인증 취득에 필요한 일련의 과정(자료 취합, 분석, 설계사항 조정 등)을 수행함으로써 설계도서의 적정성을 확보하고 공사추진의 원활함을 도모하고자 함.

② 관련 근거 및 적용 기준

▫ 장애인·노인·임산부 등의 편의증진보장에 관한 법률·령·시행규칙

▫ 장애물 없는 생활환경 인증에 관한 규칙 제10조 2 제3항

▫ 국가나 지방자치단체가 신축하는 청사, 문화시설 등의 공공건물 및 공중이용시설 중에서 대통령령으로 정하는 시설의 '의무대상'

③ 사업 개요

▫ 과업명 : 3생활권광역복지지원센터 건립공사 BF인증 대행 용역

▫ 대상지역 : 세종특별자치시 한누리대로 2017

▫ 용도 : 노유자시설, 제1종/제2종 근린생활시설, 운동시설

▫ 규모 :

- 건축면적 : 4,423.28㎡

- 연면적 : 14,931.00㎡

- 층수 : 지하1층 지상3층

④ 과업 기간

▫ 과업기간은 착수일로부터 22개월(공휴일 포함)로 한다.

단, 결정 및 승인·협의 지연 시 연장할 수 있고, 발주처 요청으로 과업 기간을 단축할 수 있음.

- 착수보고 : 착수일로부터 20일 이내

- 최종보고 : 과업완료 20일 전

- 협   의 : 계약기간 내 필요하면 수시 협의 진행

※ 착수보고회 및 최종보고회는 감독관과 협의하여 생략 가능

□ 본 과업 완료 이후에도 본 과업과 관련한 각종 협의 업무 및 자료의 제출이 필요
한 경우와 과업 내용의 미비 및 하자로 인한 변경이 필요한 경우에는 해당 내용을
완료할 때까지 과업을 수행해야 한다.

□ 과업기간 중 아래 사항은 감독관(이하 '발주청'이라 함)과 협의하여 과업기간을
변경할 수 있다.
- 천재지변 또는 불가항력적 사태로 인하여 중단되었을 경우
- 발주청의 방침에 따라 과업 수행이 중단이 필요한 경우
- 발주청의 사업계획 변경으로 과업 내용이 변경되었을 경우
- 기타 발주청이 인정하는 정당한 사유로 인하여 변경이 필요한 경우

⑤ 과업 범위

□ 장애물 없는 생활환경 없는 생활환경(Barrier Free) 최우수등급 본인증 취득
- 장애물 없는 생활환경 본인증 신청 및 취득과 관련된 일련의 업무
(관련자료 작성 및 취합 등을 위하여 소요되는 제반사항 일체 포함)
· 인증 자료 및 제출 서류의 수집, 분석
· 인증 신청자료 취합
· 인증 접수 및 보완 등 인증업무 대행
· 인증기관 검토 후 현장심사 대행
· 인증 현장심사 지적사항 보완 및 인증서 취득

⑥ 과업 내용

- 장애물 없는 생활환경 인증에 관한 규칙 [별지 제5호 서식]에 의거 본인증 신청서
및 자체평가서 작성 요령을 충분히 숙지한 후 작성 및 제출한다.
- 자체평가서 구성
· 자체평가서는 본문과 부록(첨부)으로 구분하여 작성한다.
- 자체평가서 제출
· 용역사가 제출하여야 하는 평가서 초안의 부수는 원본 포함 3부를 제출한다.

⑦ 특기 사항

□ 일반사항

- 장애인, 임산부, 노약자는 물론 모든 이용자 편의 극대화를 위한 '유니버설 디자인'
계획으로 검토, 지원해야 한다.

- 장애인을 위한 편의시설은 해당 관련 법의 수준 이상으로 설치되도록 하며, 최대한의 안전과 편의를 고려하여 검토, 지원해야 한다.
- 본 과업지시서는 장애물 없는 생활환경 작성을 원활히 수행하기 위해 필요한 사항을 규정하며, 이에 규정되지 않은 사항은 관계 법에 저촉되지 않도록 검토하여 관련 법령 등의 내용에 의거 감독원과 협의하여 수행해야 한다.
- 수급인은 계약 체결 후 7일 이내에 과업에 착수해야 하며, 착수 전에 착수계, 과업수행계획서, 과업수행책임자 선임계, 과업수행자 명단 및 이력서, 보안 각서 등 과업 수행에 필요한 제반 서류를 제출해야 한다.
- 과업 진척 보고는 분기 1회 서면으로 보고하고, 보고 양식 및 보고 내용은 붙임 BF 설계변경 검토의견서, 협의사항 기록부 등을 포함해야 한다.
- 분야별 설계 반영 적용은 각 해당 부분의 설계도서를 상세히 파악하여 필요한 사항을 제시해야 하며, 인증기관에 자체평가서 제출 후에 설명회를 통해 현장 관련자 모두가 알 수 있게 하고, 시공 시 점검 및 교육을 주관해야 한다.
- 수급인은 본 과업 수행에서 관계기관의 요구가 있을 시 관련 기관의 의견을 면밀히 검토하고 전문 분야별로 전문 기관 또는 전문가에게 별도 자문을 받아 감독원과 협의하여 계획에 반영해야 한다.
- 본 과업 내용에 명시되지 않은 사항이라도 과업 수행상 필요하다고 인정되는 중요 사항 및 기타 경미한 추가사항, 부대업무, 관련 법규 등의 개정으로 인한 추가 과업이 필요하다고 발주기관의 요청이 있을 때는 이에 따라야 한다.
- 과업의 중지 및 연장
 · 계약자의 귀책 사유가 아닌 사항으로 인해 과업의 계속 추진에 지장을 초래 하거나, 추진이 불필요하다고 판단될 경우 발주기관은 용역 중지를 명령 할 수 있다.
 · 과업 추진 시 인증기관의 협의 지연 등으로 연장이 필요한 경우 발주기관의 승인을 얻어 연장할 수 있다.
- 과업완료
 · 본 과업은 시공 완료 후 장애물 없는 생활환경(BF) 최우수등급 이상 취득 후 관련 용역 완료 성과품 납품 시 본 과업이 완료된 것으로 본다.
 · 본 용역 과업이 완료된 후라도 각종 성과품의 미비사항 발생 시 즉시 보완해야 한다.

- 본 과업으로 인하여 계약상대자가 제3자에게 피해를 주었을 경우, 계약상대자가 손해를 보상하여야 한다.
- 본인증 신청과 관련된 인증수수료는(내역서에 포함 되었을 시) 계약자가 납부하는 것으로 한다.

▫ 기타사항
- 과업의 범위는 발주청의 사업계획변경에 따라 조정할 수 있다.
- 보고서 및 관계도면은 m법 사용을 원칙으로 한다.
- 과업 수행 중 수행하는 담당자 및 기타 고용인은 성실히 발주청의 지시에 따라야 하며, 감독원은 불성실 또는 부적당하게 본 과업을 수행하는 대리인과 고용원에 대해 교체를 명할 수 있다.
- 발주청에서 제시하는 과업 내용과 각종 자료를 분석하고 조사하여 제반 요소에 맞는 계획안을 제시하여 해당 설계도서에 반영할 수 있도록 조치해야 한다.
- 본 용역 시행 중 진행과정을 발주청과 수시 협의하여야 한다.
- 본 지침서 및 일반지시 사항에 의하여 작성하되 기타 미비 또는 의문 사항이 있을 시 발주청과 협의하여야 한다.
- 용역자는 각종 협의, 공청회 시 발주청의 요청에 따라 담당자를 대동하여 질의에 성실히 답변해야 하며 필요한 자료 일체를 준비해야 한다.

⑧ 보고 및 성과품 납품
▫ 과업보고
- 중간보고 : 과업의 중간결과를 요약하여 보고(시기는 감독관과 협의)
- 최종보고 : 과업의 최종결과를 정리하여 보고
▫ 성과품 납품
- 자체평가서 및 최종점수집계표 등 심사서류 일체 3부 (CD 포함)
- 장애물 없는 생활환경 인증서
- 용역완료보고서 3부
- 기타 발주청이 요구하는 내용

⑨ 용역대가의 지급
- 계약조건 및 과업의 완료에 따른 용역결과보고서 준공검사 및 관계기관 협의

완료 후 계약금액의 %를 지급하고, 최종 계획승인 기관으로부터 승인이 확정된 후 잔금 지급한다.

- 과업 범위의 변경 조정

과업수행 중 발주청의 사정 및 외부요인에 따라 과업 범위 및 내용이 변경되는 경우에는 발주청의 예산범위 내에서 발주청과 용역사가 상호 협의하여 조정할 수 있다.

⑩ 공사시행 단계별 업무

단계	업무종류	세부사항	업무담당		
			발 주 청 지원업무 수행자	건설사업 관리자	시공자 (업무대행)
공사착공	· BF 계약 체결	· BF컨설팅 과업지시서			검토,보고
	· 착수회의	· BF컨설팅 과업지시서	주관	주관	주관
공사시공	· 설계도서 자체평가서검토 및 접수	· 발주청에 보고 · 사업관리자에게 보고	승인접수	요구	검토,보고 승인	작성
	· 자체평가서 설명회 · 골조공사 시행중, 마감공사 시행전 현장 점검, 교육	· 전공정 시공사 참석	요구 이행확인	확인	주관 요구	내용설명 작성보고
	· 발주청의 컨설팅 및 설계 변경요구 용역사 의견제시	· 경미한 설계변경	지시		검토지시 보고	작성
		· 발주청의 지시에 의한 설계변경	통보		검토보고	검토,작성 보고
		· 시공자의 제안에 의한 설계변경	승인	검토	검토보고 지시	작성
		· 계약금액의 조정			심사,보고	작성
	· BF용역 중간보고	· 설계변경 검토서, 협의 기록부, 월간보고		검토	주관	작성
	· 본인증 접수 및 서류제출		승인접수	검토	확인,보고	주관
	· 인증기관 현장심사 및 지적 사항 보완내용			입회,확인	입회,확인	주관
인수인계	· 인증서 취득 및 최종보고회	· 최종보고서, 인증서	인수		확인,보고	주관

방문·점검일지

공 사 명		방문·점검자	
방문일시	년 월 일 : 부터 : 까지		
관련근거 및 목적			
업무수행 내용			
특기사항			
방문 및 점검 확인자	소속 : 직급 : 성명 : 소속 : 직급 : 성명 : 소속 : 직급 : 성명 :		

용역대행 회사명 :

협의사항 기록부	결			
	제			

	BF업무대행 담당자 : (인)
용 역 명 :	
일 시 :	
제 목	

협의 내용	

	소 속	직 위	성 명	서 명
참여자				
장 소				

BF 설계변경 검토의견서

기술검토건명		보고일자 (문서번호)	
검토기간		검토자	

1. 관련근거	
2. 검토목적	
3. 검토내용	
4. 결 론	

BF업무대행 ( )월간보고서	결			
	제			

BF업무대행 담당자 : (인)

용 역 명 :

용역기간		계약금액	

BF인증 업무대행용역 과업추진내용

실시사항	예정사항

BF인증 업무대행용역 주요업무 진행사항

문서 접수, 발송현황

일련번호	문서번호	구분	제목	발(수)신처

회의록

일련번호	일자	회의내용	장소

준비된 비즈니스 성공파트너
건축물 친환경인증 관련전문기업
베르데코입니다!

베르데코(주)
홈페이지

BF 본인증을 위한 모호한 기준 해석 : 화장실 설치의 퍼즐

화장실 재시공 시 장애물 없는 생활환경(BF) 본인증을 획득하기 위해 주의해야 할 사항들을 명확히 이해하는 것이 중요하다. 대변기, 소변기, 세면대, 거울, 수평 및 수직 손잡이, 비상벨과 같은 항목들은 이미 명확한 기준이 정의되어 있어 이에 따라 설치하면 된다. 이러한 기준을 준수하는 것은 비교적 간단하며, 본인증 심사에서 큰 문제가 되지 않는다.

그러나 휴지걸이, 손건조기, 위생용품, 유아거치대와 같은 항목들의 위치는 사용자의 접근성과 편의를 고려하여 결정되어야 한다. 이 부분에서는 BF 본인증 심사의견을 참고하여, 사용자가 쉽게 손이 닿을 수 있는 위치에 설치하는 것이 중요하다. 이러한 항목들의 위치 설정은 사용자의 편의와 안전을 최우선으로 고려한 결정이며, 기준이 상대적으로 모호할 수 있기 때문에 심사 의견을 잘 이해하고 적용하는 것이 필수적이다.

또한, 설비나 배치에 대한 보완이 필요한 경우, 이를 적극적으로 제안하고 충분한 근거와 설득력을 갖추어 평가기관 담당자를 설득하는 것이 중요하다. 이는 본인증을 성공적으로 획득하는 것에 결정적인 역할을 할 수 있다. 따라서, 모든 설치가 최적의 위치에 이루어지도록 세심한 주의를 기울이고, 사용자 중심의 설계와 심사기준에 대한 깊은 이해를 바탕으로 작업을 진행해야 한다.

이러한 접근 방식을 통해, 재시공의 빈도를 줄이고, 모든 사용자가 더욱 편리하고 안전하게 화장실을 이용할 수 있는 환경을 조성할 수 있다. BF 본인증을 획득하는 과정에서 이러한 세부 사항에 주의를 기울임으로써, 시공자로서의 전문성과 신뢰성을 높일 수 있다.

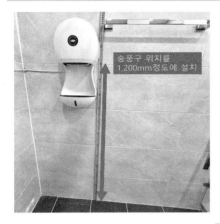

화장실 퍼즐-1 : 손건조기 높이

손건조기의 송풍구는 장애인 스위치와 간섭을 피하기 위해 1.2m 높이에 맞추어 설치하는 것이 좋다. 이는 모든 사용자가 접근할 수 있도록 승강기 조작 버튼의 높이가 0.8m에서 1.2m 사이를 적용하는 것을 기준을 둔 취지이다. 이와 함께 물받이 통이 없는 손건조기를 사용하는 것을 추천한다.

화장실 퍼즐-2 : 위생용품 수거함 이격거리

비상벨과의 간섭을 피하기 위해 위생용품 수거함을 설치할 때 50mm 이격을 유지하는 것이 좋다. 적정한 위생용품 수거함은 240x350x140(WxHxD)이다. 높이와 두께가 너무 크면 사용자의 이용에 불편을 줄 수 있다. 이러한 설치 기준은 계단 손잡이 벽면으로부터 이격되는 50mm 기준 취지를 적용해서 수평손잡이 하단으로 50mm~100mm 이격하여 위생용품 수거함을 설치 권장된다.

화장실 퍼즐-3 : 휴지걸이와 변기커버 소독제

설치 시, 수직 손잡이로부터 최소 150mm, 수평 손잡이로부터는 최소 250mm의 거리를 확보한 후에 휴지걸이와 변기 커버 소독제를 설치해야 한다. 이러한 거리 확보는 수평 및 수직 손잡이의 사용성을 보장하고, 비상벨과의 간섭을 방지하기 위함이다.

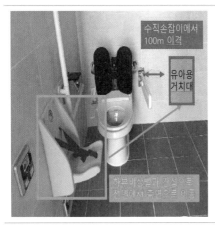

화장실 퍼즐-4 : 유아용거치대

수직 가동 손잡이에서 100~150mm 이내로 이격하여 설치한다. 이것은 대변기 측면에 손닿는 위치로 최대한 가깝게 설치하여 유아를 안전하게 보호하고, 전면 공간에 설치하면 공간이 협소하고 비상벨과 간섭이 되어 측면에 설치하는 것이다.

⚙ BF 본인증을 위한 세심한 조정 방법 : 계단의 설계와 시공오차 문제

계단 설계와 시공 사이에 발생할 수 있는 차이점을 인지하고, 이에 대응하는 방법을 이해하는 것은 장애물 없는 생활환경(BF) 본인증을 성공적으로 획득하기 위해 매우 중요하다. 특히 계단실 공간이 충분하지 않을 때, 계단손잡이의 설치는 더욱 세심한 주의가 필요하다. 여기서 주의해야 할 세 가지 주요 사항은 다음과 같다.

- 계단 손잡이 높이 조절 : 계단손잡이의 높이는 사용자의 접근성과 안전을 직접적으로 영향을 미치므로, 이를 적절히 조절하는 것이 중요하다. 높이가 너무 높거나 낮으면 사용자가 손잡이를 제대로 사용하지 못할 수 있다.
- 계단 손잡이 간의 유효폭 확보 : 계단손잡이 사이의 유효폭은 사용자가 계단을 오르내릴 때 충분한 공간을 확보하여 안전하게 이동할 수 있도록 해야 한다. 이 폭이 너무 좁으면 사용자의 움직임이 제한될 수 있다.
- 계단참 수평손잡이 길이 : 계단참의 수평손잡이 길이도 중요한 요소이다. 충분한 길이를 확보하지 못하면, 사용자가 계단을 이용하는 동안 안정적인 지지를 받지 못할 수 있다.

이 세 가지 요소 중 BF 본인증 기준을 만족시키지 못할 경우, 우선순위를 정하여 계단손잡이를 설치해야 한다. 현장에서 발생할 수 있는 문제를 해결하기 위해, 현장 심사나 현장 점검 시 평가기관과 직접 대면하여 의견을 나누고 협의하는 것이 권장된다.

이는 도서나 유선으로 협의할 때보다 더 유연한 대응이 가능하며, 실제 상황에 맞는 최적의 해결책을 찾을 수 있기 때문이다.

이러한 접근 방식을 통해, 시공자로서 BF 본인증의 요구사항을 충족시키는 동시에, 사용자의 안전과 편의를 최대한 보장할 수 있다. 이는 시공자의 전문성을 높이고, 신뢰성 있는 서비스를 제공하는 것에 크게 기여할 것이다.

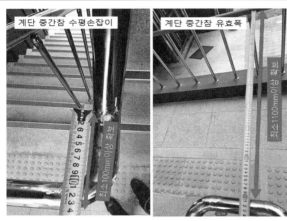

계단 설계 시공오차
: 골조시공 오류로 계단 유효폭 미충족시

• 계단 형태 및 유효폭_계단 손잡이
  평가기준 평가내용
- 계단 유효폭은 양측 손잡이 안목치수
  기준으로 1,200mm확보 필요
- 계단 중간참 수평내민길이 300mm
  이상 확보 필요
- 손잡이 높이 800~900mm 이상 확보
  필요

• 해당 평가기관과 사전 조절 협의
- 계단유효폭은 양측손잡이 안목치수
  기준으로 최소 1,100mm 확보
- 계단 중간참 수평내민 길이 최소
  100mm 이상 확보,
- 손잡이 높이 800~900mm 이상
  확보

☼ **공정 미스매치 극복** : 목재 데크와 점형블록 설치

목재 데크 계단이나 슬로프에 점형블록을 설치하는 과정을 실예로 공정별 시공성을 고려하지 못해 발생할 수 있는 문제들이 있다. 이러한 문제들을 이해하고 효과적으로 해결하는 방법을 제시함으로써, 장애물 없는 생활환경(BF) 본인증을 성공적으로 획득하는 것에 필요한 주요 사항들을 다음과 같이 정리한다.

- **점형블록의 기준 준수** : 점형블록은 KS기준에 따른 고강도 콘크리트를 사용해야 한다. 이 기준을 무시하고 설치하는 경우, 나중에 구조적 문제나 본인증 기준 미달로 이어질 수 있다. 따라서, 점형블록 선택 시 이러한 기준을 철저히 확인하고 준수해야 한다.

- **데크 하부의 보강** : 목재 데크의 하부가 비어 있기 때문에, 파이프각관을 재단하여 용접하는 방식으로 하부를 보강한다. 이 보강 작업은 데크의 안정성을 높이고, 점형블록을 올바르게 지지할 수 있는 충분한 강도를 제공해야 한다. 데크 하부 보강 없이 점형블록을 설치하는 것은 구조적 안정성을 저해할 수 있으므로, 반드시 적절한 보강 작업을 수행해야 한다.

- **계단 끝선과의 일치** : 계단의 끝선에서 30cm를 무시하고 점형블록을 설치하는 경우가 있다. 이는 BF 본인증 기준에 부합하지 않으며, 사용자의 안전을 위협할 수 있다. 따라서, 계단 끝선을 정확히 준수하면서 점형블록을 설치해야 한다.

- **협력 업체 간의 조정** : 때때로 데크 공사와 점형블록 설치 업체가 다를 경우, 각 업체 간의 소통 부족으로 인해 설치 기준이 제대로 준수되지 않을 수 있다. 이를 방지하기 위해, 모든 관련 업체가 협력하여 일관된 기준에 따라 작업을 진행해야 한다.

이러한 사항들을 철저히 준수하면서 작업을 진행하면, BF 본인증을 획득하는 데 필요한 기준을 만족시킬 수 있을 뿐만 아니라, 최종적으로 사용자에게 안전하고 접근성 높은 환경을 제공할 수 있다. 이는 시공자로서의 신뢰성과 전문성을 높이는 것에 크게 기여할 것이다.

목재 데크 위 점형블록

데크계단 및 슬로프를 설치 할 경우 KS 고강도 콘크리트 점형블록을 설치할 수 있도록 목재데크 하지 작업을 해야 한다. 또는 계단 끝에서 300mm까지만 목재데크를 설치하고 이후 투수블록 부분에 점형블록을 설치한다.

☼ 이중 인증 요구사항과 관리 전략 : 공공건축물의 BF인증/녹색건축인증

공공건축물의 경우, BF 인증과 녹색건축인증 모두 의무적으로 취득해야 하는 상황에서, 각 인증의 요구사항을 충족시키기 위한 작업 관리는 매우 중요하다. 특히, 컨설팅 업체마다 운영 방식이 다르고, 녹색인증 작업자와 BF 인증 작업자가 다를 수 있기 때문에, 각 인증의 기준을 정확히 이해하고 적용하는 것이 필수적이다.

녹색건축인증에서는 자원 순환 자재의 사용, 특히 재활용 콘크리트 점자블록을 적용할 경우 추가 점수를 받을 수 있다. 이는 환경적 지속 가능성을 높이는 것에 기여하며, 녹색건축인증 점수를 향상시키는 유리한 조건을 제공한다. 그러나, BF 인증의 경우, 점자블록에 대해서는 KS 기준에 따른 고강도 콘크리트의 사용이 요구된다. 이는 사용자의 안전과 접근성을 보장하기 위한 조치로, 녹색건축인증의 요구사항과 상충될 수 있다.

실제로, 타 현장에서 재활용 콘크리트 블록을 사용하여 설치한 후, BF 본인증을 위해 재시공을 해야 하는 경우가 발생했다. 이는 두 인증 기준의 차이를 충분히 숙지하지 못한 결과로, 시간과 비용의 손실을 초래했던 것이다.

이러한 문제를 방지하기 위해, 다음과 같은 접근 방식을 추천한다.

- **인증 기준의 철저한 이해** : 프로젝트 초기 단계에서 녹색건축인증과 BF 인증의 모든 요구사항을 철저히 검토하고 이해해야 한다.
- **협력과 소통 강화** : 녹색인증 작업자와 BF 인증 작업자 간의 긴밀한 협력과 지속적인 소통을 통해, 각 인증의 요구사항을 충족시키는 방안을 모색해야 한다.
- **유연한 대응 전략** : 상충되는 인증 요구사항에 대해 유연하게 대응할 수 있는 전략을 수립하고, 필요한 경우 설계 변경이나 추가 조치를 적극적으로 고려해야 한다.

이러한 접근을 통해, 두 인증 모두를 성공적으로 획득하면서, 공공건축물의 지속 가능성과 접근성을 동시에 향상시킬 수 있다.

제 6666 호

환경표지 인증서

1. 상   호: (주)주주콘크리트

2. 사 업 자 등 록 번 호: 127-81-71866

3. 소   재   지: 경기도 양주시 은현면 용암로 2

4. 공장·사업장소재지: 경기도 양주시 은현면 용암로 2

5. 대 표 자 성 명: 최종선

6. 대 상 제 품: EL745.블록·타일·판재류

7. 상표명/용도·제공서비스: 별첨이기

8. 인 증 기 간: 2019.05.12 부터 2021.05.11 까지

9. 인 증 사 유: "자원순환성 향상"

「환경기술 및 환경산업 지원법」 제17조제3항, 같은 법 시행령
제23조제2항 및 같은 법 시행규칙 제34조2항에 따라
환경표지대상제품의 인증기준에 적합하므로 환경표지의 사용을
인증합니다.

※ 최초교부: 2009.05.12

[별첨]
제 6666 호

기본상표명	파생상표명	용도·제공서비스
JJR-56		재활용 콘크리트 인터로킹 블록(보도용)
	JJR-52	재활용 콘크리트 인터로킹 블록(보도용)
JJR-61		재활용 콘크리트 인터로킹 블록(차도용)
	JJR-55	재활용 콘크리트 인터로킹 블록(차도용)
JJ-91		재활용 콘크리트 점자블록(선형)
	JJ-93	재활용 콘크리트 점자블록(선형)
	JJ-100	재활용 콘크리트 점자블록(선형)
JJ-92		재활용 콘크리트 점자블록(점형)
	JJ-94	재활용 콘크리트 점자블록(점형)
	JJ-101	재활용 콘크리트 점자블록(점형)

▶ KS (Korea Standard)

- **겉모양** : 모양이 바르고 돌출부의 떨어짐, 판손, 갈라짐과 색상의 불균일이 없어야 한다. 색상은 황색을 원칙으로 하고, 그 밖의 색상은 인도, 인수 당사자간의 협의에 따른다.
- **모양** : 점형블록의 돌출점은 반구형, 원뿔 절단형 또는 이 두가지의 혼합 배열형으로 블록당 36개의 돌출점을 가져야 한다.
- **치수** : 가로 세로 각각 300mm X 300mm 이며, 돌출부의 높이는 점형이 6mm이다. 시공 후 가장자리는 바닥재의 높이와 동일해야 한다.
- **성능** : 점자블록의 미끄럼 저항(40BPN 이상), 휨강도(50Mpa 이상), 흡수율(평균 흡수율 7% 이내, 각각 흡수율 10% 이내)

▶ 점형블록 선정 시 녹색건축인증과 연계한 제품 주의사항

녹색건축인증에 만족하는 점형블록을 선정 시 KS고강도 콘크리트 블록을 확인해야 한다.

BF 본인증 취득 과정에서 발생하는 주요 문제점과 현실적인 어려움이 있어, 시공자가 이해하고 대응해야 할 중요한 내용은 다음과 같다.

- **심사 대기 기간의 증가** : 현재 프로젝트 심사 대기 기간이 4개월로 길어졌으며, 최초 심사 보완 요청 후 5개월이 지나면서 시공사가 이미 철수한 상태에서 보완을 위한 재시공이 지연되고 있다.

- **공공건축물의 BF인증 의무** : 공공건축물은 준공 전에 BF인증을 의무적으로 제출해야 한다. 심사 대기 기간이 길어지면서, 많은 시공사들이 인증 취득 전에 준공 처리를 해야하는 상황에 직면하고 있다. 이로 인해 시공사들은 인증 취득을 위해 많은 시간을 투자하고, 발주 주무담당이 변경 때마다 설명을 반복해야 하는 어려움이 있다.

- **평가기관의 인력 부족** : 인증 수요는 계속 증가하는 반면, 평가기관의 인력은 부족하다. 이로 인해 평가기관은 인증 평가와 사후 점검을 모두 처리해야 하는 부담을 겪고 있다.

- **운영기관의 부재와 심사 의견의 일관성 부족** : 생활환경 인증을 위한 운영기관이 부재하며, 각기 다른 심사 의견이 제시되고 있다. 이는 평가기관의 결정에 큰 의존도를 가지며, 기준이 모호하거나 일관적이지 않은 경우가 발생하고 있다.

- **인증 요청의 증가와 새로운 기준의 추가** : 매년 인증 요청 사례가 증가하고 새로운 기준이 추가되고 있다. 때로는 이전에 고려되지 않았던 부분에 대한 의견이 제시될 수 있다.

- **인증 취득 지연 방지 정책** : 2024년부터 한국장애인개발원이 주도하여 심의 시 시공 완료 시점을 정하고, 인증 취득을 못할 경우 인증을 반려하는 정책을 시행하고 있다. 이는 시공사들이 현장 보완에 우선적으로 대응해야 하는 명분을 강화하고 있다.

이러한 실정을 시공자는 BF 본인증 취득 과정에서 마주할 수 있는 다양한 상황에 대비하고, 효과적으로 대응하여야 할 것이다.

시공 현장에서의 소통과 정밀성은 프로젝트의 성공을 좌우하는 결정적 요소이다. 특히, BF 본인증과 같은 정밀한 기준을 충족시키기 위해서는 각 단계에서의 철저한 준비와 실행이 필수적이다. 현재 많은 시공 현장에서는 정보의 전달이 구두로만 이루어지고, 심지어 도면조차 제대로 검토되지 않는 경우가 많다. 이러한 관행은 작은 오차를 무시하거나, 설치 위치를 임의로 변경하는 등의 문제를 야기하여, 결국 재시공이라는 비효율적인 결과를 초래한다.

더욱이, 작업자 간의 소통 문제는 연령이나 국적의 차이에서 기인하기도 한다. 이는 명확한 지시와 이해가 절실히 필요한 작업 환경에서 큰 장애가 될 수 있다. 또한, 화장실과 같이 여러 전문 작업자가 필요한 공정에서는 각자의 역할이 명확히 조율되지 않으면, 전체 프로젝트의 진행에 차질을 빚을 수 있다.

이러한 문제들을 해결하기 위해서는 첫째, 모든 작업자가 도면을 직접 확인하고, 작업 지시를 명확히 이해할 수 있도록 해야 한다. 둘째, 모든 설치 과정에서 정밀도를 기준으로 삼아야 한다. 셋째, 작업자 간의 효과적인 소통을 위해 적절한 교육과 지원이 이루어져야 한다. 마지막으로, 다양한 전문가가 참여하는 공정에서는 철저한 협력과 정보 공유가 이루어져야 한다.

시공 현장에서의 문제점을 해결하고 BF 본인증의 효율적인 취득을 위해 몇 가지 중요한 대책을 제안하고자 한다. 이러한 대책들은 시공 현장의 효율성을 높이고, 재시공의 필요성을 줄이며, 프로젝트의 전반적인 성공을 보장하는 것에 기여할 것이다.

첫째, BF인증을 숙지한 작업자가 시공을 담당해야 한다. 이는 정확한 기준의 이해와 적용을 통해 오류를 최소화하고, 인증 과정에서 발생할 수 있는 문제를 사전에 방지할 수 있다. 작업자의 교육과 훈련을 강화하여, 모든 작업자가 BF인증의 요구사항을 정확히 이해하고 적용할 수 있도록 해야 한다.

둘째, BF인증 전용 작업키트의 개발이 필요하다. 이 키트는 누구나 쉽게 직관적으로 설치할 수 있도록 디자인되어야 하며, 필요한 도구와 지침서를 포함해야 한다. 이를 통해 작업자가 현장에서 도면을 보지 않고도 정확한 설치를 할 수 있도록 지원하며,

작업의 표준화를 실현할 수 있다.

셋째, 경험이 풍부한 BF인증 전담 감독관을 상주시켜야 한다. 이 감독관은 발주처, 시공자, 그리고 시공 작업자의 입장을 모두 고려하여, 현장에서 발생할 수 있는 문제에 신속하게 대응하고, 필요한 조정을 제공할 수 있다. 감독관의 존재는 프로젝트의 진행을 원활하게 하고, 인증 과정의 질을 높이는 것에 중요한 역할을 할 것이다.

넷째, 준공 완료 전에 BF인증 의무 취득을 확실히 해야 한다. 이는 프로젝트의 마무리 단계에서 발생할 수 있는 문제를 예방하고, 준공 이후의 복잡한 절차를 피할 수 있도록 한다. 준공 전 인증 취득은 프로젝트의 시간과 비용을 절약할 수 있는 중요한 전략이다.

마지막으로, 준공 이후 입주자(사용자)의 BF인증과의 연계성 여부를 인지하는 것이 필요하다. 이는 건물이 실제 사용 단계에 접어들었을 때, BF인증의 기준이 제대로 적용되고 있는지를 확인하고, 필요한 경우 추가적인 조치를 취할 수 있도록 한다.

이러한 대책들을 통해, 시공 현장에서의 문제를 효과적으로 해결하고, BF 본인증을 성공적으로 취득할 수 있을 것이다. 이는 단순히 인증을 넘어서, 건축의 질을 향상시키고, 사용자의 만족도를 높이는 것에 기여할 것이다.

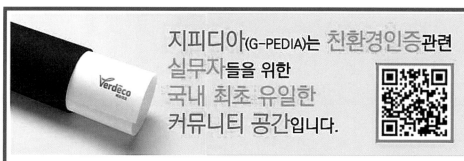

지피디아(G-PEDIA)는 친환경인증관련 실무자들을 위한 국내 최초 유일한 커뮤니티 공간입니다.

지식공유 커뮤니티

G-PEDIA

"지속적으로 변화하는 친환경 기준 속에서 프로젝트마다 새로운 변수에 대응하기 어려우신가요? 지피디아는 이러한 문제를 해결하기 위해 만들어졌습니다. 실무자들이 친환경 인증 관련 지식을 공유하고 배우며 소통할 수 있는 공간입니다. 최신 정보를 습득하고, 경험을 나누며, 전문가로 성장하세요. 지피디아와 함께라면 더 이상 혼자가 아닙니다. 함께 친환경 프로젝트의 성공을 이뤄나갑시다."

장애가있는 사람들이 사용할 수있는 것을 디자인 할 때,
항상 모든 사람에게 더 나은 서비스를 제공한다는 점입니다.
When designing something that can be used by people with
disabilities, it always serves everyone better.
· Donald Norman ·

장애인 편의시설 관련법규

장애인 편의시설 관련법규

설계, 시공 실무자는 무장애 건축을 위해 장애인 편의시설과
관련된 주요 법규를 숙지하고 대응 할 수 있어야 한다.

01 장애인 편의시설 관련법규

01 장애인 편의시설 관련법규

🔆 장애인 편의시설 설치 대상시설

❶ 편의시설 설치 근거

- 장애인등편의법 제7조(대상시설) (전문개정 2015. 1. 28.)

편의시설을 설치하여야 하는 대상은 다음 각호의 어느 하나에 해당하는 것으로서 대통령령으로 정하는 것을 말한다.
1. 공원
2. 공공건물 및 공중이용시설
3. 공동주택
4. 통신시설
5. 그밖에 장애인 등의 편의를 위하여 편의시설을 설치할 필요가 있는 건물·시설 및 부대시설

❷ 편의시설 대상시설 (대통령령 제34145호, 2024. 1. 16. 일부개정)

구 분	장애인등편의법 시행령 [별표1] (시행 2022. 7. 28.)	바닥면적
공동주택	아파트	
	세대수가 10세대 이상인 연립주택	
	세대수가 10세대 이상인 다세대주택	
	30인 이상이 기숙하는 기숙사(학교 또는 공장 등의 학생, 종업원등을 위하여 사용되는 것으로 공동취사 등을 할 수 있는 구조이되, 독립된 주거 형태를 갖추지 아니한 시설)	
1종 근린 생활시설	수퍼마켓·일용품(식품·잡화·의류·완구·서적·건축자재·의약품·의료기기 등) 등의 소매점	50~1,000㎡
	휴게음식점·제과점 등 음료·차(茶)·음식·빵·떡·과자 등을 조리하거나 제조하여 판매하는 시설	50~300㎡
	이용원 · 미용원	50㎡이상
	목욕장	300㎡이상
	의원·치과의원·한의원·조산원·산후조리원	100㎡이상
	지역자치센터, 파출소, 지구대, 우체국, 보건소, 공공도서관, 국민건강보험공단·국민연금공단·한국장애인고용공단·근로복지공단의 지사, 그 밖에 이와 유사한 용도	1,000㎡미만

구 분	장애인등편의법 시행령 [별표1] (시행 2022. 7. 28.)	바닥면적
	대피소, 공중화장실, 지역아동센터	300㎡이상
2종 근린 생활시설	공연장(극장·영화관·연예장·음악당·서커스장 그 밖에 이와 비슷한 것)	300~500㎡ (관람석 면적)
	휴게음식점·제과점 등 음료·차·음식·빵·떡·과자 등을 조리하거나 제조하 여 판매하는 시설	300㎡이상
	일반음식점	50㎡이상
	안마시술소	500㎡이상
문화 및 집회시설	공연장	500㎡이상 (관람석 면적)
	집회장(예식장·공회당·회의장 그 밖에 이와 비슷한 것)	500㎡이상
	관람장(경마장·자동차 경기장 그 밖에 이와 비슷한 것)	
	전시장(박물관·미술관·과학관·기념관·산업전시장·박람회장 그 밖에 이와 비슷한 것)	500㎡이상
	동·식물원(동물원·식물원·수족관 그 밖에 이와 비슷한 것)	300㎡이상
종교시설	종교집회장(교회·성당·사찰·기도원 그 밖에 이와 비슷한 것)	500㎡이상
판매시설	도매시장 · 소매시장 · 상점	1,000㎡이상
의료시설	병원 (종합병원 · 병원 · 치과병원 · 한방병원 · 정신병원 · 요양병원)	
	격리병원 (전염병원 · 마약진료소 그 밖에 이와 비슷한 것)	
교육연구시설 (제2종 근린생활 시설에 해당하는 것은 제외)	학교(유치원·초등학교·중학교·고등학교·전문대학·대학교, 그 밖에 이에 준 하는 각종 학교)	
	교육원(연수원 그 밖에 이와 비슷한 것)· 직업훈련소· 학원(자동차학원, 무도학원 제외)기타 이와 유사한 용도	500㎡이상
	도서관	1,000㎡이상
노유자시설	아동관련 시설(어린이집·아동복지시설, 그 밖에 이와 비슷한 것으로서 제1종 근린생활시설에 해당하지 아니하는 것)	
	노인복지시설 · 장애인복지시설	
	그 밖에 다른 용도로 분류되지 아니한 사회복지시설	
수련시설	생활권수련시설(청소년수련관·청소년문화의 집·유스호스텔 그 밖에 이와 비슷한 것)	
	자연권수련시설(청소년수련원·청소년 야영장 그 밖에 이와 비슷한 것)	
운동시설	체육관,운동장(육상·구기·볼링·수영·스케이트·롤러스케이트·승마·사격·궁 도·골프 등의 운동)과 운동장에 부수되는 건축물	500㎡이상
업무시설	공공업무시설 중 국가 또는 지방자치단체의 청사로서 제1종 근린생활시설 에 해당하지 아니하는 것	
	일반업무시설로서 금융업소·사무소·신문사·오피스텔(업무를 주로 하는 건 축물이고, 분양 또는 임대하는 구획에서 일부 숙식을 할 수 있도록 한 건축물로서 국토해양부장관이 고시하는 기준에 적합한 것) 그 밖에 이 와 유사한 용도	500㎡이상
	일반업무시설로서 국민건강보험공단·국민연금공단·한국장애인고용공 단·근로복지공단 및 그 지사	1,000㎡이상

구 분	장애인등편의법 시행령 [별표1] (시행 2022. 7. 28.)	바닥면적
숙박시설	일반숙박시설 및 생활숙박시설(객실 수가 30실 이상인 시설)	
	관광숙박시설 (관광호텔 · 수상관광호텔 · 한국전통호텔 · 가족호텔 · 호스텔 · 소형호텔 · 의료관광호텔 및 휴양콘도미니엄)	
공 장	물품의 제조·가공(염색·도장·표백·재봉·건조·인쇄 등을 포함한다) 또는 수리에 계속적으로 이용되는 건출물로서 「장애인고용촉진 및 직업재활법」에 따라 장애인고용 의무가 있는 사업주가 운영하는 시설(50인이상 고용)	
자동차 관련시설	주차장, 운전학원	
교정시설	교도소 및 구치소	
방송통신시설	방송국·전신전화국 그 밖에 이와 유사한 용도	1,000㎡이상
묘지관련시설	화장시설 · 봉안당(종교시설에 해당하는 것은 제외)	
관 광 휴게시설	야외음악당· 야외극장· 어린이회관 기타 이와 유사한 용도	1,000㎡이상
	휴게소	300㎡이상
장례식장	장례식장[의료시설의 부수시설(「의료법」 제36조제1호에 따른 의료기관의 종류 에 따른 시설)에 해당하는 것은 제외]	500㎡이상
통신시설	공중전화	
	우체통	
공 원	도시공원 – 국가도시공원, 생활권공원(소공원, 어린이공원, 근린공원), 주제공원(역사공원, 문화공원, 수변공원, 묘지공원, 체육공원, 도시농업공원, 방재공원, 기타공원)	
	자연공원 – 국립공원, 도립공원(도립공원, 광역시립공원), 군립공원(군립공원, 시립공원, 구립공원, 지질공원)	

※ 면적에 따른 대상시설 포함여부는 가운뎃점(·)은 합산으로, 쉼표(,)는 각각으로 적용

※ 신축, 증축(별동), 개축(전부), 재축의 건축행위만 대상이 되는 경우

　– 제1종근린생활시설 슈퍼마켓· 일용품 50㎡이상~299㎡이하, 휴게음식점·제과점, 이용원·미용원 50㎡이상~499㎡이하, 목욕장 300㎡이상~499㎡이하, 의원·치과의원·한의원·조산원·산후조리원 100㎡이상~499㎡이하

　– 제2종근린생활시설 일반음식점 50㎡이상~299㎡이하

✏ BF인증, CS업무 관련 웹사이트

미국 ADA 편의시설 지침 동영상

ADA Inspections Nationwide, LLC (ADAIN)의 미션은 미국 법무부(DOJ)가 제정한 2010 ADA 접근성 설계 기준(2010 Standards)을 준수하기 위한 신뢰할 수 있고 품질 높은 검사를 제공하는 것이다. 검사는 미국 재료시험학회(ASTM)의 ASTM E 2018에 따라 설계되었다.

미국 재료시험학회는 상업 건물 검사 및 ADA를 포함한 지침에 대한 업계 리더이다. 검사는 건물 전반의 교육, 훈련 및 경험을 기반으로 수행되지만, 그런 다음 ADA 준수에 특별히 설계된 체크리스트를 사용하여 2010 기준이 적용된다.

장애인 편의시설 설치 제외 대상시설

구 분	장애인등편의법 시행령 [별표1] (시행 2022. 7. 28.)	바닥면적
단독주택	단독주택, 다중주택, 다가구주택, 공관	
공동주택	세대수가 10세대 미만인 연립주택	
	세대수가 10세대 미만인 다세대주택	
	30인 미만이 기숙하는 기숙사	
1종 근린 생활시설	수퍼마켓·일용품(식품·잡화·의류·완구·서적·건축자재·의약품·의료기기 등) 등의 소매점	50㎡미만
	휴게음식점·제과점 등 음료·차(茶)·음식·빵·떡·과자 등을 조리하거나 제조하여 판매하는 시설	50㎡미만
	이용원 · 미용원	50㎡미만
	목욕장	300㎡미만
	세탁소 등의 위생관리나 의류 등을 세탁·수선하는 시설	
	의원·치과의원·한의원·조산원·산후조리원	100㎡미만
	침술원, 접골원(接骨院), 안마원 등 주민의 진료·치료 등을 위한 시설	
	탁구장, 체육도장	500㎡미만
	소방서	1,000㎡미만
	마을회관, 마을공동작업소, 마을공동구판장(단독주택과 공동주택에 해당하는 것은 제외한다) 등 주민이 공동으로 이용하는 시설	
	변전소, 도시가스배관시설, 통신용 시설(1,000㎡ 미만), 정수장, 양수장 등 주민의 생활에 필요한 에너지공급·통신서비스제공이나 급수·배수와 관련된 시설	
	금융업소, 사무소, 부동산중개사무소, 결혼상담소 등 소개업소, 출판사 등 일반업무시설	30㎡미만
	전기자동차 충전소	1,000㎡미만
2종 근린 생활시설	공연장(극장, 영화관, 연예장, 음악당, 서커스장, 비디오물감상실, 비디오물소극장, 그 밖에 이와 비슷한 것)	300㎡미만
	종교집회장[교회, 성당, 사찰, 기도원, 수도원, 수녀원, 제실(祭室), 사당, 그 밖에 이와 비슷한 것]	500㎡미만
	자동차영업소	1,000㎡미만
	서점(제1종 근린생활시설에 해당하지 않는 것), 총포판매소, 사진관, 표구점	
	청소년게임제공업소, 복합유통게임제공업소, 인터넷컴퓨터게임시설제공업소, 가상현실체험 제공업소, 그 밖에 이와 비슷한 게임 및 체험 관련 시설	500㎡미만
	일반음식점, 장의사, 동물병원, 동물미용실, 「동물보호법」 제32조제1항 제6호에 따른 동물위탁관리업을 위한 시설, 그 밖에 이와 유사한 것	
	학원(자동차학원·무도학원 및 정보통신기술을 활용하여 원격으로 교습하는 것은 제외), 교습소(자동차교습·무도교습 및 정보통신기술을 활용하여 원격으로 교습하는 것은 제외), 직업훈련소(운전·정비 관련 직업훈련소는 제외)	500㎡미만

구 분	장애인등편의법 시행령 [별표1] (시행 2022. 7. 28.)	바닥면적
	독서실,기원	
	테니스장, 체력단련장, 에어로빅장, 볼링장, 당구장, 실내낚시터, 골프연습장,놀이형시설(「관광진흥법」에 따른 기타유원시설업의 시설) 등 주민의 체육 활동을 위한 시설(탁구장, 체육도장 제외)	
	금융업소, 사무소, 부동산중개사무소, 결혼상담소 등 소개업소, 출판사 등 일반업무시설(제1종 근린생활시설에 해당하는 것은 제외)	500㎡ 미만
	다중생활시설(「다중이용업소의 안전관리에 관한 특별법」에 따른 다중이용업 중 고시원업의 시설로서 국토교통부장관이 고시하는 기준과 그 기준에 위배되지 않는 범위에서 적정한 주거환경을 조성하기 위하여 건축조례로 정하는 실별 최소면적, 창문의 설치 및 크기 등의 기준에 적합한 것)	
	제조업소, 수리점 등 물품의 제조·가공·수리 등을 위한 시설	
	단란주점	150㎡ 미만
	안마시술소, 노래연습장	
문화 및 집회시설	집회장(예식장·공회당·회의장 그 밖에 이와 비슷한 것)	500㎡미만
	전시장(박물관·미술관·과학관·기념관·산업전시장·박람회장 그 밖에 이와 비슷한 것	
	관람장(경마장·자동차 경기장 그 밖에 이와 비슷한 것)	
	동·식물원(동물원·식물원·수족관 그 밖에 이와 비슷한 것)	300㎡미만
종교시설	종교집회장(교회·성당·사찰·기도원 그 밖에 이와 비슷한 것)	500㎡미만
	종교집회장(제2종 근린생활시설에 해당하지 아니하는 것)에 설치하는 봉안당(奉安堂)	
판매시설	도매시장(「농수산물유통 및 가격안정에 관한 법률」에 따른 농수산물도매시장, 농수산물공판장, 그 밖에 이와 비슷한 것, 그 안에 있는 근린생활시설을 포함)	1,000㎡미만
	소매시장(「유통산업발전법」 제2조제3호에 따른 대규모 점포, 그 밖에 이와 비슷한 것, 그 안에 있는 근린생활시설을 포함)	
	상점(그 안에 있는 근린생활시설을 포함)으로서 다음의 요건 중 어느 하나에 해당하는 것 1)제1종근린생활시설 식품·잡화·의류·완구·건축자재·의약품·의료기기 등 일용품을 판매하는 소매에 해당하는 용도로서 제1종 근린생활시설에 해당하지 아니하는 것 2)「게임산업진흥에 관한 법률」 제2조제6호의2가목에 따른 청소년게임제공업의 시설, 같은 호 나목에 따른 일반게임제공업의 시설, 같은 조 제7호에 따른 인터넷컴퓨터게임시설제공업의 시설 및 같은 조 제8호에 따른 복합유통게임제공업의 시설로서 제2종 근린생활시설에 해당하지 아니하는 것	
교육연구시설 (제2종 근린생활 시설에 해당하는 것은 제외)	교육원(연수원, 그 밖에 이와 비슷한 것을 포함)	500㎡미만
	직업훈련소(운전 및 정비 관련 직업훈련소는 제외)	
	학원(자동차학원·무도학원 및 정보통신기술을 활용하여 원격으로 교습하는 것	

구 분	장애인등편의법 시행령 [별표1] (시행 2022. 7. 28.)	바닥면적
	은 제외), 교습소(자동차교습·무도교습 및 정보통신기술을 활용하여 원격으로 교습하는 것은 제외)	
	연구소(연구소에 준하는 시험소와 계측계량소를 포함)	
	도서관	1,000㎡미만
수련시설	「관광진흥법」에 따른 야영장 시설로서 제29호에 해당하지 아니하는 시설	
운동시설	탁구장, 체육도장, 테니스장, 체력단련장, 에어로빅장, 볼링장, 당구장, 실내낚시터, 골프연습장, 놀이형시설, 그 밖에 이와 비슷한 것으로서 제1종 근린생활시설 및 제2종 근린생활시설에 해당하지 아니하는 것	
	체육관	500㎡미만
	운동장(육상·구기·볼링·수영·스케이트·롤러스케이트·승마·사격·궁도·골프 등의 운동장)과 운동장에 부수되는 건축물	
업무시설	일반업무시설로서 금융업소·사무소·신문사·오피스텔(업무를 주로 하는 건축물이고, 분양 또는 임대하는 구획에서 일부 숙식을 할 수 있도록 한 건축물로서 국토해양부장관이 고시하는 기준에 적합한 것) 그 밖에 이와 유사한 용도	500㎡미만
	일반업무시설로서 국민건강보험공단·국민연금공단·한국장애인고용공단·근로복지공단 및 그 지사	1,000㎡미만
숙박시설	일반숙박시설 및 생활숙박시설(객실 수가 30실 미만인 시설)	
	다중생활시설(제2종 근린생활시설에 해당하지 아니하는 것)	
공 장	물품의 제조·가공(염색·도장·표백·재봉·건조·인쇄 등을 포함한다) 또는 수리에 계속적으로 이용되는 건출물로서 「장애인고용촉진 및 직업재활법」에 따라 장애인고용 의무가 있는 사업주가 운영하는 시설(50인 미만 고용)	
	물품의 제조·가공[염색·도장(塗裝)·표백·재봉·건조·인쇄 등을 포함한다] 또는 수리에 계속적으로 이용되는 건축물로서 제1종 근린생활시설, 제2종 근린생활시설, 위험물저장 및 처리시설, 자동차 관련 시설, 자원순환 관련 시설 등으로 따로 분류되지 아니한 것	
묘지관련시설	화장시설·봉안당(종교시설에 해당하는 것)	
관 광 휴게시설	야외음악당· 야외극장· 어린이회관 기타 이와 유사한 용도	1,000㎡미만
	휴게소	300㎡미만
	관망탑, 공원·유원지 또는 관광지에 부수되는 시설	
장례식장	장례식장[의료시설의 부수시설(「의료법」 제36조제1호에 따른 의료기관의 종류 에 따른 시설)에 해당하는 것은 제외]	500㎡미만
	동물 전용의 장례식장	
기타시설	위락시설, 창고시설, 위험물 저장및 처리시설, 자동차관련시설(주차장,운전학원 제외), 동물 및 식물관련시설, 자원순환관련시설, 교정 및 군사시설(교도소 및 구치소 제외), 방송시설(방송국,전신전화국 그밖의 이와 유사한 용도 1,000㎡미만 제외), 발전시설, 야영장시설, 통신시설(공중전화, 우체통 제외), 공원(도시공원,자연공원 제외)	

● 편의시설 적용여부 ■ CS업무 질의 ■ BF인증 질의

[CS처리지침 : 보건복지부,장애인권익지원과. BF인증업무 : 한국장애인개발원]

Q1. 대학교 내에 교육연구시설(대학교) 증축 건이나 실제 사용 용도가 다용도 온실일 경우 교육연구시설과 동물 및 식물 관련 시설 중 용도 적용 여부?

▪ 「장애인등편의법」 제7조(대상시설)에 따른 대상시설의 용도는 건축허가 시 신청 용도로 보아야 하므로 당해 면적은 건축 개요 상 용도인 교육연구시설로 보아야 함

Q2. 사립학교 내 무대 설치 시 무대 경사로의 편의시설 적용 여부?

▪ 국가와 지방자치단체에 의하여 설립된 국·공립학교의 체육관 등에 무대가 설치된 경우에는 편의시설 설치 기준에 적합한 경사로를 설치함 (사립학교의 무대 경사로는 경사로 설치를 강제할 수 없음)

Q3. 종교시설(사찰)의 증축 시 기존에 설치된 들마루, 주춧돌, 문지방 등을 사용한 건축물의 주출입구 높이 차이 제거 여부?

▪ 기존 건축물의 증축으로 인해 높이 차이 제거가 구조적으로 불가능할 경우 장애인등편의법 제15조 및 시행령 제7조에 따른 적법한 절차를 거쳐 그에 따른 결과에 따름

> 제7조(적용의 완화) ①법 제15조제1항제4호에서 '대통령령으로 정하는 경우'라 함은 다음 각 호의 어느 하나에 해당하는 경우를 말한다.
> 1. 법 제8조제2항의 규정에 의한 세부기준에 적합한 편의시설을 설치할 경우 「문화재보호법」 제2조제1항제1호, 제3호 및 제4호에 따른 문화재로서의 역사적인 가치를 손상할 우려가 있는 경우
> 2. 과학기술의 발전 등에 따라 세부기준보다 안전하고 편리한 대안을 제시하는 경우
> ② 법 제15조제1항의 규정에 의하여 세부기준을 완화한 별도의 기준을 승인받고자 하는 자는 승인 신청서에 보건복지부령이 정하는 서류를 첨부하여 해당 시설 주관기관에 제출 하여야 한다.
> ③ 시설 주관기관은 제2항의 규정에 의한 신청이 있는 때에는 적용의 완화 여부 및 범위를 결정하고 지체 없이 그 결과를 신청인에게 통지하여야 한다.
> ④ 시설 주관기관은 제3항의 규정에 의하여 적용의 완화 여부 등을 결정함에 있어서는 편의시설 또는 장애인 · 노인 · 여성 복지에 관한 전문가 3인 이상의 의견을 청취하여야 한다.
> (장애인 · 노인 · 임산부 등의 편의 증진 보장에 관한 법률 시행령 : 2019. 7. 2.)

Q4. 운동시설 운동장의 바닥면적 합산 시 건축물의 바닥면적에 운동장의 바닥면적의 합산 여부?

▪ 운동시설의 바닥면적 합산 시 운동장의 면적을 제외한 운동장에 부수되는 건축물의 바닥면적의 합계로 함

Q5. 민간이 운용하는 노외주차장의 장애인전용주차구역 설치 의무 여부?

▪ 자동차관련시설 중 특별시장·광역시장·시장·군수 또는 구청장이 아닌 민간이 설치하는 노외주차장은 장애인전용주차구역 설치 의무가 없음

Q6. 노유자시설에 피난계단만을 증축할 경우 편의시설 적용 여부?

▪ 증축으로 인한 건축행위가 발생하였으므로 편의시설을 설치하여야 함.

Q7. 용도변경 시 바닥면적의 합계 500m² 미만으로 대수선에 해당되는 공사를 수반하지 않아 제22조에 따른 사용승인의 적용을 제외되는 경우 기준 접합성 확인업무 여부?

- 500m² 이하 면적의 용도변경으로 인하여 건축법에 따라 사용승인 절차가 진행되지 않는 경우는 기준 적합성 확인업무는 별도로 시행하지 않으며, 도면 검토 등의 건축 허가 건에 대해서만 기준 적합성 확인업무를 진행함. 이후 실태조사 등을 통하여 해당 시설이 기준에 맞게 설치되었는지 확인함

Q8. 기재 사항 변경을 용도변경으로 판단하여 편의시설 설치 대상시설에 포함하는지?

- 시설물의 용도변경은 「장애인등편의법」 제9조에 의해 원칙적으로 편의시설 설치의무가 발생함. 다만 시설물의 성질 및 외형상 변경을 가져오지 않는 단순 기재사항 변경은 실질적 용도변경으로 볼 수 없으므로 편의시설 설치. 변경 등의 의무가 없음

Q9. 건축법 시행령 [별표1-13] 운동시설 중 가목(탁구장, 체육도장, 테니스장, 체력단련장, 에어로빅장, 볼링장, 당구장, 실내낚시터, 골프연습장, 놀이형시설 등) 또는 [별표1-15] 문화 및 집회시설 중 라목(박물관, 미술관, 과학관, 문화관, 체험관, 산업전시장, 박람회장 등) 등에 대한 편의시설 설치 대상여부?

- 현행 「장애인등편의법」과 「건축법」의 불일치에 따라 위에서 열거한 일부 운동시설과 문화시설의 경우 적용 여부가 불명한 경우가 있음. 이는 「건축법」개정에 의해 변경되거나 추가된 용도가 「장애인등편의법」에 반영 되지 못한 결과이므로, 위의 용도가 「장애인등편의법」에 명시적으로 편의시설 설치 대상시설에 명시되어 있지 않다 하더라도 바닥면적 500m²이상인 경우 입법 취지나 목적 등을 고려할 때 편의시설 설치 대상으로 보는 것이 적절함

Q10. 법 개정 전 별동 증축을 위해 신청한 건축허가가 있었고, 법 개정 후 허가사항 변경을 고려 중입니다. 이 경우, 최초 건축허가 신청일을 기준으로 BF 인증 의무 대상 여부를 판단할 수 있는지, 그리고 대수선, 증축, 개축 등 허가사항 변경 내용에 따라 BF 인증 의무 대상 여부가 달라질 수 있는지에 대한 질문 입니다. 변경 내용과 관계없이 사용승인 이전의 허가사항 변경이므로 BF 인증 의무 대상이 아닌지에 대해 문의합니다.

- 공공 건축물에 대한 장애물 없는 생활환경(BF) 인증 의무는 국가, 지방자치단체, 공공기관이 신축, 증축, 개축, 재축하는 공공건물 및 공중이용시설에 적용되며, 시설의 규모와 용도 등을 고려하여 대통령령으로 정해진 시설에 한합니다. 이 규정은 2021년 6월 8일 법률 제18219호에 의해 개정되었으며, 개정 규정은 해당 법 시행 이후 건축법 등 관계 법령에 따라 건축허가를 신청하는 경우부터 적용됩니다.

Q11. 지자체에서 200m² 면적의 지하 1층, 지상 1층 규모로 증축하는 목욕장이 장애인등 편의법 시행령 별표2의2 제1종근린-목욕장에 해당되어 규모와 상관없이 BF(Barrier-Free, 장애물 없는 생활환경) 예비인증 대상이 되는지 문의하는 내용입니다.

- 장애물 없는 생활환경(BF) 인증 의무 시설은 건축법에 따라 분류된 용도별 건축물 종류 중에서 선별되며, 건축물대장에 해당 용도로 등록되어 장애인등편의법 시행령 별표2의2에 해당하는 경우 인증 의무 대상이 됩니다. 면적 규정은 적용되지 않습니다. 건축 허가용도 및 행위에 대해서는 관련 부서와 협의 및 확인이 필요합니다. 또한, 의무 인증 시설이 아니라도 장애인 편의시설 설치 대상인 경우, 적합성 확인 절차를 거쳐야 합니다.

BF인증 의무시설

❶ 장애인등편의법 제10조의2(장애물 없는 생활환경 인증)③ (시행 2021. 12. 4.)

다음 각 호의 어느 하나에 해당하는 대상시설(이하 "의무인증시설"이라 한다)의 경우에는 의무적으로 인증(제2항 후단에 따른 예비인증을 포함한다)을 받아야 한다. 이 경우 인증을 받은 의무인증시설의 시설주는 제10조의3에 따라 인증의 유효기간 연장을 받아야 한다. 〈개정 2019. 12. 3., 2021. 6. 8.〉

1. 국가나 지방자치단체가 지정·인증 또는 설치하는 공원 중 「도시공원 및 녹지 등에 관한 법률」 제2조 제3호 가목의 도시공원 및 같은 법 제2조 제4호의 공원시설
2. 국가, 지방자치단체 또는 「공공기관의 운영에 관한 법률」에 따른 공공기관이 신축·증축 (건축물이 있는 대지에 별개의 건축물로 증축하는 경우에 한정한다. 이하 같다)·개축(전부를 개축하는 경우에 한정한다. 이하 같다) 또는 재축하는 청사, 문화시설 등의 공공건물 및 공중이용시설 중에서 대통령령으로 정하는 시설
3. 국가, 지방자치단체 또는 「공공기관의 운영에 관한 법률」에 따른 공공기관 외의 자가 신축·증축·개축 또는 재축하는 공공건물 및 공중이용시설로서 시설의 규모, 용도 등을 고려하여 대통령령으로 정하는 시설

❷ 국가, 지방자치단체 또는 공공기관의 장애물 없는 생활환경 인증 의무시설 (5조의2제1항 관련)
장애인등편의법시행령[별표 2의2] (개정 2021.11.30.)

구 분	대 상 시 설
1종 근린 생활시설	식품·잡화·의류·완구·서적·건축자재·의약품·의료기기 등 일용품을 판매하는 등의 소매점, 이용원·미용원·목욕장
	지역자치센터, 파출소, 지구대, 우체국, 보건소, 공공도서관, 국민건강보험공단·국민연금공단·한국장애인고용공단·근로복지공단의 사무소, 그 밖에 이와 유사한 용도의 시설
	대피소, 공중화장실, 의원·치과의원·한의원·조산원·산후조리원, 지역아동센터
2종 근린 생활시설	일반음식점, 휴게음식점·제과점 등 음료·차(茶)·음식·빵·떡·과자 등을 조리하거나 제조하여 판매하는 시설, 안마시술소
문화 및 집회시설	공연장 및 관람장, 집회장, 전시장, 동·식물원
종교시설	종교집회장
판매시설	도매시장·소매시장·상점
의료시설	병원, 격리병원
교육연구시설	학교, 교육원, 직업훈련소, 학원, 도서관
노유자시설	아동 관련 시설, 노인복지시설, 사회복지시설 (장애인복지시설을 포함한다)
수련시설	생활권 수련시설, 자연권 수련시설
운동시설	체육관, 운동장과 운동장에 부수되는 건축물
업무시설	국가 또는 지방자치단체의 청사, 금융업소, 사무소, 결혼상담소 등 소개업소, 출판사,

구 분	대 상 시 설
	신문사, 오피스텔, 그 밖에 이와 유사한 용도의 시설, 국민건강보험공단 · 국민연금공단 · 한국장애인고용공단 · 근로복지공단의 사무소
숙박시설	일반숙박시설 (호텔, 여관으로서 객실수가 30실 이상인 시설), 관광숙박시설, 그 밖에 이와 비슷한 용도의 시설
공 장	물품의 제조 · 가공[염색 · 도장(塗裝) · 표백 · 재봉 · 건조 · 인쇄 등을 포함한다] 또는 수리에 계속적으로 이용되는 건물로서 「장애인고용촉진 및 직업재활법」에 따라 장애인고용의무가 있는 사업주가 운영하는 시설
자동차관련시설	주차장, 운전학원 (운전 관련 직업훈련시설을 포함한다)
방송통신시설	방송국, 그 밖에 이와 유사한 용도의 시설, 전신전화국, 그 밖에 이와 유사한 용도의 시설
묘지관련시설	보호감호소 · 교도소 · 구치소, 갱생보호시설, 그 밖에 범죄자의 갱생 · 보육 · 교육 · 보건 등의 용도로 쓰이는 시설, 소년원, 소년분류심사원
관광휴게시설	화장시설, 봉안당, 야외음악당, 야외극장, 어린이회관, 그 밖에 이와 유사한 용도의 시설
장례식장	의료시설의 부수시설(「의료법」 제36조제1호에 따른 의료기관의 종류에 따른 시설을 말한다)에 해당하는 것은 제외한다.

비고

보건복지부장관과 국토교통부장관은 위 표의 장애물 없는 생활환경 인증 대상 시설이 지형, 문화재 발굴 등 주변 여건으로 인하여 불가피하게 장애물 없는 생활환경 인증을 받기 어려운 경우에 보건복지부와 국토교통부의 공동부령으로 정하는 바에 따라 의무 인증 시설에서 제외할 수 있다.

❸ 국가, 지방자치단체 또는 공공기관의 장애물 없는 생활환경 인증 의무시설 (5조의2제3항 관련)
장애인등편의법시행령[별표 2의3] (신설 2021.11.30.)

시설주	대 상 시 설
1. 「고등교육법」 제2조 각 호의 학교 중 국가가 국립대학법인으로 설립하는 국립학교	별표 2의2에서 정하는 시설
2. 「지방공기업법」 제5조, 제49조 및 제76조에 따른 지방직영기업, 지방공사 및 지방공단	
3. 「지방의료원의 설립 및 운영에 관한 법률」 제4조에 따라 설립된 지방의료원	
4. 「지방자치단체 출자 · 출연 기관의 운영에 관한 법률」 제5조에 따라 지정 · 고시된 출자 · 출연 기관	
5. 「지방자치단체출연 연구원의 설립 및 운영에 관한 법률」에 따른 지방자치단체출연 연구원	
6. 제1호부터 제5호까지의 규정에 따른 자 외의 자	「초고층 및 지하연계 복합건축물 재난관리에 관한 특별법」 제2조제1호의 초고층 건축물 및 같은 조 제2호의 지하연계 복합건축물

❶ **대상시설별로 설치하여야 하는 편의시설의 종류(제4조 관련)**
장애인등편의법시행령[별표 2] (개정 2022. 4. 27.)

[범례 ● : 의무, ○ : 권장]

용도구분		매개시설			내부시설			위생시설					안내시설			기타시설				
		주출입구접근로	장애인전용주차구역	주출입구높이차이제거	출입구(문)	복도	계단·승강기	화장실 대변기	소변기	세면대	욕실	샤워실·탈의실	점자블록	유도및안내시설	경보및피난설비	객실·침실	관람석·열람석	접수대·작업대	매표소·판매기·음료대	임산부등을위한휴게시설
1종 근린 생활 시설	소매점(슈퍼마켓·일용품 등 50m²~1,000m²미만),이용원·미용원(50m²)·목욕장(300m²이상), 휴게음식점·제과점(50m²~300m²미만)	●	○	●	●	○	○	○	○	○										
	지역자치센터, 파출소, 지구대, 우체국, 보건소, 공공도서관, 국민건강보험공단·국민연금공단·한국장애인고용공단·근로복지공단의 지사	●	●	●	●	●	●	●	○	○			●	○	●				●	
	대피소	●		●	●									○						
	공중화장실	●		●	●			●	●	●			●							
	의원·치과의원·한의원·조산원·산후조리원(500m²이상)	●	●	●	●	●	●	●	○	○										
	의원·치과의원·한의원·조산원·산후조리원(100m²~500m²미만)	●	○	●	●	○	○	○	○	○										
	지역아동센터(300m²이상)	●	●	●	●	○	○	○	○	○				○	●					
2종 근린 생활 시설	일반음식점(300m²이상), 휴게음식점·제과점(300m²이상)	●	●	●	●	○	○	○	○	○										
	일반음식점(50m²~300m²미만)	●	○	●	●	○	○	○	○	○										
	공연장(극장·영화관·연예장·음악당·서커스장)(관람석(300m²~500m²미만)	●	●	●	●	●	●	●	●	●			●	○	●		●		●	●
	안마시술소	●	●	●	●	○	○	○	○	○			○	○	●					

편의시설 구분(매개시설 / 내부시설 / 위생시설 / 안내시설 / 기타시설)

- 매개시설: 주출입구접근로, 장애인전용주차구역, 주출입구높이차이제거
- 내부시설: 출입구(문), 복도, 계단·승강기
- 위생시설: 화장실(대변기, 소변기, 세면대), 욕실, 샤워실·탈의실
- 안내시설: 점자블록, 유도및안내시설, 경보및피난설비
- 기타시설: 객실·침실, 관람석·열람석, 접수대·작업대, 매표소·판매기·음료대, 임산부등을위한휴게시설

용도구분(대분류)	용도구분(세부)	주출입구접근로	장애인전용주차구역	주출입구높이차이제거	출입구(문)	복도	계단·승강기	대변기	소변기	세면대	욕실	샤워실·탈의실	점자블록	유도및안내시설	경보및피난설비	객실·침실	관람석·열람석	접수대·작업대	매표소·판매기·음료대	임산부등을위한휴게시설
문화집회시설	공연장(극장·영화관·연예장·음악당·서커스장)(관람석 500m²이상), 관람장(경마장·자동차 경기장)	●	●	●	●	●	●	●	●	●			●	●	●		●		●	●
문화집회시설	집회장(예식장·공회당·회의장)(500m²이상)	●	●	●	●	●	●	●	○	○					●					
문화집회시설	전시장(박물관·미술관·과학관·기념관·산업전시장·박람회장 등)(500m²이상), 동·식물원(동물원·식물원·수족관)(300m²이상)	●	●	●	●	●	●	●	○	○			●	○	●				○	●
종교시설	종교집회장(교회·성당·사찰·기도원)(500m²이상)	●	●	●	●	○	○	○	○	○							○			○
판매시설	도매시장·소매시장·상점(1000m²이상)	●	●	●	●	●	●	●	○	○				○	●					○
의료시설	병원원(종합병원·병원·치과병원·한방병원·정신병원), 격리병원(전염병원·마약진료소)	●	●	●	●	●	●	●	●	●	○	○	●	●	●			○	○	
교육연구시설	유치원	●	●	●	●	●	●	●	●	○										○
교육연구시설	학교(초등학교·중학교·고등학교·전문대학·대학교·특수학교)	●	●	●	●	●	●	●	●	○			●	●	●			○	○	○
교육연구시설	교육원·직업훈련소·학원(500m²이상)	●	●	●	●	●	●	●		○			○	○				○	○	○
교육연구시설	도서관(1000m²이상)	●	●	●	●	●	●	●	●	●			○	○			●	○		
노유자시설	아동관련시설(어린이집·아동복지시설)	●	●	●	●	●	●	●	●	○										○
노유자시설	노인복지시설(경로당을 포함)	●	●	●	●	●	●	●	○	○	○				○					
노유자시설	사회복지시설(장애인복지시설을 포함)	●	●	●	●	●	●	●		●	●	●	●	●	●	●	●	●	●	

용도구분		매개시설			내부시설			위생시설					안내시설			기타시설				
		주출입구접근로	장애인전용주차구역	주출입구높이차이제거	출입구(문)	복도	계단·승강기	대변기	소변기	세면대	욕실	샤워실·탈의실	점자블록	유도및안내시설	경보및피난설비	객실·침실	관람석·열람석	접수대·작업대	매표소·판매기·음료대	임산부등을위한휴게시설
수련시설	생활권수련시설(청소년수련관·청소년 문화의 집·유스호스텔), 자연권수련시설(청소년수련원·청소년 야영장)	●	●	●	●	●	●	●	●	●		○		○	●	●				
운동시설	운동시설(500m²이상),운동장(육상·구기·볼링·수영·스케이트·롤러스케이트·승마·사격·궁도·골프 등의운동장)과 운동장에 부수되는 건축물(500㎡이상)	●	●	●	●	○	○	○	●	○		○					○			○
업무시설	국가청사,지방자치단체청사	●	●	●	●	●	●	●	●	●			●	●	●				●	●
업무시설	금융업소, 사무소, 신문사, 오피스텔(500㎡이상)	●	●	●	●	●	●	●	○	○								●		○
업무시설	국민건강보험공단·국민연금공단·한국장애인고용공단·근로복지공단 및 그 지사(1000㎡이상)	●	●	●	●	●	●	●	●	●			●	●	●				●	○
숙박시설	일반숙박시설(30실 이상),생활숙박시설(30실 이상)	●	○	●	●	○	○	●	●	○					●	●		○		
숙박시설	관광숙박시설(관광호텔·수상관광호텔·한국전통호텔·가족호텔·호스텔·소형호텔·의료관광호텔 및 휴양콘도미니엄	●	●	●	●	●	●	●	●	○	○	○				○				
공장	공장	●	●	●		○	●	●	●	○	●	●		○				○		○
자동차관련시설	주차장	●	●	●			○													
자동차관련시설	운전학원	●	●	●	●	●	●	●	○									○		
방송통신시설	방송국(1,000㎡이상)	●	●	●	●	●	●	●	○	○				○	●					○
방송통신시설	전신전화국(1,000㎡이상)	●	●	●	●	●	○	●	○	○				○	●					○
교정시설	교도소·구치소	●	●	●	●	●	●	●	●				○					○		○
묘지관련	화장시설, 봉안당	●	●	●	○	○	●	●	○	○					○					

용도구분		매개시설			내부시설			위생시설					안내시설			기타시설				
		주출입구접근로	장애인전용주차구역	주출입구높이차이제거	출입구(문)	복도	계단·승강기	대변기	소변기	세면대	욕실	샤워실·탈의실	점자블록	유도및안내시설	경보및피난설비	객실·침실	관람석·열람석	접수대·작업대	매표소·판매기·음료대	임산부등을위한휴게시설
시설																				
관광휴게시설	야외음악당·야외극장·어린이회관(1,000㎡이상)	●	●	●	●	○	○	●	○	○				○	○		○		○	○
	휴게소(300㎡이상)	●	●	●	●	○	○	●	○	○				○					○	●
장례식장	장례식장(500㎡이상)	●	●	●	●	○	○	●	●	●			●	○					○	○
공동주택	아파트	●	●	●	●		○	○	○	○	○	○	○	○		●	○			
	연립주택(10세대 이상)	●	●	●	●		○	○	○	○	○	○	○	○		●	○			
	다세대주택(10세대 이상)	●	●	●	●		○	○	○	○	○	○	○	○		●	○			
	기숙사(30인 이상)	●	●	●	●	○	○	●	●	●	●	●	○	○	○	●	●			

· 연립주택 : 세대수가 10세대 이상만 해당
· 다세대주택 : 세대수가 10세대 이상만 해당
· 기숙사 : 기숙사가 2동이상의 건축물로 이루어져 있는 경우 장애인용 침실이 설치된 동에만 적용한다.
　다만, 장애인용 침실수는 전체 건축물을 기준으로 산정하며, 일반 침실의 경우 출입구(문)는 권장사항임.

BF인증, CS업무 관련 웹사이트

미국 2010 ADA 표준에 대한 지침

미국 장애인법(ADA)은 장애인을 차별로부터 보호합니다.

장애인 권리는 시민권입니다. 투표부터 주차까지 ADA는 공공 생활의 여러 영역에서 장애인을 보호하는 법입니다.

ada.gov는 미국 정부가 운영하는 공식 웹사이트로, 미국 장애인법(ADA)에 대한 상세한 정보를 제공한다. ADA는 1990년에 제정된 법률로, 장애인에 대한 차별을 금지하고 그들이 사회 및 경제적으로 동등한 기회를 누릴 수 있도록 보장하며, 이 웹사이트는 ADA의 규정, 기준, 지침에 대한 해설과 함께, 장애인과 관련된 다양한 주제에 대한 정보를 제공한다.

❶ **건축법시행령 제3조의5 관련 [별표 1]** (개정 2024. 2. 13.)

1. 단독주택

[단독주택의 형태를 갖춘 가정어린이집·공동생활가정·지역아동센터·공동육아나눔터(「아이돌봄 지원법」 제19조에 따른 공동육아나눔터를 말한다. 이하 같다)·작은도서관(「도서관법」 제4조제2항제1호가목에 따른 작은도서관을 말하며, 해당 주택의 1층에 설치한 경우만 해당한다. 이하 같다) 및 노인복지시설(노인복지주택은 제외한다)을 포함한다]

가. 단독주택

나. 다중주택 : 다음의 요건을 모두 갖춘 주택을 말한다.

 1) 학생 또는 직장인 등 여러 사람이 장기간 거주할 수 있는 구조로 되어 있는 것

 2) 독립된 주거의 형태를 갖추지 않은 것(각 실별로 욕실은 설치할 수 있으나, 취사시설은 설치하지 않은 것을 말한다)

 3) 1개 동의 주택으로 쓰이는 바닥면적(부설 주차장 면적은 제외한다. 이하 같다)의 합계가 660m² 이하이고 주택으로 쓰는 층수 (지하층은 제외한다.)가 3개 층 이하일 것. 다만, 1층의 전부 또는 일부를 필로티 구조로 하여 주차장으로 사용하고 나머지 부분을 주택 외의 용도로 쓰는 경우에는 해당 층을 주택의 층수에서 제외한다.

 4) 적정한 주거환경을 조성하기 위하여 건축조례로 정하는 실별 최소 면적, 창문의 설치 및 크기 등의 기준에 적합할 것

다. 다가구주택 : 다음의 요건을 모두 갖춘 주택으로서 공동주택에 해당하지 아니하는 것을 말한다.

 1) 주택으로 쓰는 층수 (지하층은 제외한다)가 3개 층 이하일 것. 다만, 1층의 전부 또는 일부를 필로티 구조로 하여 주차장으로 사용하고 나머지 부분을 주택 외의 용도로 쓰는 경우에는 해당 층을 주택의 층수에서 제외한다.

 2) 1개 동의 주택으로 쓰이는 바닥면적의 합계가 660m² 이하일 것

 3) 19세대 (대지 내 동별 세대수를 합한 세대를 말한다) 이하가 거주할 수 있을 것

라. 공관(公館)

2. 공동주택

[공동주택의 형태를 갖춘 가정어린이집 · 공동생활가정 · 지역아동센터 · 공동육아 나눔터 · 작은도서관·노인복지시설(노인복지주택은 제외한다.) 및 「주택법 시행령」 제10조제1항제1호에 따른 원룸형 주택을 포함한다]. 다만, 가목이나 나목에서 층수를 산정할 때 1층 전부를 필로티 구조로 하여 주차장으로 사용하는 경우에는 필로티 부분을 층수에서 제외하고, 다목에서 층수를 산정할 때 1층의 전부 또는 일부를 필로티 구조로 하여 주차장으로 사용하고 나머지 부분을 주택 외의 용도로 쓰는 경우에는 해당 층을 주택의 층수에서 제외하며, 가목부터 라목까지의 규정에서 층수를 산정할 때 지하층을 주택의 층수에서 제외한다.

가. 아파트 : 주택으로 쓰는 층수가 5개 층 이상인 주택

나. 연립주택 : 주택으로 쓰는 1개 동의 바닥면적(2개 이상의 동을 지하주차장으로 연결하는 경우에는 각각의 동으로 본다) 합계가 660m²를 초과하고, 층수가 4개 층 이하인 주택

다. 다세대주택 : 주택으로 쓰는 1개 동의 바닥면적 합계가 660m² 이하이고, 층수가 4개층 이하인 주택(2개 이상의 동을 지하주차장으로 연결하는 경우에는 각각의 동으로 본다)

라. 기숙사: 다음의 어느 하나에 해당하는 건축물로서 공간의 구성과 규모 등에 관하여 국토교통부장관이 정하여 고시하는 기준에 적합한 것. 다만, 구분소유된 개별 실(室)은 제외한다.

 1) 일반기숙사 : 학교 또는 공장 등의 학생 또는 종업원 등을 위하여 사용하는 것으로서 해당 기숙사의 공동취사시설 이용 세대 수가 전체 세대 수(건축물의 일부를 기숙사로 사용하는 경우에는 기숙사로 사용하는 세대 수로 한다. 이하 같다)의 50퍼센트 이상인 것(「교육기본법」 제27조제2항에 따른 학생복지주택을 포함한다)

 2) 임대형기숙사 : 「공공주택 특별법」 제4조에 따른 공공주택사업자 또는 「민간임대주택에 관한 특별법」 제2조제7호에 따른 임대사업자가 임대사업에 사용하는 것으로서 임대 목적으로 제공하는 실이 20실 이상이고 해당 기숙사의 공동취사시설 이용 세대 수가 전체 세대 수의 50퍼센트 이상인 것

3. 제1종 근린생활시설

가. 식품·잡화·의류·완구·서적·건축자재·의약품·의료기기 등 일용품을 판매하는 소매점으로서 같은 건축물(하나의 대지에 두 동 이상의 건축물이 있는 경우에는 이를 같은 건축물로 본다. 이하 같다)에 해당 용도로 쓰는 바닥면적의 합계가 1,000m² 미만인 것

나. 휴게음식점, 제과점 등 음료·차(茶)·음식·빵·떡·과자 등을 조리하거나 제조하여 판매하는 시설 (제4호너목 또는 제17호에 해당하는 것은 제외한다.)로서 같은 건축물에 해당 용도로 쓰는 바닥면적의 합계가 300m² 미만인 것

다. 이용원, 미용원, 목욕장, 세탁소 등 사람의 위생관리나 의류 등을 세탁·수선하는 시설 (세탁소의 경우 공장에 부설되는 것과 「대기환경보전법」, 「물환경보전법」 또는 「소음·진동관리법」에 따른 배출시설의 설치 허가 또는 신고의 대상인 것은 제외한다)

라. 의원, 치과의원, 한의원, 침술원, 접골원(接骨院), 조산원, 안마원, 산후조리원 등 주민의 진료·치료 등을 위한 시설

마. 탁구장, 체육도장으로서 같은 건축물에 해당 용도로 쓰는 바닥면적의 합계가 500m² 미만인 것

바. 지역자치센터, 파출소, 지구대, 소방서, 우체국, 방송국, 보건소, 공공도서관, 건강보험공단 사무소 등 주민의 편의를 위하여 공공업무를 수행하는 시설로서 같은 건축물에 해당 용도로 쓰는 바닥면적의 합계가 1,000m² 미만인 것

사. 마을회관, 마을 공동작업소, 마을 공동구판장, 공중화장실, 대피소, 지역아동센터 (단독주택과 공동주택에 해당하는 것은 제외한다) 등 주민이 공동으로 이용하는 시설

아. 변전소, 도시가스배관시설, 통신용 시설 (해당 용도로 쓰는 바닥면적의 합계가 1,000m² 미만인 것에 한정한다), 정수장, 양수장 등 주민의 생활에 필요한 에너지공급 · 통신서비스 제공이나 급수·배수와 관련된 시설

자. 금융업소, 사무소, 부동산중개사무소, 결혼상담소 등 소개업소, 출판사 등 일반업무시설로서 같은 건축물에 해당 용도로 쓰는 바닥면적의 합계가 30m² 미만인 것

차. 전기자동차 충전소 (해당 용도로 쓰는 바닥면적의 합계가 1,000m² 미만인 것으로 한정 한다)

카. 동물병원, 동물미용실 및 「동물보호법」 제73조제1항제2호에 따른 동물위탁관리업을 위한 시설로서 같은 건축물에 해당 용도로 쓰는 바닥면적의 합계가 300m² 미만인 것

4. 제2종 근린생활시설

가. 공연장(극장, 영화관, 연예장, 음악당, 서커스장, 비디오물감상실, 비디오물소극장, 그 밖에 이와 비슷한 것을 말한다. 이하 같다)으로서 같은 건축물에 해당 용도로 쓰는 바닥면적의 합계가 500m² 미만인 것

나. 종교집회장[교회, 성당, 사찰, 기도원, 수도원, 수녀원, 제실(祭室), 사당, 그 밖에 이와 비슷한 것을 말한다. 이하 같다]으로서 같은 건축물에 해당 용도로 쓰는 바닥면적의 합계가 500m² 미만인 것

다. 자동차영업소로서 같은 건축물에 해당 용도로 쓰는 바닥면적의 합계가 1,000m² 미만인 것

라. 서점 (제1종 근린생활시설에 해당하지 않는 것)

마. 총포판매소

바. 사진관, 표구점

사. 청소년게임제공업소, 복합유통게임제공업소, 인터넷 컴퓨터게임시설제공업소, 가상현실체험 제공업소, 그밖에 이와 비슷한 게임 및 체험관련 시설로서 같은 건축물에 해당 용도로 쓰는 바닥면적의 합계가 500m² 미만인 것

아. 휴게음식점, 제과점 등 음료·차(茶)·음식·빵·떡·과자 등을 조리하거나 제조하여 판매하는 시설 (너목 또는 제17호에 해당하는 것은 제외한다)로서 같은 건축물에 해당 용도로 쓰는 바닥 면적의 합계가 300m² 이상인 것

자. 일반음식점

차. 장의사, 동물병원, 동물미용실, 「동물보호법」 제73조제1항제2호에 따른 동물위탁관리업을 위한 시설, 그 밖에 이와 유사한 것(제1종 근린생활시설에 해당하는 것은 제외한다)

카. 학원 (자동차학원·무도학원 및 정보통신기술을 활용하여 원격으로 교습하는 것은 제외한다), 교습소 (자동차교습·무도교습 및 정보통신기술을 활용하여 원격으로 교습하는 것은 제외한다), 직업훈련소 (운전·정비 관련 직업훈련소는 제외한다)로서 같은 건축물에 해당 용도로 쓰는 바닥면적의 합계가 500m² 미만인 것

타. 독서실, 기원

파. 테니스장, 체력단련장, 에어로빅장, 볼링장, 당구장, 실내낚시터, 골프연습장, 놀이형시설 (「관광진흥법」에 따른 기타유원시설업의 시설을 말한다. 이하 같다) 등 주민의 체육 활동을 위한 시설(제3호 마목의 시설은 제외한다)로서 같은 건축물에 해당 용도로 쓰는 바닥면적의 합계가 500m² 미만인 것

하. 금융업소, 사무소, 부동산중개사무소, 결혼상담소 등 소개업소, 출판사 등 일반업무시설로서 같은 건축물에 해당 용도로 쓰는 바닥면적의 합계가 500m² 미만인 것(제1종 근린생활시설에 해당하는 것은 제외한다)

거. 다중생활시설 (「다중이용업소의 안전관리에 관한 특별법」에 따른 다중이용업 중 고시원업의 시설로서 국토교통부장관이 고시하는 기준과 그 기준에 위배되지 않는 범위에서 적정한 주거환경을 조성하기 위하여 건축조례로 정하는 실별 최소 면적, 창문의 설치 및 크기 등의 기준에 적합한 것을 말한다. 이하 같다)로서 같은 건축물에 해당 용도로 쓰는 바닥면적의 합계가 500m² 미만인 것

너. 제조업소, 수리점 등 물품의 제조·가공·수리 등을 위한 시설로서 같은 건축물에 해당 용도로 쓰는 바닥면적의 합계가 500m² 미만이고, 다음 요건 중 어느 하나에 해당하는 것

　1) 「대기환경보전법」, 「물환경보전법」 또는 「소음·진동관리법」에 따른 배출시설의 설치 허가 또는 신고의 대상이 아닌 것

　2) 「물환경보전법」 제33조제1항 본문에 따라 폐수배출시설의 설치 허가를 받거나 신고해야 하는 시설로서 발

생되는 폐수를 전량 위탁처리 하는 것

더. 단란주점으로서 같은 건축물에 해당 용도로 쓰는 바닥면적의 합계가 150m² 미만인 것

러. 안마시술소, 노래연습장

머. 「물류시설의 개발 및 운영에 관한 법률」 제2조제5호의2에 따른 주문배송시설로서 같은 건축물에 해당 용도로 쓰는 바닥면적의 합계가 500m² 미만인 것(같은 법 제21조의2제1항에 따라 물류창고업 등록을 해야 하는 시설을 말한다)

5. 문화 및 집회시설

가. 공연장으로서 제2종 근린생활시설에 해당하지 아니하는 것

나. 집회장[예식장, 공회당, 회의장, 마권(馬券) 장외 발매소, 마권 전화투표소, 그 밖에 이와 비슷한 것을 말한다]으로서 제2종 근린생활시설에 해당하지 아니하는 것

다. 관람장(경마장, 경륜장, 경정장, 자동차 경기장, 그 밖에 이와 비슷한 것과 체육관 및 운동장 으로서 관람석의 바닥면적 합계가 1,000m² 이상인 것을 말한다)

라. 전시장(박물관, 미술관, 과학관, 문화관, 체험관, 기념관, 산업전시장, 박람회장, 그 밖에 이와 비슷한 것을 말한다)

마. 동·식물원(동물원, 식물원, 수족관, 그 밖에 이와 비슷한 것을 말한다)

6. 종교시설

가. 종교집회장으로서 제2종 근린생활시설에 해당하지 아니하는 것

나. 종교집회장(제2종 근린생활시설에 해당하지 아니하는 것을 말한다)에 설치하는 봉안당(奉安堂)

7. 판매시설

가. 도매시장(「농수산물유통 및 가격안정에 관한 법률」에 따른 농수산물도매시장, 농수산물공판장, 그 밖에 이와 비슷한 것을 말하며, 그 안에 있는 근린생활시설을 포함한다)

나. 소매시장(「유통산업발전법」 제2조 제3호에 따른 대규모 점포, 그 밖에 이와 비슷한 것을 말하며, 그 안에 있는 근린생활시설을 포함한다)

다. 상점(그 안에 있는 근린생활시설을 포함한다)으로서 다음의 요건 중 어느 하나에 해당하는 것

  1) 제3호가목에 해당하는 용도 (서점은 제외한다)로서 제1종 근린생활시설에 해당하지 아니하는 것

  2) 「게임산업진흥에 관한 법률」 제2조 제6호의 2가목에 따른 청소년게임제공업의 시설, 같은 호 나목에 따른 일반게임제공업의 시설, 같은 조 제7호에 따른 인터넷 컴퓨터게임 시설 제공업의 시설 및 같은 조 제8호에 따른 복합유통게임제공업의 시설로서 제2종 근린생활시설에 해당하지 아니하는 것

8. 운수시설

가. 여객자동차터미널

나. 철도시설

다. 공항시설

라. 항만시설

마. 그 밖에 가목부터 라목까지의 규정에 따른 시설과 비슷한 시설

9. 의료시설

가. 병원(종합병원, 병원, 치과병원, 한방병원, 정신병원 및 요양병원을 말한다)

나. 격리병원(전염병원, 마약진료소, 그 밖에 이와 비슷한 것을 말한다)

10. 교육연구시설(제2종 근린생활시설에 해당하는 것은 제외한다)

가. 학교(유치원, 초등학교, 중학교, 고등학교, 전문대학, 대학, 대학교, 그 밖에 이에 준하는 각종 학교를 말한다)

나. 교육원(연수원, 그 밖에 이와 비슷한 것을 포함한다)

다. 직업훈련소 (운전 및 정비 관련 직업훈련소는 제외한다)

라. 학원 (자동차학원·무도학원 및 정보통신기술을 활용하여 원격으로 교습하는 것은 제외한다), 교습소 (자동차
교습 · 무도교습 및 정보통신기술을 활용하여 원격으로 교습하는 것은 제외한다)

마. 연구소 (연구소에 준하는 시험소와 계측계량소를 포함한다)

바. 도서관

11. 노유자시설

가. 아동 관련 시설 (어린이집, 아동복지시설, 그 밖에 이와 비슷한 것으로서 단독주택, 공동주택 및 제1종 근린
생활시설에 해당하지 아니하는 것을 말한다)

나. 노인복지시설(단독주택과 공동주택에 해당하지 아니하는 것을 말한다)

다. 그밖에 다른 용도로 분류되지 아니한 사회복지시설 및 근로복지시설

12. 수련시설

가. 생활권 수련시설 (「청소년활동진흥법」에 따른 청소년수련관, 청소년문화의집, 청소년특화시설, 그 밖에 이와
비슷한 것을 말한다)

나. 자연권 수련시설 (「청소년활동진흥법」에 따른 청소년수련원, 청소년야영장, 그 밖에 이와 비슷한 것을 말한다)

다. 「청소년활동진흥법」에 따른 유스호스텔

라. 「관광진흥법」에 따른 야영장 시설로서 제29호에 해당하지 아니하는 시설

13. 운동시설

가. 탁구장, 체육도장, 테니스장, 체력단련장, 에어로빅장, 볼링장, 당구장, 실내낚시터, 골프연습장, 놀이형시설,
그밖에 이와 비슷한 것으로서 제1종 근린생활시설 및 제2종 근린생활시설에 해당하지 아니하는 것

나. 체육관으로서 관람석이 없거나 관람석의 바닥면적이 1,000m² 미만인 것

다. 운동장 (육상장, 구기장, 볼링장, 수영장, 스케이트장, 롤러스케이트장, 승마장, 사격장, 궁도장, 골프장 등과
이에 딸린 건축물을 말한다)으로서 관람석이 없거나 관람석의 바닥면적이 1,000m² 미만인 것

14. 업무시설

가. 공공업무시설 : 국가 또는 지방자치단체의 청사와 외국공관의 건축물로서 제1종 근린생활시설에 해당하지
아니하는 것

나. 일반업무시설: 다음 요건을 갖춘 업무시설을 말한다.

  1) 금융업소, 사무소, 결혼상담소 등 소개업소, 출판사, 신문사, 그 밖에 이와 비슷한 것으로서 제1종 근린생활
  시설 및 제2종 근린생활시설에 해당하지 않는 것

  2) 오피스텔(업무를 주로 하며, 분양하거나 임대하는 구획 중 일부 구획에서 숙식을 할 수 있도록 한 건축물로
  서 국토교통부장관이 고시하는 기준에 적합한 것을 말한다)

15. 숙박시설

가. 일반숙박시설 및 생활숙박시설 (「공중위생관리법」 제3조 제1항 전단에 따라 숙박업 신고를 해야 하는 시설을
  말한다)

나. 관광숙박시설 (관광호텔, 수상관광호텔, 한국전통호텔, 가족호텔, 호스텔, 소형호텔, 의료관광호텔 및 휴양
  콘도미니엄)

다. 다중생활시설(제2종 근린생활시설에 해당하지 아니하는 것을 말한다)

라. 그 밖에 가목부터 다목까지의 시설과 비슷한 것

16. 위락시설

가. 단란주점으로서 제2종 근린생활시설에 해당하지 아니하는 것

나. 유흥주점이나 그 밖에 이와 비슷한 것

다. 「관광진흥법」에 따른 유원시설업의 시설, 그 밖에 이와 비슷한 시설(제2종 근린생활시설과 운동시설에 해당
  하는 것은 제외한다)

라. 삭제 〈2010.2.18〉

마. 무도장, 무도학원

바. 카지노영업소

17. 공장

물품의 제조·가공[염색·도장(塗裝)·표백·재봉·건조·인쇄 등을 포함한다] 또는 수리에 계속적으로 이용되는 건축물로
서 제1종 근린생활시설, 제2종 근린생활시설, 위험물저장 및 처리시설, 자동차관련시설, 자원순환 관련 시설 등으
로 따로 분류되지 아니한 것

18. 창고시설 (위험물 저장 및 처리 시설 또는 그 부속용도에 해당하는 것은 제외한다)

가. 창고(물품저장시설로서 「물류정책기본법」에 따른 일반창고와 냉장 및 냉동 창고를 포함한다)

나. 하역장

다. 「물류시설의 개발 및 운영에 관한 법률」에 따른 물류터미널

라. 집배송 시설

19. 위험물 저장 및 처리 시설

「위험물안전관리법」, 「석유 및 석유대체연료 사업법」, 「도시가스사업법」, 「고압가스 안전관리법」, 「액화석유가
스의 안전관리 및 사업법」, 「총포·도검·화약류 등 단속법」, 「화학물질 관리법」 등에 따라 설치 또는 영업의 허

가를 받아야 하는 건축물로서 다음 각 목의 어느 하나에 해당하는 것. 다만, 자가난방, 자가발전, 그 밖에 이와 비슷한 목적으로 쓰는 저장시설은 제외한다.

가. 주유소 (기계식 세차설비를 포함한다) 및 석유 판매소

나. 액화석유가스 충전소·판매소·저장소 (기계식 세차설비를 포함한다)

다. 위험물 제조소·저장소·취급소

라. 액화가스 취급소·판매소

마. 유독물 보관·저장·판매시설

바. 고압가스 충전소·판매소·저장소

사. 도료류 판매소

아. 도시가스 제조시설

자. 화약류 저장소

차. 그 밖에 가목부터 자목까지의 시설과 비슷한 것

20. **자동차 관련 시설 (건설기계 관련 시설을 포함한다)**

가. 주차장

나. 세차장

다. 폐차장

라. 검사장

마. 매매장

바. 정비공장

사. 운전학원 및 정비학원(운전 및 정비 관련 직업훈련시설을 포함한다)

아. 「여객자동차 운수사업법」, 「화물자동차 운수사업법」 및 「건설기계관리법」에 따른 차고 및 주기장 (駐機場)

자. 전기자동차 충전소로서 제1종 근린생활시설에 해당하지 않는 것

21. **동물 및 식물 관련 시설**

가. 축사(양잠·양봉·양어·양돈·양계·곤충사육 시설 및 부화장 등을 포함한다)

나. 가축시설[가축용 운동시설, 인공수정센터, 관리사(管理舍), 가축용 창고, 가축시장, 동물검역소, 실험동물 사육시설, 그 밖에 이와 비슷한 것을 말한다]

다. 도축장

라. 도계장

마. 작물 재배사

바. 종묘배양시설

사. 화초 및 분재 등의 온실

아. 동물 또는 식물과 관련된 가목부터 사목까지의 시설과 비슷한 것 (동·식물원은 제외한다)

22. **자원순환 관련 시설**

가. 하수 등 처리시설

나. 고물상

다. 폐기물재활용시설

라. 폐기물 처분시설

마. 폐기물감량화시설

23. 교정시설 (제1종 근린생활시설에 해당하는 것은 제외한다)

가. 교정시설 (보호감호소, 구치소 및 교도소를 말한다)

나. 갱생보호시설, 그밖에 범죄자의 갱생·보육·교육·보건 등의 용도로 쓰는 시설

다. 소년원 및 소년분류심사원

라. 삭제

23의2. 국방 · 군사시설 (제1종 근린생활시설에 해당하는 것은 제외한다)

「국방 · 군사시설 사업에 관한 법률」에 따른 국방 · 군사시설

24. 방송통신시설 (제1종 근린생활시설에 해당하는 것은 제외한다)

가. 방송국(방송프로그램 제작시설 및 송신·수신·중계시설을 포함한다)

나. 전신전화국

다. 촬영소

라. 통신용 시설

마. 데이터센터

바. 그밖에 가목부터 마목까지의 시설과 비슷한 것

25. 발전시설

발전소(집단에너지 공급시설을 포함한다)로 사용되는 건축물로서 제1종 근린생활시설에 해당하지 아니하는 것

26. 묘지 관련 시설

가. 화장시설

나. 봉안당(종교시설에 해당하는 것은 제외한다)

다. 묘지와 자연장지에 부수되는 건축물

라. 동물화장시설, 동물건조장(乾燥葬)시설 및 동물 전용의 납골시설

27. 관광 휴게시설

가. 야외음악당

나. 야외극장

다. 어린이회관

라. 관망탑

마. 휴게소

바. 공원·유원지 또는 관광지에 부수되는 시설

28. 장례시설

가. 장례식장[의료시설의 부수시설(「의료법」 제36조제1호에 따른 의료기관의 종류에 따른 시설을 말한다)에 해당하
　는 것은 제외한다]
나. 동물 전용의 장례식장

29. 야영장 시설

「관광진흥법」에 따른 야영장 시설로서 관리동, 화장실, 샤워실, 대피소, 취사시설 등의 용도로 쓰는 바닥면적의
합계가 300m² 미만인 것

비고

1. 제3호 및 제4호에서 "해당 용도로 쓰는 바닥면적"이란 부설 주차장 면적을 제외한 실(實) 사용면적에 공
　용부분 면적(복도, 계단, 화장실 등의 면적을 말한다)을 비례 배분한 면적을 합한 면적을 말한다.
2. 비고 제1호에 따라 "해당 용도로 쓰는 바닥면적"을 산정할 때 건축물의 내부를 여러 개의 부분으로 구분
　하여 독립한 건축물로 사용하는 경우에는 그 구분된 면적 단위로 바닥면적을 산정한다. 다만, 다음 각 목
　에 해당하는 경우에는 각 목에서 정한 기준에 따른다.
　가. 제4호더목에 해당하는 건축물의 경우에는 내부가 여러 개의 부분으로 구분되어 있더라도 해당 용도로
　　쓰는 바닥면적을 모두 합산하여 산정한다.
　나. 동일인이 둘 이상의 구분된 건축물을 같은 세부 용도로 사용하는 경우

주

Part1 장애물 없는 건축물

1   머니투데이 (news.mt.co.kr), 창간기획 2020년 인구절벽 위기온다〈2회〉③, 2014.6.

2   동아일보 (donga.com/news), 초고령사회의 그림자 2047년 5가구 중 2가구'나홀로 산다', 2019.9.

Part2 無장애 건축 설계·시공 핵심 노트

1   한국시각장애인연합회, 2000, 설계자를 위한 장애인 편의시설 상세표준도, p.125-127.

2   제주특별자치도지체장애인협회 (jappd.or.kr), 질의응답 : 출입구(문) 통과유효폭 및 옆면 활동 공간 확보 기준, 2021.4.8.

3   한국장애인개발원, 2013, 장애인편의시설 매뉴얼(교육연구시설편), p.24-26.

4   보건복지부, 장애인편의시설 표준상세도, 2011.10, F-511-116

5   장애물없는 생활환경 건축물 자체평가서, 5.1.7-5.1.8 유효폭 및 단차, 유효 바닥면. 2018.8.3.

6   경기도 건축디자인과, 경기도 유니버설디자인 가이드라인, 2011, p.189-190.

7   Guidance on the 2010 ADA Standards for Accessible Design, T806 Transient Lodging Guest Rooms, ransient Lodging Guest Room Floor Plans and Related Text, 2010.9.15.

8   경기도 건축디자인과, 경기도 유니버설디자인 가이드라인, 2011, p247-248.

9   한국시각장애인연합회, 시각장애인 편의시설 설치 매뉴얼(여객시설,도로), 2018, p.9-10.

10 한국시각장애인연합회, 시각장애인 편의시설 설치 매뉴얼(여객시설,도로), 2018, p.8.

11 한국시각장애인연합회, 시각장애인 편의시설 설치 허용 오차 기준 연구 용역, 2023, p.45.

12 경기도 건축디자인과, 경기도 유니버설디자인 가이드라인, 2011, p253-255.

13 Felix Bohn, 스위스 계획표준 지침(altersger.Wohnbauten), 2014.

14 충북종합사회복지센터, 유튜브 유니버설디자인체험센터 영상캡쳐, 2018.

15 신윤호, 바닥의 안전설계를 위한 미끄럼 방지 전문가 시스템에 관한 연구, 박사학위 논문, 2015, 55p

16 인구보건복지협회, 수유시설 관리 표준 가이드라인, 2021.5. 86~89p, 일부편집

17 미국 건축가 협회(American Institute of Architects) 모범 사례 지침 (https://wellnessroomsite.wordpress.com/wellness-room/about/)

18 www.denkanmich.ch, 모두를 위한 놀이터, 2013.

참고문헌

가이드라인 및 매뉴얼

경기도 유니버설디자인 가이드라인 1부, 생활환경디자인연구소, 2011.

장애물 없는 건축 시공과 디자인 매뉴얼, 한국환경건축연구원, 2017.

제주도 유니버설디자인 기본계획 및 가이드라인 연구보고서, 제주국제대학교 산학협력단, 2016.

유니버설디자인 가이드라인, 경기도교육청, 2019.

수유시설 관리 표준 가이드라인, 보건복지부, 인구보건복지협회, 2021.

행정중심복합도시의 장애물 없는 도시·건축설계 매뉴얼, 2007.

편의시설 매뉴얼(공공업무시설편), 한국장애인개발원, 2008.

경기도 장애인 편의시설 설치매뉴얼, 장애인 편의시설기술지원센터, 2009.

인증제도 매뉴얼 개정3판(건축물편), 한국장애인개발원, 2012.

서울시 보도공사 설계시공 매뉴얼 Ver1.0, 서울특별시, 서울시설공단, 2013.

장애인편의시설 매뉴얼(교육연구시설편, 학교), 한국장애인개발원, 2013.

시각장애인용 촉지안내도 매뉴얼, 한국시각장애인연합회, 2014.

교통약자 이동편의시설 설치·관리 매뉴얼, 국토교통부, 2016.

시각장애인 편의시설 설치매뉴얼(여객시설, 도로), 시각장애인편의시설지원센터, 2018.

경기도 장애인 편의시설 설치매뉴얼, 경기도장애인편의시설기술지원센터, 2019.

장애인 편의시설 설치기준 적합성 확인업무 매뉴얼, 제주장애인편의증진기술지원센터, 2021.

경기도 장애인 등의 편의시설 설치 매뉴얼, 경기도 장애인편의증진기술지원센터, 2021.

학술지, 논문

장애인 편의시설을 고려한 보편적 건축계획의 기본개념에 관한 연구, 성기창외, 2003.

장애물 없는 생활환경 인증제도 평가지표 개선방안에 관한 연구 박사학위 논문, 이규일, 2012.

바닥의 안전설계를 위한 미끄럼 방지 전문가 시스템에 관한 연구, 박사학위 논문, 신윤호, 2015,

여객시설의 장애물 없는 생활환경 인증제도 적용현황과 지표개선 방향성 연구, 김인순외, 2018.

BF 인증을 위한 경사로 설치기준 개선에 대한 연구, 신동홍, 2020.

연구, 조사, 사례 보고서, 상세표준도

행복도시 세종 공공시설물 디자인사전, 행정중심복합건설청, 2011.

Barrier Free 공원 인증지표 개선을 위한 연구, 한국장애인개발원, 2015.

편의시설 설치기준 적합성 확인업무 사례집, 지체장애인편의시설지원센터, 2019.

7개 시·도 소재 공공건물 시각장애인 편의시설 실태조사, 보건복지부, 2019.

장애인편의시설 표준상세도(수정판), 한국장애인개발원, 2012.

Univetsal Design 적용을 고려한 장애물 없는 생활환경(BF)인증 상세표준도(건축물), 2019.

경기도 장애인 등의 편의시설 메뉴얼, 경기도장애인편의증진기술지원센터, 2024.

도면, 사례 (저작권 사용에 대하여 사전에 허락을 득하였음.)

경기도 유니버설디자인 가이드라인, 도면 및 일부내용 : 경기도청 건축디자인과

경기도 장애인 등의 편의시설 매뉴얼, 도면 및 일부내용 : 경기도 장애인편의증진기술지원센터

세종시 보람종합복지센터 BF인증 최우수사례 : 행정중심복합도시건설청 공공시설건축과

외국문헌

미국

2010 ADA Standards for Accessible Design, Department of Justice, 2010.

Recommendations for designing lactation/wellness rooms, AIA(the american institute of architects) Best practice,

Accessible Components for the Built Environment : Technical Guidelines embracing Universal Design

독일

Barrier-Free Planning and Construction in Berlin : PUBLIC BUILDINGS Principles and Examples,

Senatsverwaltung für Stadtentwicklung Berlin, 2007.

334

설계·시공·사업관리자(CMr)를 위한

無 장애 건축
설계·시공이야기

초판 1쇄 발행   2024. 6. 10.

지은이   한상삼
펴낸이   김병호
펴낸곳   주식회사 바른북스

책임편집   주식회사 바른북스 편집부

등록   2019년 4월 3일 제2019-000040호
주소   서울시 성동구 연무장5길 9-16, 301호 (성수동2가, 블루스톤타워)
대표전화   070-7857-9719 | **경영지원**   02-3409-9719 | **팩스**   070-7610-9820

•바른북스는 여러분의 다양한 아이디어와 원고 투고를 설레는 마음으로 기다리고 있습니다.

이메일   barunbooks21@naver.com | **원고투고**   barunbooks21@naver.com
홈페이지   www.barunbooks.com | **공식 블로그**   blog.naver.com/barunbooks7
공식 포스트   post.naver.com/barunbooks7 | **페이스북**   facebook.com/barunbooks7

ⓒ 한상삼, 2024
ISBN 979-11-7263-020-1 93540

•파본이나 잘못된 책은 구입하신 곳에서 교환해드립니다.
•이 책은 저작권법에 따라 보호를 받는 저작물이므로 무단전재 및 복제를 금지하며,
 이 책 내용의 전부 및 일부를 이용하려면 반드시 저작권자와 도서출판 바른북스의 서면동의를 받아야 합니다.